微积分的力量

[美] 史蒂夫·斯托加茨 著　任烨 译
（Steven Strogatz）

in*f*inite
p*o*wers

How Calculus Reveals the Secrets of the Universe

中信出版集团｜北京

图书在版编目（CIP）数据

微积分的力量/（美）史蒂夫·斯托加茨著；任烨
译. --北京：中信出版社，2021.1（2023.8重印）
书名原文：Infinite Powers: How Calculus
Reveals the Secrets of the Universe
ISBN 978-7-5217-2329-8

I.①微⋯ II.①史⋯ ②任⋯ III.①微积分－普及
读物 IV.①O172-49

中国版本图书馆CIP数据核字（2020）第195920号

微积分的力量

著　者：［美］史蒂夫·斯托加茨
译　者：任　烨
出版发行：中信出版集团股份有限公司
　　　　　（北京市朝阳区东三环北路27号嘉铭中心　邮编　100020）
承 印 者：北京盛通印刷股份有限公司

开　本：787mm×1092mm　1/16　　印　张：23.75　　字　数：260千字
版　次：2021年1月第1版　　印　次：2023年8月第21次印刷
京权图字：01-2020-6710
书　号：ISBN 978-7-5217-2329-8
定　价：69.00元

目录 ⠂●⠈

引言 ⦂•

没有微积分，我们就不会拥有手机、计算机和微波炉，也不会拥有收音机、电视、为孕妇做的超声检查，以及为迷路的旅行者导航的GPS（全球定位系统）。我们更无法分裂原子、破解人类基因组或者将宇航员送上月球，甚至有可能无缘于《独立宣言》。

有一种罕见而有趣的历史观点认为，世界被一个神秘的数学分支彻底改变了。一个最初与形状相关的理论，最终又如何重塑了文明？

我们可以从物理学家理查德·费曼的一句妙语中洞见这个问题的答案，这句话是他在与小说家赫尔曼·沃克讨论曼哈顿计划时说的。当时沃克正在为他计划写作的一部关于"二战"的长篇小说做调研，他去加州理工学院采访了参与过原子弹研发的物理学家，费曼就是其中之一。采访结束临别之际，费曼问沃克是否了解微积分。沃克坦承他并不了解，于是费曼说道："你最好学学微积分，它是上帝的语言。"[1]

宇宙是高度数学化的，[2]但原因尚无人知晓。这或许是包含我们在内的宇宙的唯一可行的存在方式，因为非数学化的宇宙无法庇护能够提出这个问题的智慧生命。无论如何，一个神秘且不可思议的事实是，我们的宇宙遵循的自然律最终总能用微积分的语言和微分方程的形式表达出来。这类方程能描述某个事物在这一刻和在下一刻之间的差异，或者某个事物在这一点和在与该点无限接近的下一个点之间的差异。尽管细节会随着我们探讨的具体内容而有所不同，但自然律的结构总是相同的。这个令人惊叹的说法也可以表述为，似乎存在着某种类似宇宙密码的东西，即一个能让万物时时处处不断变化的操作系统。微积分利用了这种规则，并将其表述出来。

艾萨克·牛顿是最早瞥见这一宇宙奥秘的人。他发现行星的轨道、潮汐的韵律和炮弹的弹道都可以用一组微分方程来描述、解释和预测。如今，我们把这些方程称为牛顿运动定律和万有引力定律。自牛顿以来，每当有新的宇宙奥秘被揭开，我们就会发现同样的模式一直有效。从古老的土、空气、火和水元素到新近的电子、夸克、黑洞和超弦，宇宙中所有无生命的东西都遵从微分方程的规则。我敢打赌，这就是费曼说"微积分是上帝的语言"时想要表达的意思。如果有什么东西称得上宇宙的奥秘，那么非微积分莫属。

人类在不经意间发现了这种奇怪的语言（先是在几何学的隐秘角落里，后来是在宇宙密码中），然后学会熟练地运用它，并破译了它的习语和微妙之处，最终利用它的预测能力去重构世界。

这是本书的中心论点。

如果这个论点是正确的，那么它意味着关于生命、宇宙和万物的终极问题的答案[3]并不是42，为此我要向道格拉斯·亚当斯和《银河系漫游指南》的粉丝致歉。但"深思"（《银河系漫游指南》中的一台超级计算机）的解题思路是正确的，因为宇宙的奥秘确实是一系列数学问题。

写给每个人的微积分读物

费曼的那句妙语"微积分是上帝的语言"，引出了许多深奥的问题。什么是微积分？人类如何断定它是上帝的语言（或者说，宇宙基于这种语言在运转）？什么是微分方程？在牛顿的时代和我们的时代，微分方程为世界带来了什么？最后，这些故事和观点如何能被有趣且清楚易懂地传达给像赫尔曼·沃克那样的友善读者呢，他们勤于思考、充满好奇心、知识渊博但几乎没有学过高等数学？

　　沃克在他与费曼邂逅故事的结尾部分写道，他在14年里始终没有抽出时间学习微积分。他的关于"二战"的长篇小说从原计划的一部变成了两部——《战争风云》和《战争与回忆》，每部都长达1 000页左右。在完成这两部小说后，他试图通过阅读像《微积分一点通》这样的书自学微积分，但效果并不好。他翻阅了几本教科书，用他自己的话说，就是希望"遇到一本合适的书，它可以帮助像我这样对数学几乎一窍不通的人。[4]我在青少年时期产生了探寻存在之意义的渴求，大学期间就只学习了文学与哲学等人文学科，所以我并不知道别人口中艰涩、无趣、毫无用处的微积分竟然是上帝的语言"。在发现自己看不懂教科书之后，他聘请了一位以色列的数学家教，希望能跟着他学点儿微积分，顺便提升一下希伯来语口语水平，但这两个愿望都落空了。最后，绝望的他旁听了高中的微积分课程，但因为进度落后太多，几个月后他不得不放弃。在他走出教室时，孩子们一起为他鼓掌，他说这就像对一场可怜的表演报以同情的掌声。

　　我之所以写作本书，就是为了让每个人都能了解关于微积分的最精彩的思想和故事。我们没必要采用赫尔曼·沃克的方法去学习人类历史上这个具有里程碑意义的学科，尽管微积分是人类最具启迪性的集体成就之一。我们不必为了理解微积分的重要性而学习如何做运算，就像我们不必为了享用美食而学习如何做佳肴一样。我将借助图片、隐喻和趣闻逸事等，尝试解释我们需要了解的一切。我也会给你们介绍有史以来最精致的一些方程和证明，就像我们在参观画廊的时候不会错过其中的代表作一样。至于赫尔曼·沃克，在我写作本书的时候，他已经103岁了。我不知道他有没有学会微积分，如果还没有，这本书就很适合沃克先生。

由微积分主宰的世界

现在你应该很清楚，我将从应用数学家的角度讲述微积分的故事和重要性。而数学史家则会选择不同的角度，[5]纯粹数学家亦然。作为一名应用数学家，真正吸引我的是我们周围的现实世界和我们头脑中的理想世界之间的相互作用。外界的现象引导着我们提出数学问题；反过来，我们的数学想象有时也会预言现实世界中的事情。当这一切真正发生时，将会产生不可思议的效果。

要想成为一位应用数学家，[6]既要有外向型思维，又要有广博的知识。对我们这个领域的人来说，数学并不是一个由自我附和的定理和证明构成的原始、封闭的世界。[7]我们会欣然接受各种各样的学科：哲学，政治学，科学，历史，医学，等等。所以，我想给大家讲述的故事是：由微积分主宰的世界。

这是一种比以往更宽泛的微积分观，包含了数学和相邻学科中的许多分支，它们要么是微积分的"表兄弟"，要么是微积分的"副产品"。因为这种"大帐篷"观是非常规的，所以我要确保它不会造成任何混淆。比如，我在前文中说过，如果没有微积分，我们就不会拥有电脑和手机等，我的意思当然不是说微积分本身创造了所有这些奇迹。事实远非如此，科学和技术是必不可少的搭档，或者可以说是这出大戏的主角。我只想说，尽管微积分往往扮演的是配角，但也为塑造我们今天的世界做出了重要贡献。

以无线通信的发展史为例。它开始于迈克尔·法拉第和安德烈·玛丽·安培等科学家发现的电磁定律[8]，如果没有他们的观察和反复修正，那些关于磁体、电流及其不可见力场的重要事实将仍不为人所知，无线通信的可能性也永远无法实现。所以，实验物理学在这里显然起到了不可或缺的作用。

但是，微积分同样很重要。19世纪60年代，一位名叫詹姆斯·克拉克·麦克斯韦的苏格兰数学物理学家，将电磁场的基本实验定律改写为一种可进行微积分运算的符号形式。经过一番变换，他得到了一个毫无意义的方程，显然有某种东西缺失了。麦克斯韦怀疑安培定律是罪魁祸首，并尝试修正它，于是他在自己的方程中加入了一个新项——可以化解矛盾的假想电流，然后又利用微积分做了一番运算。这次他得到了一个合理的结果——一个简洁的波动方程[9]，它与描述池塘中涟漪扩散的方程很像。只不过麦克斯韦方程还预言了一种新波的存在，这种波是由相互作用的电场和磁场产生的。一个变化的电场会产生一个变化的磁场，一个变化的磁场又会产生一个变化的电场，以此类推，每个场都会引导另一个场向前运动，一起以行波的形式向外传递能量。当麦克斯韦计算这种波的速度时，他发现它是以光速运动的，这绝对是历史上最令人惊喜的时刻之一。因此，他不仅利用微积分预测出电磁波的存在，还解开了一个古老的谜题：光的性质是什么？他意识到，光就是一种电磁波。

麦克斯韦的电磁波预测促使海因里希·赫兹在1887年做了一项实验，从而证明了电磁波的存在。10年后，尼古拉·特斯拉建造了第一个无线电通信系统；又过了5年，伽利尔摩·马可尼发送了第一份跨越大西洋的无线电报。接下来，电视、手机和其他设备也陆续出现了。

显然，微积分不可能独立做到这一切。但同样显而易见的是，如果没有微积分，这一切就不会发生。或者更准确地说，即使有可能，也要很久之后才会实现。

微积分不只是一种语言

麦克斯韦的故事展现了一个我们将会反复看到的主题。人们常说数学是科学的语言，这是非常有道理的。在电磁波的例子中，对麦克斯韦而言，将他在实验中发现的定律转化为用微积分语言表述的方程，这是至关重要的第一步。

但是，用语言来类比微积分的做法并不全面。微积分和其他数学形式一样，不仅是一种语言，还是一个非常强大的推理系统。依据某些规则进行各种符号运算，微积分可以帮助我们实现方程之间的转换。这些规则有扎实的逻辑根基，尽管看上去我们只是在随机变换符号的位置，但实际上我们是在构建逻辑推理的长链。随机变换符号的位置是有效的简化手段，也是构建人脑无法处理的复杂论证过程的简便方式。

如果我们足够幸运和娴熟，能以正确的方式进行方程变换，就可以揭示这些方程的隐藏含义。对数学家来说，这个过程几乎是易于察觉的，就好像我们在操控着方程，给它们做按摩，竭力让它们放松下来，最后洞悉它们的秘密。我们希望它们能敞开心扉，跟我们交谈。

这个过程离不开创造力，因为我们通常不清楚应该进行哪些操作。在麦克斯韦的例子中，他可以选择的方程变换方式有无数种，尽管所有方式都合乎逻辑，但其中只有一部分能揭示出科学真相。因为麦克斯韦根本不知道自己要寻找什么，除了毫无逻辑的语言（或者符号）之外，他从方程中很可能什么结果也得不到。但幸运的是，这些方程的确含有待揭示的秘密。在适当的刺激下，它们"吐露出"波动方程。

此时，微积分的语言功能再次掌控了主导权。当麦克斯韦将他的抽象符号转换回现实时，它们做出了预测：作为一种不可见的行波，电和磁能一起以光速传播。在接下来的几十年里，这一发现改变了世界。

不合理的有效性

微积分竟然能如此出色地模拟大自然，这实在是太奇怪了，毕竟它们属于两个不同的领域。微积分是一个由符号和逻辑构成的想象领域，大自然则是一个由力和现象构成的现实领域。但不知为何，如果从现实到符号的转换足够巧妙，微积分的逻辑就可以利用现实世界的一个真理生成另一个真理，即输入一个真理，然后输出另一个真理。我们先要有一个被经验证明为真和用符号表述（就像麦克斯韦对电磁定律的改写一样）的真理，然后进行正确的逻辑操作，最后得出另一个经验真理，这个真理有可能是新的，是从没有人知道的关于宇宙的事实（比如电磁波的存在）。就这样，微积分让我们放眼未来，预测未知。正因为如此，它成了强大的科技工具。

但是，为什么宇宙要遵循各种逻辑，甚至包括渺小的人类也能发现的那种逻辑呢？当爱因斯坦写下"世界的永恒之谜[10]在于它的可理解性"时，让他惊叹不已的正是这个问题；当尤金·维格纳在论文《论数学在自然科学中的不合理的有效性》[11]中写下"数学语言在表述物理定律方面的适当性是一个奇迹，是一份我们既不理解也不配拥有的奇妙礼物"时，他想要表达的也是这个意思。

这种敬畏感可追溯至数学形成时期。相传公元前550年左右，当毕达哥拉斯[12]及其信徒发现音乐由整数比支配时，他就产生了这种感觉。想象一下，你在弹拨一根吉他弦，当弦振动时，它会发出某个音调。现在，把你的手指放在恰好位于弦中间的品格上，再拨一次弦。这时弦的振动部分只有最初长度的一半，即1/2，而它发出的音调恰好比最初的音调高八度（指在 *do-re-mi-fa-sol-la-ti-do* 的音阶中，从一个 *do* 到下一个 *do* 的音程）。如果弦的振动部分是最初长度的2/3，那么它发出的音调会比最初的音调高五度（从 *do* 到 *sol* 的音程，比如《星球大战》主题曲的前两个音调）。如果弦的振动部分是最初长度的 3/4，那么它发出的音调会比最初的音调高四度（《婚礼进行曲》的前两个音调之间的音程）。古希腊音乐家了解八度、四度和五度的旋律概念，并且认为它们很美妙。音乐（现实世界的和谐）与数字（想象世界的和谐）之间的这种出人意料的联系，引领毕达哥拉斯学派[13]形成了"万物皆数"的神秘信念。据说他们始终认为，即使是在轨道上运行的行星也会演奏音乐——天体之音。

此后，历史上许多伟大的数学家和科学家都染上了"毕达哥拉斯热"。天文学家约翰尼斯·开普勒尤为严重，物理学家保罗·狄拉克亦然。我们将会看到，"万物皆数"的信念驱使他们去探寻、想象和追求宇宙的和谐，并最终推动他们取得了改变世界的发现。

无穷原则

为了帮助你理解我们讨论的方向，我先说一下什么是微积分，它想要什么，以及它与其他数学学科的区别。幸运的是，有一个宏大而美丽的理念将贯穿这个话题的始终。一旦我们了解了这个理念，微积分的结构就可以被看作统一主题之下的变体。

遗憾的是，大多数微积分课程都将这个主题埋藏在大量的公式、步骤和计算技巧之中。仔细想来，尽管它是微积分文化的一部分，而且几乎每位专家都知道它，但我从未见过它在哪里被阐明。我们不妨把它叫作"无穷原则"，无论是在概念上还是历史上，它都会像引导微积分本身的发展那样指引我们的讨论过程。虽然此时此刻它听起来好像胡言乱语，但通过我们一步步地探索微积分想要什么及其如何实现所想，理解无穷原则将变得越来越容易。

　　简言之，微积分就是想让复杂的难题简单化，它十分痴迷于简单性。这可能会让你感到惊讶，因为微积分向来以复杂性著称。而且，不可否认的是，一些权威的微积分教科书的篇幅都超过 1 000 页，重得像砖头一样。但是，我们不要急着做判断或下结论。微积分无法改变自己的样子，它的庞大笨重是不可避免的。它看起来复杂，是因为它要设法解决复杂的问题。事实上，它已经处理和解决了人类有史以来面临的一些最困难和最重要的问题。

　　微积分成功的方法是，把复杂的问题分解成多个更简单的部分。当然，这种策略并不是微积分独有的。所有善于解决问题的人都知道，当难题被分解后，就会变得更容易解决。微积分真正不同凡响和标新立异的做法在于，它把这种分而治之的策略发挥到了极致，也就是无穷的程度。它不是把一个大问题切分成有限的几小块，而是无休无止地切分下去，直到这个问题被切分成无穷多个最微小并且可以想象的部分。之后，它会逐一解决所有微小的问题，这些问题通常要比那个庞大的原始问题更容易解决。此时剩下的挑战就是把所有微小问题的答案重新组合起来，这一步的难度往往会大一些，但至少不会像原始问题那么难。

　　因此，微积分可分为两个步骤：切分和重组。用数学术语来说，切分过程总是涉及无限精细的减法运算，用于量化各部分之间的差异，这个部分叫作微分学。重组过程则总是涉及无限的加法运算，将各个部分整合成原来的整体，这个部分叫作积分学。

　　这种策略可用于我们能够想象的做无尽切分的所有事物，这类事物被称作连续体，据说它们是连续的。比如，正圆的边缘，悬索桥上的钢梁，餐桌上逐渐冷却的一碗汤，飞行中标枪的抛物线轨迹，或者你活着的时光。形状、物体、液体、运动和时间间隔等都是微积分的应用对象，它们全部或者几乎都是连续的。

请注意这个创造性假设背后的真相。汤和钢铁实际上并不连续，尽管在日常生活的尺度上它们看起来是连续的，但在原子或超弦尺度上并非如此。微积分忽略了原子和其他不可切分实体造成的不便，这不是因为它们不存在，而是因为假装它们不存在会大有帮助。正如我们将在后文中看到的那样，微积分偏好有用的虚构。

更广泛地说，被微积分建模为连续体的实体类型，包含了我们能想到的几乎所有东西。微积分可以描述球如何不间断地滚下斜坡，光束如何在水中连续地传播，蜂鸟的翅膀或飞机机翼周围的连续气流如何使它们在空中飞行，以及患者开始采取药物联合疗法后，他血液中的HIV（人体免疫缺陷病毒）颗粒浓度在接下来的日子里如何持续下降。在每种情况下，微积分采取的策略都一样：先把一个复杂而连续的问题切分成无穷多个简单的部分，然后分别求解，最后把结果组合在一起。

现在，我们终于可以阐明这个伟大的理念了。

无穷原则

为了探究任意一个连续的形状、物体、运动、过程或现象（不管它看起来有多么狂野和复杂），把它重新想象成由无穷多个简单部分组成的事物，分析这些部分，然后把结果加在一起，就能理解最初的那个整体。

石巨人与无穷

这一切的难点就在于，我们需要和无穷打交道，这件事说起来容易做起来难。虽然谨慎而有限制地利用无穷是微积分的秘诀和它强大的预测能力的来源，但无穷也是微积分中最令人头疼的问题。就像《科学怪人》中的怪物或者犹太民间传说中的石巨人一样，无穷往往会挣脱主人的控制。就像所有表现人类狂妄自大的故事一样，怪物不可避免地会攻击创造出它们的人。

微积分的创造者意识到了这种危险，但仍然发现无穷的魅力不可抗拒。当然，它偶尔也会发狂，带来悖论、困惑和哲学灾难。不过，数学家每次都能成功地征服无穷怪物，理顺它的行为，让它重回正轨。最终，一切总会变好；微积分给出了正确答案，有时候就连它的创造者也无法解释其中的原因。驾驭无穷并利用它的力量，这种欲望是一条贯穿微积分的2 500年历史的叙事线索。

由于人们常常把数学刻画成精确和绝对理性的学科，所以这些关于欲望和困惑的讨论似乎不太恰当。数学是理性的，但它一开始并非如此。创造力是直觉的产物，而理性则姗姗来迟。相比其他数学学科，在微积分的故事中，逻辑落后于直觉的情况更多。这让微积分显得尤其平易近人，那些研究微积分的天才看起来也和常人差不多。

曲线、运动和变化

无穷原则围绕着方法论主题构建了微积分的故事。但微积分既与方法论有关，也与谜题有关。最重要的是，有三个谜题促进了微积分的发展，它们分别是曲线之谜、运动之谜和变化之谜。

围绕这些谜题的丰硕研究成果，证明了纯粹好奇心的价值。关于曲线、运动和变化的谜题乍看上去可能并不重要，甚至还深奥到令人绝望；但因为它们涉及丰富多彩的概念性问题，再加上数学与宇宙的结构有着密不可分的联系，所以这些谜题的解决方案对文明的进程和我们的日常生活产生了深远的影响。我们将在接下来的章节中看到，无论是在手机上听音乐，在超市激光扫描仪的帮助下轻松结账走人，还是利用GPS设备找到回家的路，我们都是在收获这些研究带来的好处。

　　一切都始于曲线之谜。在这里，曲线的含义非常宽泛，指任何形式的曲线、曲面或曲面体，比如橡皮筋、结婚戒指、漂浮的气泡、花瓶的轮廓或者一根意大利香肠。为了让物体尽可能地简单，早期的几何学家通常只专注于探究它们的抽象、理想的曲线形状，而忽略它们的厚度、粗糙度和织构。比如，数学中的球面被想象成一张无限薄且光滑的正圆形膜，而不是像椰子壳那样有厚度、凹凸不平和毛茸茸的形状。即使在这些理想化的假设条件下，曲线形状也会带来令人困惑的概念性难题，因为它们并非由平直的部件构成。三角形和正方形很容易理解，立方体也一样，它们都是由直线、平面和几个角连接在一起构成的。计算它们的周长、表面积或体积，也不是一件难事。不管是在古巴比伦、古埃及、古代中国和古印度，还是在古希腊和古代日本，全世界的几何学家都知道如何解决这些问题。但是，圆形物体则很棘手。没有人能算出一个球体的表面积或体积有多大，即使是求圆的周长和面积，在古代也是一个难题。人们既不知道该从何处着手，也找不到便于理解的平直部件。总之，所有弯曲的东西都难以捉摸。

　　微积分就是在这样的背景下诞生的，它萌生于几何学家对圆度的好奇心和挫败感。圆、球体和其他曲线形状是他们那个时代的"喜马拉雅山脉"，这并不是说它们造成了什么重大的实际问题（至少一开始不是），而是说它们激发了人类的冒险精神。就像攀登珠穆朗玛峰的探险家一样，几何学家之所以想解决曲线问题，是因为它们就在那里。

　　有些几何学家坚持认为"曲线事实上是由平直部件构成的"，这种观点带来了突破性进展。尽管这不是事实，但我们可以假装它是真的。那么，唯一的问题就在于，这些部件必须无穷小，而且数量无穷多。通过这个巧妙的构思，积分学诞生了，这是人们对无穷原则的最早应用。我们会用几个章节的篇幅来介绍无穷原则的发展历程，不过它的本质早在萌芽期就简单直观地展现出来了：如果我们让显微镜的镜头不断接近圆（或其他任何弯曲且光滑的物体），可观测到的那部分曲线看上去就会变得平直。所以，通过加总所有平直的小部件来计算我们想要的曲线形状的相关信息，至少在原则上是可行的。多个世纪以来，世界上最伟大的数学家都在努力探究这个难题的解决办法。不过，通过共同的努力（有时还伴有激烈的竞争），他们终于在破解曲线之谜上取得了进展。我们将会在第2章中看到，今天与其相关的副产品包括：电脑动画电影中用来绘制逼真的人物头发、服装和面部的数学工具，以及医生在给真正的患者做面部手术之前，先给虚拟患者做手术时用到的计算工具。

当人们清楚地认识到曲线不只是几何变换的结果时，对曲线之谜的探索达到了狂热的程度。曲线是破解大自然奥秘的钥匙，它们自然而然地出现在飞行球的抛物线轨迹中，也出现在火星围绕太阳旋转的椭圆轨道中。此外，在欧洲文艺复兴后期显微镜和望远镜蓬勃发展之时，曲线还出现在可根据需要弯曲和聚焦光线的凸透镜中。

于是，人们开始解决第二大谜题，也就是地球上和太阳系中的运动之谜。通过观察和巧妙的实验，科学家在最简单的运动物体中发现了迷人的数值模式。他们测量了钟摆的摆动，记录了球滚下斜坡的加速下降过程，还绘制了行星在天空中的运行轨迹。这些模式之所以让发现者欣喜若狂（这是真的，当约翰尼斯·开普勒发现了行星运动定律时，他自称陷入了"神明附体的狂热"状态），是因为它们似乎表明一切都出自上帝之手。从更世俗的角度看，这些模式强化了大自然具有深厚的数学根基的主张，就像毕达哥拉斯学派一直坚称的那样。唯一的问题是，没有人能解释这些不可思议的新模式，或者至少无法用已有的数学知识来解释它们，即使是当时最伟大的数学家也无法用算术和几何来完成这项任务。

问题在于，运动是不稳定的。在滚下斜坡的过程中，球的运动速度一直在变；在围绕太阳旋转的过程中，行星的运动方向也一直在变。更糟糕的是，当靠近太阳时行星的运动速度更快，而当远离太阳时它们的运动速度减慢。那时，人们并不知道该如何处理这种以不断变化的方式不停改变的运动。早期的数学家已经得出了描述最简单运动——匀速运动——的数学公式，即距离等于速度乘以时间。但是，当速度改变而且是持续不断地改变时，一切都变得不确定了。事实证明，运动跟曲线一样，也是一座概念上的珠穆朗玛峰。

我们将在本书的中间章节里看到，微积分的下一次重大进步源于对运动之谜的探索。就像在破解曲线之谜时一样，无穷原则再次挺身而出。这一次，我们的创造性假设是，速度不停变化的运动是由无穷多个无限短暂的匀速运动组成的。为了直观地说明这句话的意思，想象一下你正坐在一辆由新手司机驾驶的汽车里，车速忽快忽慢。你紧张地盯着车速里程表，它的指针随着汽车的每一次颠簸而上下移动。但在1毫秒（0.001秒）内，即便是驾车技术最差的人也无法让车速里程表的指针大幅移动。那么，在比1毫秒短得多的时间间隔（无穷小的时间间隔）内，指针根本不会移动，因为没人能那么快地踩油门。

这些想法共同构成了微积分的前半部分——微分学。它不仅是在研究不断变化的运动时处理无穷小的时间和距离变化所需的理论，也是在解析几何（主要研究由代数方程定义的曲线，在17世纪上半叶风靡一时）中处理无穷小的曲线平直部件所需的理论。的确，代数曾一度令人疯狂。它的普及对包括几何学在内的所有数学领域来说都是一大福祉，但它也创造出诸多难以驾驭的新曲线，有待人们去探索。17世纪中期，位于微积分舞台中央的曲线之谜和运动之谜相互撞击，在数学界引发了混乱和困惑。走出喧嚣之后，微分学渐趋成熟，但仍有争议。有些数学家因为草率地利用无穷而受到批评，有些数学家则嘲笑代数就是一堆符号的拼接。在这样的争吵声中，微积分的发展时断时续，非常缓慢。

之后，有一个孩子在圣诞节那天出生了。这个微积分的拯救者年幼时看起来完全不像一个英雄：他是一名早产儿，没有父亲，3岁时又被母亲遗弃了。想法消沉的孤寂男孩就这样长成了沉默寡言、猜疑心重的年轻人，不过，名叫艾萨克·牛顿的他日后会在世界上留下空前绝后的印记。

他先是解决了微积分的"圣杯"问题，发现了将曲线的各个部件重新组合起来的方法，而且是简单、快速和系统性的方法。通过把代数的符号与无穷的力量结合起来，他找到了一种方法，可以把任何曲线都表示成无穷多条简单曲线（用变量 x 的幂来描述，比如 x^2、x^3、x^4 等）的和。仅用这些"食材"，通过加一点儿 x、少许 x^2 和满满一汤匙 x^3，他就可以"烹饪"出他想要的任何曲线。它好像一个主配方，使调味品、肉和菜合而为一。有了它，牛顿就能解决关于形状或运动的任何问题了。

之后，他破解了宇宙密码。牛顿发现，任何类型的运动都可以分解为每次移动一个无穷小步，而且每个时刻的变化都遵循用微积分语言表述的数学定律。他仅用几个微分方程（他的运动和万有引力定律），就能解释包括炮弹的飞行轨迹和行星的运行轨道在内的所有现象。牛顿的惊人的"世界体系"统一了天和地，掀起了启蒙运动，改变了西方文化，对欧洲的哲学家和诗人产生了巨大的影响。他甚至影响了托马斯·杰斐逊和《独立宣言》的起草。在我们的时代，当NASA（美国国家航空航天局）的非裔美国数学家凯瑟琳·约翰逊及其同事（小说和热门电影《隐藏人物》中的女主人公）设计宇宙飞船的飞行轨道时，牛顿的思想为她们提供了必要的数学计算方法，从而巩固了太空计划的基础。

在破解了曲线之谜和运动之谜后，微积分转向了它的第三个由来已久的谜题——变化之谜。永恒不变的唯有改变，尽管这句话是老生常谈，但它依然是真理。比如，今天是雨天，明天是晴天；今天股票市场上涨，明天股票市场下跌。受到牛顿范式的鼓励，后来的微积分研究者提出了一些问题：是否存在类似于牛顿运动定律的变化规律？有没有适用于人口增长、流行病传播和动脉中血液流动的定律？微积分可用于描述电信号沿神经纤维传导的方式，或者预测公路上的交通流量吗？

在执行这项宏大计划的过程中，微积分一直在与其他科技领域合作，为实现世界的现代化做出了贡献。通过观察和实验，科学家得出了变化定律，然后利用微积分求解并做出预测。比如，1917年，阿尔伯特·爱因斯坦将微积分应用于一个简单的原子跃迁模型，从而预测出一种被称为受激发射[14]的神奇效应。他对这种效应进行了理论阐述：在某些情况下，穿过物质的光能激发出更多波长相同和传播方向相同的光，并通过一种连锁反应产生大量的光，形成强烈的相干光束。几十年后，这个预测被证明是正确的。第一台可运行的激光器在20世纪60年代初建成，从那时起，光盘播放机、激光制导武器、超市的条形码扫描仪和医用激光器等设备都离不开激光。

变化定律在医学领域并不像在物理学领域那样为人熟知。然而，即便被应用于基本模型，微积分也能对挽救生命做出贡献。比如，我们在第8章会看到一个由免疫学家和艾滋病研究者建立的微分方程模型，在针对HIV感染者的现代三联疗法的形成过程中起到了什么作用。这个模型提供的见解推翻了"病毒在人体内处于休眠状态"的主流观点；事实上，病毒每时每刻都在与人体免疫系统进行着激烈的战斗。在微积分提供的这种新认识的帮助下，至少对那些有机会采取联合疗法的人来说，HIV

感染已经从几乎被判了死刑的疾病转变为可控制的慢性疾病。

不可否认的是，我们身处一个不断变化的世界之中，它的某些方面超出了无穷原则固有的近似性和出自主观愿望的想法。比如，在亚原子领域，物理学家不能再把电子想象成像行星或炮弹那样沿光滑路径运动的经典粒子。根据量子力学，在微观尺度上，电子的运动轨迹会发生抖动，变得模糊不清和难以确定，所以我们需要将电子的行为描述成概率波，它不再遵循牛顿运动定律。然而，在我们做了这样的处理后，微积分又一次胜利归来，它通过薛定谔方程描述了概率波的演化过程。

尽管这令人难以置信，但它却是事实：即使在牛顿的物理学行不通的亚原子领域，他的微积分也依然有效。事实上，它的表现相当出色。我们将在后文中看到，微积分与量子力学共同预测出医学成像的显著效果，为MRI（磁共振成像）、CT（计算机断层成像）扫描和更加神奇的PET（正电子发射断层成像）奠定了基础。

现在是时候去更深入地了解宇宙的语言了，当然，我们这趟旅程的起点是"无穷"站。

第 1 章

无穷的故事

数学的诞生[1]建立在日常事务的基础之上：牧羊人需要记录羊群的数量，农夫需要给收获的粮食称重，税吏需要确定每个农民应向国王上缴多少牛或鸡，等等。出于这样的实际需求，数字被发明出来。一开始人们用手指和脚趾计数，后来他们用动物骨头上的划痕计数。随着数字的表现形式从划痕演变成符号，不管是税收和贸易，还是会计工作和人口普查，都便利了许多。在有 5 000 多年历史的美索不达米亚泥板文书上，一排排用楔形文字记录的账目为我们提供了关于数字演化历程的证据。

除了数字，形状也很重要。在古埃及，线和角的测量是最重要的事。每年夏季，在尼罗河的洪水泛滥过后，土地测量员必须重新划定农田的边界线。后来，人们基于这项活动给研究形状的领域起了个名字：几何学。

起初，几何学研究的都是棱角分明的形状。它对直线、平面和角的偏爱反映出它的实用主义起源，比如，斜坡多为三角形，纪念碑和坟墓多为棱锥体，桌面、圣坛和田地则多为矩形。建造者和木匠使用铅垂线时要依靠直角。对水手、建筑师和神父来说，无论是勘测、航海、遵循历法、预测日食或月食，还是建造庙宇和神殿，关于直线的几何知识都必不可少。

尽管几何学执着于平直性，但有一种曲线总是十分引人注目，它就是最完美的曲线——圆。在树木的年轮、池塘的涟漪、太阳和月亮的形状中，我们都能看到圆。圆在大自然中无处不在。当我们凝视圆的时候，圆实际上也在注视着我们，因为它们就在我们所爱之人的眼睛里，在他们的瞳孔和虹膜的圆形轮廓中。圆不仅涵盖了实用物品和情感信物（比如车轮和婚戒），还很神秘。它们的永恒轮回让人联想到季节的循环、转世、永生和无尽的爱，难怪从人类研究形状开始，圆就一直备受关注。

在数学上，圆体现的是没有变化的变化。一个点绕圆周运动，尽管它的方向一直在变，但它到圆心的距离始终不变。这是一种微小的变化，也是一种得到曲线的最微不足道的方式。当然，圆还具有对称性。如果你让一个圆绕它的圆心旋转，那么它看上去没有任何变化。这种旋转对称性可能就是圆无处不在的原因，每当大自然的某个方面不在意方向时，圆就一定会出现。想想雨滴落进水坑里会发生什么：微小的涟漪从落点向外扩展。因为涟漪朝各个方向扩散的速度都一样，而且它们都从同一个点出发，所以它们必定是圆形的。这是对称性的要求。

圆也可以产生其他曲线形状。如图 1-1 所示，假如我们把一个圆沿其直径串在一根竹签上，然后在三维空间中绕着那根竹签旋转这个圆，就会形成一个球体，即地球仪或者球的形状。当一个圆沿着与其所在平面成直角的直线垂直移动并进入第三维度时，就会形成一个圆柱体，即罐头或者帽盒的形状。如果这个圆在垂直移动的过程中逐渐变小，就会形成一个圆锥体；如果它在垂直移动的过程中逐渐变大，就会形成一个截锥体，即灯罩的形状。

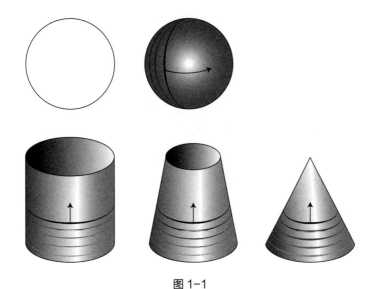

图 1-1

　　尽管早期的几何学家对圆、球体、圆柱体和圆锥体很感兴趣，但他们发现，相比三角形、矩形、正方形、立方体及其他由直线和平面构成的直线形状，曲线形状分析起来要困难得多。他们想知道曲面的面积和曲面体的体积，但却不知道该如何解决这些问题。简言之，圆度难住了他们。

作为桥梁的无穷

　　微积分最初是几何学的产物[2]。在公元前250年左右的古希腊，掀起了一小股解决曲线之谜的数学热潮。这些爱好者有一项雄心勃勃的计划，那就是利用无穷在曲线形状和直线形状之间搭建一座桥梁。他们希望当这种联系建立起来的时候，直线几何学的方法和技巧可以跨越这座桥梁，为破解曲线之谜贡献力量。在无穷的帮助下，所有古老的问题都将迎刃而解。至少，他们设定的目标是这样的。

　　当时，这个计划看起来一定相当牵强。无穷的名声备受质疑，除了可怕得要命以外，人们觉得它一无是处。更糟糕的是，它模糊不清，令人困惑。它到底是什么呢，一个数字，一个地方，还是一个概念？

不过，我们很快就会在接下来的章节中看到，无穷其实是一件天赐之物。考虑到最终来源于微积分的所有发现和技术，利用无穷解决复杂的几何问题一定是自古以来最棒的想法之一。

当然，公元前250年的人们根本无法预见到这一点。然而，无穷很快就有了一些令人印象深刻的表现，其中第一次和最好的一次是，它解决了一个由来已久的谜题：如何求圆的面积。

比萨证明

在开始进行详细的讨论之前，我先简述一下论证过程。它的策略是，把圆想象成一个比萨，然后把比萨切分成无穷多块，最后神奇地将比萨块排布成一个矩形。这样一来，我们就能算出圆的面积了，因为移动比萨块显然不会改变它们原来的面积，而且我们知道如何求矩形的面积：长乘以宽。其结果就是圆的面积[3]公式。

为了便于论证，这个比萨必须是数学意义上的理想比萨，它完全平坦，为正圆形，而且饼皮无限薄。它的周长（用字母 C 表示）是饼皮外缘的长度，可以通过绕饼皮一周来测量。周长通常不是比萨爱好者关心的问题，但如果我们想知道，可以用卷尺测量出 C 的值（图1-2）。

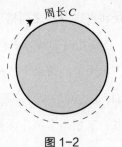

图1-2

　　我们感兴趣的另一个量是比萨的半径 r，它的定义是从比萨的中心到其外缘上的任意一点的距离。特别要说明的是，如果所有比萨块都是等大的，而且是从中心切到外缘，那么 r 也是每个比萨块的直边长度（图1–3）。

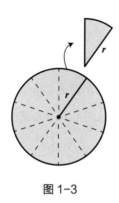

图 1-3

　　假设我们把比萨切成4等份。尽管我们可以用图1–4所示的方法把它们重新组合起来，但看上去不太可能计算出它的面积。

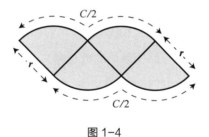

图 1-4

　　这个新形状看起来像球根，它的顶边和底边都呈奇怪的荷叶边状。它当然不是一个矩形，所以我们很难猜出它的面积。我们似乎在倒退，但就像所有戏剧惯用的套路那样，在获胜之前英雄都免不了身陷困境。戏剧张力正在积累当中。

　　不过，即使被困于此，我们也应该注意到两件事，因为它们在整个论证过程中都成立，而且最终会给出我们要找的那个矩形的尺寸。第一件需要注意的事是，比萨饼皮外缘的1/2变成了新形状的弯曲顶边，另外1/2则变成了底边。所以，新形状的顶边和底边的长度都等于比萨周长的1/2，即C/2（图1-4）。我们将会看到，这个长度最终会变成矩形的长。第二件需要注意的事是，球根形状的斜直边正是原始比萨块的直边，所以它们的长度依然是r。这个长度最终会变成矩形的宽。

我们之所以还没看到关于期望矩形的任何迹象，是因为我们切分的比萨块不够多。如果我们把比萨切成8等份，然后按照图1-5所示的方式把它们重新组合起来，得到的图形看上去就会更接近于矩形。

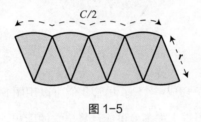

图1-5

事实上，这个比萨开始有点儿像平行四边形了。结果还不错，至少它正在逼近一个由直线围成的图形。新形状的顶边和底边也不像之前那样弯弯曲曲了，我们切分的比萨块的数量越多，它们就会变得越扁平。和之前一样，顶边和底边的长度还是C/2，斜边长度为r。

为了使整个图形更加规整，我们可以把最左侧的比萨块纵向切成等大的两部分，然后把其中一部分移到最右侧（图1-6）。

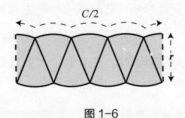

图1-6

　　现在这个形状看起来就很像矩形了。不可否认的是，它仍然不够完美，因为饼皮的曲率导致该形状的顶边和底边呈荷叶边状，但至少我们在进步。

　　既然切分出更多比萨块似乎有所帮助，我们就继续切吧。在我们把比萨分成16等份，并像之前一样对最左侧的那块进行处理后，就会得到图1-7所示的结果。

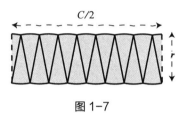

图 1-7

　　我们切的份数越多，由比萨饼皮外缘产生的荷叶边状的顶边和底边就会变得越扁平。在这个过程中我们会得到一系列形状，它们都魔法般地趋近某个矩形，我们称该矩形为极限矩形（图1-8）。

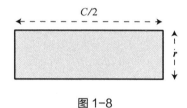

图 1-8

　　这一切的关键在于，我们可以很容易地算出这个极限矩形的面积，即让它的长和宽相乘。那么，剩下的问题就是根据圆的尺寸找出矩形的长和宽了。由于比萨块都是竖直排列的，所以矩形的宽就是比萨的半径r。矩形的长等于比萨周长的1/2，这是因为在处理新形状的每个中间阶段，比萨饼皮外缘的1/2变成了矩形的顶边，另外1/2则变成了底边。因此，矩形的长等于比萨周长的1/2，即$C/2$。综上所述，极限矩形的面积可以用它的长乘以宽得出，即 $A = r \times C/2 = rC/2$。而且，由于移动比萨块不会改变它们的面积，所以极限矩形的面积也一定是原始比萨的面积！

古希腊数学家阿基米德在《圆的度量》中首次证明了圆的面积为 $A = rC/2$，他的论证过程与上文讲述的方法类似，但更加严谨。

就这个论证过程而言，最具创新性的方面在于无穷发挥作用的方式。当我们只把比萨分成4等份、8等份或16等份时，最好的情况不过是把比萨重新排布成一个有荷叶边的不完美形状。在经历了不太乐观的开端之后，我们切分的比萨块的数量越多，得到的新形状就越接近于矩形。但只有在我们把比萨切分成无穷多块的极限情况下，它才会变成一个真正的矩形。这就是微积分背后的伟大思想，在无穷远处，一切都变得更简单了。

极限与墙之谜

极限就像一个达成不了的目标，你可以离它越来越近，但你永远无法实现它。

比如，在比萨证明中，通过切分出足够多的比萨块并对它们进行重新排布，我们可以使有荷叶边的新形状越来越接近于矩形。但是，我们永远不能把它们变成真正的矩形，而只能接近那种完美状态。幸运的是，在微积分中，极限的不可到达性往往无关紧要。通过想象我们能到达极限，然后看看这种想象意味着什么，我们常常可以解决手头的问题。事实上，微积分领域的许多最伟大的先驱正是运用这种方法，取得了伟大的发现。他们并不是依靠逻辑，而是依靠想象力获得了巨大的成功。

极限是一个微妙的概念，它也是微积分的核心概念。它之所以难以解释，是因为这个概念在日常生活中并不常见。最贴切的类比可能是墙之谜：如果你走过了你和墙之间距离的1/2，再走剩下距离的1/2，接着走剩下距离的1/2……，你最终能到达墙根吗？（图1-9）

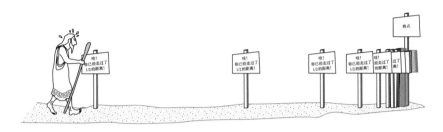

图 1-9

答案显然是否定的，因为墙之谜明确规定，你每次只能走你和墙之间距离的1/2，而不是全部。不管你走了10次、100万次还是多少次，你和墙之间总会有间隙。但同样明显的是，你可以任意地接近这堵墙。也就是说，通过足够多次的努力，你可以走到离墙1厘米、1毫米、1纳米（10^{-9}米），或者其他更小但不为0的距离范围内，但你永远无法真正走到墙根处。在这里，墙扮演的就是极限的角色。人们花费了大约2 000年的时间，才给极限下了一个严格的定义。而在此之前，微积分领域的先驱只能依靠直觉。所以，即使你现在对极限的感觉还很模糊，也无须担心。通过分析一些实例，我们可以更好地了解它们。从现代的角度看，极限之所以重要，原因就在于它们是整个微积分领域的基石。

如果墙的比喻显得太过冷酷无情（谁会愿意去接近一堵墙呢？），不妨试试这个类比：任何接近极限的过程都像一位英雄在进行无止境的探索。它和西西弗斯面对的毫无希望的任务（他因触犯众神而受到惩罚，要把一块巨石滚上山顶，再眼睁睁地看着它滚下去，如此反反复复、无休无止）不同，这并非徒劳无功之举。当某个数学过程朝着某个极限逼近（比如，有荷叶边的形状趋近极限矩形）时，就好像故事的主人公正在为一个他明知道不可能实现但仍抱持着成功希望的目标而努力奋斗，这种希望是由他在竭力接近目标的过程中取得的稳步进展激发产生的。

0.333…的故事

为了强化"在无穷远处，一切都变得更简单了"和"极限就像无法实现的目标"之类的伟大思想，我们来看看下面的算术实例。这是一个将分数（比如1/3）转换为等值小数（在本例中，1/3=0.333…）的问题。我清楚地记得，我八年级的数学老师斯坦顿女士教过我们这类问题的计算方法。这件事之所以让我记忆犹新，是因为她突然讲到了无穷。

那一刻，我生平第一次听到一个成年人提及无穷。我的父母当然用不到它，它似乎是一个只有孩子才知道的秘密。在操场上，它总是以嘲弄和抬杠的方式出现。

"你是个混蛋！"

"是啊，好吧，你是两倍的混蛋！"

"你是无穷倍的混蛋！"

"你是无穷加一倍的混蛋！"

"那和无穷倍是一样的，你这个笨蛋！"

这些有启发意义的对话让我确信，无穷的行为和普通数字不一样。当你给它加上1的时候，它不会变大，即使给它加上无穷也是这样。它的这种所向披靡的属性极其适用于终结校园内的争论，谁抢先使用它，谁就赢了。

但在斯坦顿女士提到无穷之前，没有其他老师跟我们谈论过这个问题。我们班的所有同学都已经知道有限小数了，因为它们常被用来表示金额，比如10.28美元的小数点后就有两位数。相比之下，无穷小数的小数点后有无穷位数，尽管它们乍看上去很奇怪，但和分数结合起来讨论就显得很自然了。

我们知道分数1/3也可以写成0.333…，最后的三个点表示无限重复的"3"。这对我来说很重要，因为当我试着用长除法计算1/3时，我发现自己陷入了一个无限循环：1不够被3除，所以假设1是10，那么10除以3等于3余1；现在我回到了起点，又要拿1去除以3。我无法跳出这个循环，这就是在0.333…中"3"不断重复的原因。

关于0.333…末尾的三个点，有两种解释。其中，朴素的解释是，在小数点右边确实肩并肩地排列着无穷多个"3"。当然，正因为有无穷多个"3"，所以我们不能把它们全部写下来，而改用三个点表示它们都在那里，或者至少在我们的脑海中。我把这种解释称为实无穷解释，在我们不愿意过多地思考无穷含义的情况下，它的优点是看上去简单明了、符合常理。

复杂的解释是，0.333…代表极限，就像在比萨证明中极限矩形是有荷叶边形状的极限，或者墙是倒霉步行者的极限一样。只不过，这里的0.333…代表对分数1/3进行除法运算后得到的连续小数的极限。随着除法运算的不断进行，在1/3的小数展开式中会产生越来越多的"3"。通过努力计算，我们可以得到一个尽可能接近1/3的近似值。如果对$1/3 \approx 0.3$的结果不满意，那么我们可以再算一步得到$1/3 \approx 0.33$，以此类推。我把这种解释称为潜无穷解释，其中的"潜"意味着近似值的小数位数可以根据需要不断增多。没有什么能阻止我们进行100万次、10亿次或者更多次数的除法运算。这种解释的优点是，我们永远不必引入像无穷这样令人摸不着头脑的概念，而可以继续利用有限的概念。

在处理像1/3 = 0.333…这样的等式时，我们采取哪种观点其实并不重要。它们同样站得住脚，而且在我们想进行的任何计算中都能得出相同的数学结果。但在数学领域，还存在实无穷解释可能会导致逻辑混乱的其他情况，这就是我在引言中提及无穷像怪物一样恐怖时所要表达的意思。对于某个过程产生的不断接近极限的结果，无穷有时候确实会让我们形成不同的看法。但假装这个过程已经结束，并且以某种方式到达了无穷境界，我们偶尔也会因此陷入麻烦。

无穷多边形的故事

举一个烧脑的例子。假设我们在一个圆上画一定数量的点，并使其均匀分布，然后用直线将它们相互连接起来。如果画3个点，那么我们会得到一个等边三角形；如果画4个点，那么我们会得到一个正方形；如果画5个点，那么我们会得到一个五边形；以此类推，我们可以画出一连串的直线形状，它们被称为正多边形（图1-10）。

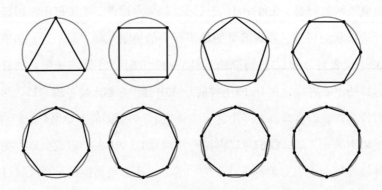

图1-10

请注意，我们画的点越多，得到的多边形就会越接近于圆形。与此同时，它们的边越来越短，数量越来越多。当我们按照边数从少到多的次序逐步推进时，多边形就会越来越接近于作为极限的原始圆。

于是，无穷再次成为连接两个世界的桥梁。这一次，它把我们从直线的世界带到了圆的世界，将棱角分明的多边形变成了如丝般光滑的圆形。而在比萨证明中，无穷则把我们从圆的世界带到了直线的世界，因为它把圆变成了矩形。

当然，在任何有限的阶段，多边形仍然只是多边形，它们还不是圆，也永远不会变成圆。尽管它们越来越接近于圆，但它们绝不会成为真正的圆。我们在这里谈论的是潜无穷，而不是实无穷。所以，从逻辑严密性的角度看，一切都无懈可击。

但如果多边形的边数不断逼近实无穷，会怎么样？最终得到的边长无限短的无穷多边形真的是一个圆吗？这种想法颇具吸引力，因为到那时多边形会变得光滑，它的所有角都被磨平了，看上去一切皆完美。

无穷的魅力和危险

有这样一个普遍经验：极限通常比逼近它们的近似值简单。圆比所有接近它的多边形（有很多突起）都更简单，也更优美。同样地，在比萨证明中，极限矩形比有荷叶边的形状（有难看的隆起和尖点）更简单，也更优雅。对分数1/3来说亦如此，它比所有逼近它的笨拙分数都更简单，也更悦目，因为后者的分子和分母大而丑陋，比如3/10、33/100和333/1 000。在所有这些例子中，极限形状或极限数字都比其有限的近似物更简单，也更具对称性。

这就是无穷的魅力，在无穷远处，一切都变得更好了。

知道了这个经验之后，我们再回过头看无穷多边形的例子。我们是否可以孤注一掷地说，圆就是一个有无穷多条无穷短边的多边形呢？不，我们绝对不能这样做，也绝对不能屈服于这种诱惑，否则就会犯下实无穷的错误，并被推入逻辑的地狱。

为了说明原因，假设我们暂时接受了这个想法，即圆确实是一个边长无限短的无穷多边形。那么，这些边究竟有多长呢？长度为0吗？如果是这样，无穷乘以0（所有边的长度之和）就一定等于圆的周长。但假设现在又出现一个周长加倍的圆，那么无穷乘以0也必定等于这个更大的周长。于是，无穷乘以0既等于前一个圆的周长，又等于后一个圆的周长。这简直是胡说八道！既然我们找不到定义无穷乘以0的一致性方法，将圆视为无穷多边形的观点也就站不住脚了。

尽管如此，这种直觉还是有些许吸引力的。就像《圣经》中的原罪一样，微积分的原罪——把圆看作边长无穷短的无穷多边形的诱惑——也让人无法抗拒，它利用禁忌知识的前景和借助一般手段无法获得的洞见诱惑着我们。几千年来，几何学家一直在努力计算圆的周长。如果圆可以被由许多条微小直边构成的多边形替代，这个问题就会变得简单许多。

数学家一边听着巨蛇的嘶嘶声，一边努力克制着原罪的诱惑，通过利用潜无穷而不是更吸引人的实无穷，找到了解决圆的周长问题和其他曲线之谜的方法。在接下来的章节中，我们将会看到他们是如何做到的。但在此之前，我们需要更深刻地了解实无穷究竟有多危险。它会引发许多其他错误，包括老师常常告诫我们不要犯的一个错误。

除数为 0 的禁忌

世界各地的学生都学过，0绝对不能做除数。他们可能会对这样一种禁忌的存在感到震惊，毕竟数字应该是井然有序、处处通用的，数学课也是一个充斥着逻辑和推理的场合。然而，对于数字，我们仍有可能提出一些无用或无意义的简单问题，除数为0就是其中之一。

这个问题的根源是无穷。除数为0会召唤出无穷，据说这和用通灵板从另一个世界召唤出灵魂的方式差不多。真是太危险了，千万别去尝试。

那些忍不住想知道为什么无穷会潜伏在阴影中的人，可以尝试用6去除以一个接近0但不完全等于0的数字，比如0.1。这样做毫无问题，6除以0.1等于60，商是一个较大的数字。我们再用6去除以一个更小的数字，比如0.01，商会变得更大，等于600。如果我们敢用6去除以一个更加接近0的数字，比如0.000 000 1，商就会变大很多，不再是60或600，而是60 000 000。趋势很明显：除数越小，商越大；当除数逼近0时，商趋于无穷大。这就是我们不能用0做除数的真正原因。胆小之人会说答案是"未定义"，但事实上答案是"无穷"。

整个计算过程可以用图1–11表示出来。假设我们要把一条6厘米长的线段切分成长度为0.1厘米的小线段，这60条小线段首尾相接就组成了那条原始线段。

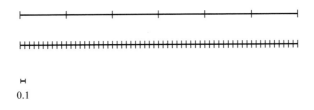

0.1

图 1–11

同样地（但我不打算在图上把它们画出来），同一条线段还可以被分成600段，每段长0.01厘米，或者被分成60 000 000段，每段长0.000 000 1厘米。

　　如果我们像这样疯狂地继续分下去直到极限，就会得出一个奇怪的结论，即这条6厘米长的线段是由无穷多条长度为0的线段组成的。这听起来可能合情合理，毕竟线是由无穷多个点组成的，而且每个点的长度为0。

　　但从哲学上看，令人紧张不安的一点是，同样的论证过程适用于任意长度的线段。的确，数字6并没有什么特别之处。我们也可以宣称，一条长3厘米、49.57厘米或者2 000 000 000厘米的线段是由无穷多个长度为0的点组成的。显而易见，0乘以无穷可以得出任意结果：6，3，49.57或者2 000 000 000。从数学上讲，这太可怕了。

实无穷之罪

　　致使我们陷入这种混乱局面的"罪行"是，假装我们真能到达极限，并把无穷当作一个可达到的数字。早在公元前4世纪希腊哲学家亚里士多德[4]就警告说，在无穷的问题上犯这样的错误可能会招致各种逻辑悖论。他强烈反对实无穷[5]，并认为只有潜无穷才有意义。

　　在切分线段的例子中，潜无穷意味着，尽管这条线段可以被分成任意多段，但数量总是有限的，每小段的长度也都不为0。这种做法是完全允许的，不会带来任何逻辑问题。

　　而禁忌的做法是，继续切分下去，直到这条线段被分成实无穷段，并且每小段的长度为0。亚里士多德认为这会招致谬论，比如在切分线段的例子中，我们得出了0乘以无穷可以等于任意数的结论。所以，他不允许在数学和哲学中使用实无穷。在接下来的2 200年里，他的这条"法令"得到了数学家的支持。

　　在史前时期的黑暗角落里，有人意识到数字是无尽的。伴随着这样的想法，无穷诞生了，它是我们心灵深处、无底噩梦和永生愿望中的某些东西的数字对应物。无穷也是我们的很多梦想、恐惧和未解之谜的核心：宇宙有多大？永远是多久？上帝有多强大？几千年来，在人类思想的每一个分支，从宗教、哲学、科学到数学，无穷一直困扰着世界上最优秀的大脑。它被放逐和取缔，人们都对它避之不及，始终把它视为一个危险的概念。在宗教裁判所，乔尔丹诺·布鲁诺[6]被活活烧死在火刑柱上，罪名是他认为上帝以其无穷的力量创造了不计其数的世界。

芝诺悖论

早在布鲁诺被烧死的大约 2 000 年前，有一位勇敢的哲学家就开始思考无穷问题了。芝诺提出了一系列关于空间、时间和运动的悖论，无穷在其中扮演着重要而复杂的角色。这些难题预示了微积分的核心思想，至今仍备受关注。伯特兰·罗素认为，它们无比巧妙和深奥。[7]

我们并不确定芝诺试图用他的悖论证明些什么，因为他什么记录都没有留下。芝诺悖论是通过柏拉图和亚里士多德的著作流传至今的，而这两位哲学家的主要目的是推翻它们。根据他们的讲述，芝诺试图证明改变是不可能发生的。在芝诺看来，尽管感官告诉我们这不是事实，但它实际上欺骗了我们；改变是一种错觉。

在芝诺悖论[8]中，有三个尤其知名和有影响力。第一个是二分法悖论，它与墙之谜类似，但更加令人沮丧。该悖论认为你根本无法移动，因为在你走一步之前，你需要先走 1/2 步；在你走 1/2 步之前，你需要先走 1/4 步，以此类推。所以，你非但走不到墙根处，甚至没办法出发。

这是一个绝妙的悖论。谁能想到，走一步竟然需要完成无穷多项子任务呢？更糟糕的是，我们找不到要完成的第一项任务。第一项任务不可能是走1/2步，因为在那之前你必须先走1/4步，而在你走1/4步之前你必须先走1/8步，以此类推。如果你认为自己在做早餐前有很多事情要做，就可以想象成你必须完成无穷多项任务之后才能到达厨房。

第二个是阿喀琉斯与乌龟悖论。它认为，在跑步比赛中，如果跑得慢的乌龟的起跑点更靠前，那么跑得快的阿喀琉斯就追不上乌龟（图1-12）。

图 1-12

原因在于，当阿喀琉斯到达乌龟的起跑点时，乌龟会沿着跑道向前移动一点儿；当阿喀琉斯到达那个新位置时，乌龟又会往前爬一点儿。然而，我们却认为跑得快的选手能赶超跑得慢的选手，这要么是因为感官在欺骗我们，要么是因为我们关于运动、空间和时间的推断有误。

在这两个悖论中，芝诺似乎驳斥了"空间和时间从根本上说是连续的"（这意味着它们可以被无休止地分割）这一观点。他巧妙地利用了反证法（有人说这是他发明的），律师和逻辑学家把这种修辞策略称为"归谬法"。芝诺先假设空间和时间是连续的，然后从这个假设中推导出一个悖论，进而推断出连续性假设一定是错误的。而微积分正是建立在这个假设的基础之上，所以这场斗争至关重要。通过指出他的推理过程中的错误，微积分对芝诺的观点进行了反驳。

以下是微积分应对阿喀琉斯与乌龟悖论的方法。假设乌龟的起跑点在阿喀琉斯前方 10 米处，但阿喀琉斯的跑步速度是乌龟的 10 倍（比如他的速度是每秒 10 米，而乌龟的速度是每秒 1 米）。然后，阿喀琉斯花 1 秒的时间追平了起跑时乌龟领先他 10 米的优势。与此同时，乌龟会向前移动 1 米。阿喀琉斯需要再花 0.1 秒来追平这个差距，到那时乌龟会再向前移动 0.1 米。继续这个推理过程，我们将会看到阿喀琉斯连续追赶乌龟所花的时间加起来是一个无穷级数：

$$1 + 0.1 + 0.01 + 0.001 + \cdots = 1.111\cdots \text{ 秒}$$

把这个时间量换算成一个等值分数——10/9 秒，它就是阿喀琉斯赶超乌龟需要花的时间。虽然芝诺对于阿喀琉斯要完成无穷多项任务的判断是对的，但这两者之间并不存在什么矛盾之处。就像计算结果表明的那样，阿喀琉斯可以在有限的时间内完成所有任务。

这个推理思路可以作为微积分的论证过程。就像我们在前文中讨论为什么 0.333… = 1/3 的做法一样，我们只是对一个无穷级数求和并计算出一个极限。但凡涉及无穷小数，我们就是在做微积分运算（尽管大多数人都会贬低它是中学算术）。

顺便说一下，微积分并不是解决这个问题的唯一方法，我们还可以运用代数方法。为了解题，我们需要先确定在比赛开始后的任意时刻 t 秒，每个参赛者在跑道上的位置。由于阿喀琉斯的速度是每秒 10 米，而且距离等于速度乘以时间，所以他跑过的距离是 $10t$。对乌龟来说，它在起跑时领先阿喀琉斯 10 米，而且它的速度是每秒 1 米，所以它与阿喀琉斯的起跑点之间的距离是 $10 + t$。要用代数方法求解阿喀琉斯和乌龟同时到达同一位置所需的时间，就必须让这两个表达式相等，由此得到的方程是：

$$10t = 10 + t$$

为了求解这个方程，我们先在等式两边同时减去 t，得到 $9t = 10$。然后，等式两边同时除以 9，得到 $t = 10/9$ 秒，这与我们用无穷小数换算得出的结果相同。

所以从微积分的角度看，阿喀琉斯与乌龟问题中确实不存在悖论。如果空间和时间是连续的，那么一切都将迎刃而解。

芝诺悖论走向数字化

第三个是飞矢不动悖论，芝诺用它来驳斥另一种可能性，即空间和时间从根本上说是离散的，这意味着它们由不可分割的微小单元（类似于空间像素和时间像素）组成。这个悖论的内容是：如果空间和时间是离散的，飞矢就未曾移动，因为在每一个瞬间（一个时间像素），飞矢都在某个确定的位置（一组特定的空间像素）上。由此可以推断，在任何给定的瞬间，飞矢都是静止不动的。它也不会在两个瞬间之间移动，因为根据假设，两个瞬间之间是没有时间的。所以，飞矢从未移动。

在我看来，这是芝诺悖论中最微妙和最有意思的一个。哲学家仍然在争论它所描述的状态，不过我认为芝诺似乎说对了2/3。在一个空间和时间离散化的世界里，飞矢的行为确实如芝诺所言。当时间以离散化的方式嘀嗒前行时，飞矢会在一个接一个地方突然出现。他还说对了一点，那就是感官告诉我们现实世界并非如此，至少不是我们通常感知到的那样。

而芝诺的错误在于，他认为在这样的世界里运动是不可能发生的。根据在数字设备上观看电影和视频的经验，我们就能知道这一点。我们的手机、数字录像设备和电脑屏幕将所有图像切分成离散的像素，但和芝诺的主张相反，即使在这些离散化的场景下，运动也可以完美地发生。

只要所有图像都被切分得足够细致，我们就无法分辨出光滑的运动与其数字表示之间的不同。如果观看飞矢的高分辨率视频，我们看到的实际上是一支像素化的箭在一帧接一帧的离散画面中出现。但由于我们的感知能力有限，它看上去就像一条光滑的轨迹。有时候，我们的感官真的会欺骗我们。

当然，如果切分得太粗糙，我们就能分辨出连续与离散之间的区别，而且常常会发现它有些烦人。想想老式的指针式时钟和现代的数字/机械时钟有什么不同。在指针式时钟上，秒针会以匀速运动的方式扫过表盘，让人感觉时间在流动。而在数字时钟上，秒针会一下一下地向前跳动，并发出"嘚嘚嘚"的声音，让人感觉时间在跳动。

无穷可以在这两种截然不同的时间观念之间架起一座桥梁。想象一下，如果数字时钟每秒钟一次的"嘚"声被几万亿次小的"嘀嗒"声代替，那么我们将无法分辨出数字时钟和真正的指针式时钟之间的区别。电影和视频也是这样，只要画面闪现得足够快，比如每秒30帧，就会给人一种无缝流动的感觉。如果每秒闪过无穷多帧，就真可谓天衣无缝了。

再想想我们录制和回放音乐的情景。我的小女儿在她15岁生日时收到了一台老式的维克多牌唱机，可以用它来听艾拉·费兹杰拉的黑胶唱片。这是一种典型的模拟体验：从唱机中传出的所有歌曲的音调和拟声唱法，都跟艾拉演唱它们的时候一样流畅；不管是在轻柔的部分、高亢的部分还是两者之间的过渡部分，她的音量都是连续不断的，从低音到高音的爬升也很优美。然而，当你在数字设备上听她的歌曲时，音乐的方方面面都被切分成微小而离散的音级，并被转化成由0和1组成的字符串。尽管两者在概念上差别巨大，但我们的耳朵却分辨不出来。

因此在日常生活中，离散与连续之间的鸿沟往往是可弥合的，至少可以取得良好的逼近效果。在很多实际应用中，只要我们把事物切分得足够细致，离散就可以替代连续。在微积分的理想世界里，我们还可以更上一层楼。任何连续的事物都可以被精确地（而不只是近似地）切分成无穷多个无穷小的部分，这就是无穷原则。在极限和无穷的帮助下，离散和连续融为了一体。

当芝诺悖论遇上量子力学

无穷原则要求我们假装一切都可以被无穷尽地切分，我们也已经看到了这样的概念非常有用。通过想象比萨可被切分成任意小的块，我们准确地求出了圆的面积。那么，问题随之而来：无穷小的东西在现实世界中是否存在呢？

对于这个问题，量子力学[9]有一定的发言权。它是现代物理学的一个分支，描述的是大自然在其最小尺度上的行为方式。它是有史以来人类建立的最精确的物理学理论，并以怪诞性闻名。它的术语，以及包含轻子、夸克和中微子的粒子园，听起来就像刘易斯·卡罗尔[①]作品里的东西。量子力学描述的行为通常也很怪诞，在原子尺度上发生的事情，在宏观世界中可能永远也不会发生。

比如，我们可以从量子角度思考墙之谜。如果步行者是一个电子，那么它可能会穿墙而过。这种现象被称为量子隧穿效应，它的的确确会发生。经典物理学很难解释这种效应，而量子力学对它做出的解释是，电子可以用概率波来描述。概率波遵循薛定谔方程[10]，该方程是由奥地利物理学家埃尔温·薛定谔在1925年建立的。薛定谔方程的解表明，一小部分电子概率波会出现在难以逾越的障碍的另一边。这意味着在障碍的

---

① 刘易斯·卡罗尔是英国童话作家，代表作有《爱丽丝梦游仙境》等。——编者注

另一边探测到这个电子的概率尽管很小，但不为 0，就像它穿过了那堵墙一样。在微积分的帮助下，我们可以计算出这种隧穿效应的发生率，实验也已经证实了这种预测。隧穿效应是真实存在的，比如 α 粒子会以预测的发生率穿透铀核，产生放射性效应。隧穿效应也在使太阳发光的核聚变过程中起到了重要作用，因此地球上的生命部分依赖于隧穿效应。此外，它还有许多技术用途，比如，科学家用来观测和操纵单个原子的扫描隧穿显微镜，正是建立在隧穿效应的基础之上。

我们对这类发生在原子尺度上的事件没有直观认识，因为我们是由几万亿个原子组成的庞大生物。幸运的是，微积分可以代替直观认识。通过应用微积分和量子力学，物理学家打开了微观世界的理论之窗，他们的洞见产生的成果包括激光、晶体管、计算机芯片和平板电视中的发光二极管（LED）。

尽管量子力学的许多概念都很激进，但在薛定谔方程中，它保留了空间和时间具有连续性的传统假设。麦克斯韦在他的电磁理论中做出了相同的假设，牛顿的引力理论和爱因斯坦的相对论亦如此。因此，从微积分到理论物理学，它们都建立在空间和时间具有连续性的假设基础之上。到目前为止，这种假设一直非常成功。

但是，我们有理由认为，在宇宙的极小尺度（远小于原子尺度）上，空间和时间最终可能会失去它们的连续性。尽管我们不确定那里会是什么样子，但我们可以猜测一下。空间和时间可能会像芝诺的飞矢不动悖论设想的那样完全像素化，不过由于量子不确定性，它们更有可能退化为无序的混沌状态。在如此小的尺度上，空间和时间也可能会随机地涌动和翻腾，像泡沫一样起伏。

在这些极限尺度上应该如何设想空间和时间，尽管人们还未就此达成共识，但对于这些尺度可能会有多小，人们已经达成了一致意见。极限尺度是由自然界的三大基本常量决定的，我们无法左右。第一个是引力常量 G，它衡量的是宇宙中的引力强度。它最早出现在牛顿的引力理论中，之后又出现在爱因斯坦的广义相对论中，未来也必定会出现在取代这两者的任何理论中。第二个常量 $\hbar$ 反映了量子效应的强度，它出现在海森伯的不确定性原理和薛定谔的量子力学波动方程中。第三个常量是光速 c，它是宇宙的极限速度，任何一种信号的传播速度都无法超过 c。这个速度必然会出现在所有的时空理论中，因为它通过距离等于速度乘以时间的原理把空间与时间联系在一起，c 就是其中的速度。

1899年，量子理论之父、德国物理学家马克斯·普朗克意识到，将这些基本常量组合起来得到长度尺度的方式有且仅有一种。普朗克推断出这个独一无二的长度就是宇宙的自然尺度，为了纪念他，我们现在称此长度为普朗克长度[11]。它的公式是：

$$\text{普朗克长度} = \sqrt{\frac{\hbar G}{c^3}}$$

我们把 G、$\hbar$ 和 c 的测量值代入这个公式，可以算出普朗克长度约为 10^{-35} 米，这是一个非常小的距离，相当于质子直径的 10^{22} 分之一。普朗克时间是光经过这段距离所需的时间，大约是 10^{-43} 秒。这两个尺度就是极限尺度，在它们之下空间和时间将不再有意义。

这些数字限定了我们切分空间或时间的精细程度。为了感受我们在这里讨论的精密度有多高，可以想一想，如果进行一次你能想象到的最极端的比较，需要使用多少位数。用最大的可能距离（已知宇宙的估测直径）除以最小的可能距离（普朗克长度），这个异常极端的距离之比虽然只是一个60位数，但它是我们需要用到的距离之比中最大的一个。使用更多位数（比如100位数，更不用说无穷位数了）则会过犹不及，因为它们超出了我们在物质世界中描述任何真实距离所需的上限。

　　然而，在微积分中，我们一直在使用无穷位数。早在中学时期，学生们就要开始思考像0.333…这样的无穷小数。尽管我们把这类数字称为实数，但它们一点儿也不真实。至少就我们今天通过物理学了解到的现实而言，依据小数点后的无穷位数来认定实数的要求恰恰意味着实数并不是真实的。

　　如果实数是不真实的，数学家为什么会如此喜爱它们呢？小学生又为什么必须学习它们呢？因为微积分需要实数。从一开始，微积分就固执地认为万物——空间和时间、物质和能量，以及已经存在或将要出现的所有事物——都应该被视为连续的。因此，万物都可以并且应该用实数来量化。在这个理想化的假想世界里，我们假装一切事物都可以被无限地切分。整个微积分理论都建立在这个假设的基础之上，如果没有它，我们就无法计算极限；如果没有极限，微积分将会停滞不前。如果我们使用的都是精密度只有60位的小数，那么数轴上将会布满麻点和坑洼。而在这些坑洞处，原本应该放置着圆周率、2的平方根和小数点后有无穷位数的数字。即使像1/3这样的简单分数也会消失不见，因为它也需要用无穷位数（0.333…）来确定它在数轴上的位置。如果我们想把全体数字视为一条连续的线，这些数字就必须是实数。尽管它们可能只是现实的近似值，但却行之有效。我们很难用其他方式为现实建模。和微积分的其他部分一样，在无穷小数的助力下，无穷让一切事物都变得更简单了。

第 2 章

驾驭无穷的勇士

在芝诺思考了空间、时间、运动和无穷的本质之后，过了大约200年，又有一位思想家发现无穷的魅力让人无法抗拒。这个人就是阿基米德[1]，在讨论圆的面积时，我们已经"见"过他了。不过，他之所以会成为传奇人物，还有很多其他原因。

关于他，有许多有趣的故事。[2]有些人把他刻画成最早的数学怪才，比如，历史学家普鲁塔克[3]告诉我们，阿基米德十分痴迷几何学，以至于"忘记了吃饭，[4]蓬头垢面"。（这种说法很有可能是真的，因为对许多数学家来说，吃饭和个人卫生并不是头等大事。）普鲁塔克接着提到，当阿基米德沉迷于数学时，必须有人"强行拽着他去洗澡"[5]。他竟然这么不愿意洗澡，而有趣的是，关于他的一个众所周知的故事，却恰恰跟洗澡有关。据罗马建筑师维特鲁威[6]说，阿基米德在洗澡时突然产生了灵感，他兴奋得从浴盆里跳出来，赤身裸体地跑到街上大喊："我发现了！"

其他故事则把他塑造成军事魔术师、勇士科学家或者一人敢死队。根据这些传说，当叙拉古于公元前212年被罗马人围攻时，已是七旬老者的阿基米德利用他的滑轮和杠杆知识，制造出奇炫的武器，为保卫他的家乡做出了贡献。他发明的抓钩和巨型起重机之类的"战争机器"可以把罗马战船从海里吊起来，然后像抖落鞋里的沙子一样把水手们从船上甩出去。普鲁塔克对这个可怕的场景进行了描述，"罗马战船常常被吊到半空中（看上去很可怕），[7]然后被不停地来回摇晃，直到水手们都被甩出去，最终船被扔到岩石上或者海里。"

更严肃地说，所有理工科学生之所以记得阿基米德，是因为他提出的浮力原理（浸在流体中的物体所受的浮力与被该物体排开的流体重量大小相等）和杠杆定律（当且仅当杠杆两端重物的重量与它们到支点的距离成反比时，杠杆才会平衡），这两个理论都在实践中得到了无数次应用。阿基米德的浮力原理解释了为什么有些物体能浮起来，而有些不能；它还为造船工程、船舶稳定性理论和海上石油钻井平台的设计奠定了基础。每当你使用指甲刀或者撬棍时，你都在不知不觉地运用阿基米德的杠杆定律。

尽管阿基米德算得上令人敬畏的战争机器制造者，他无疑也是杰出的科学家和工程师，但真正让他永垂不朽的是他在数学上的贡献。阿基米德为积分学铺平了道路，这门学科的最深刻思想在他的著作中清晰可见，只不过它们在将近2 000年后才再次被人们看到。所以，即使我们说他的思想超前于他的时代也毫不过分，难道还有人能比他更超前吗？

有两种策略在他的著作中反复出现。一种策略是他对无穷原则的狂热运用。为了探究圆、球体和其他曲线形状的奥秘，他总是把它们近似成由许多平直部分组成的直线形状，就像切割过的宝石一样。通过想象越来越多和越来越小的组成部分，他使得近似值越来越接近事实，并在组成部分无穷多的极限条件下趋近正确答案。这种策略要求他必须精通求和和解谜，因为他最终只有把很多数字或组成部分重新整合在一起，才能得出结论。

他的另一种与众不同的策略是，把数学与物理学融为一体，把理想与现实合而为一。具体来说，他把几何学（研究形状）与力学（研究运动和力）结合在一起。有时他用几何学来阐释力学，有时则用力学理论来理解几何学。阿基米德正是通过娴熟地运用这两种策略，才解开了曲线之谜。

夹逼法与圆周率

当我步行去上班或者晚上出门遛狗时，我苹果手机上的计步器会记录下我走过的距离。计算方法很简单：应用程序根据我的身高估算出我的步长，并计数我走的步数，然后将这两个数字相乘。那么，我走过的距离就等于步长乘以步数。

阿基米德在计算圆的周长和估算圆周率[8]时，利用的也是类似的思路。假设圆是一条路径，需要走很多步才能走完全程，如图 2-1 所示。

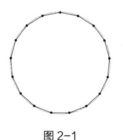

图 2-1

每一步都用一条微小的直线来表示。用步数乘以每一步的长度，我们就可以估算出这条路径的长度。当然，这只是一个估计量，因为圆实际上并不是由直线组成的，而是由弯曲的弧组成的。当我们用直线来代替每一段弧时，就相当于走了点儿捷径。因此，近似值肯定小于圆形路径的实际长度。但至少在理论上，通过走足够多的步数，并且每一步的步长足够短，我们就可以尽可能精确地估算出圆形路径的长度。

阿基米德从由 6 条直线组成的路径开始，进行了一系列这样的计算。

他之所以选择从六边形入手，是因为它是一个便利的"大本营"，适合作为这段艰难的计算之旅的起点。六边形的优点在于，阿基米德可以轻易地计算出它的周长，即绕六边形一周的总长度。图2–2中六边形的周长是圆的半径的6倍，为什么是6倍呢？因为六边形包含6个等边三角形，它们每条边的长度都等于圆的半径（图2–3）。

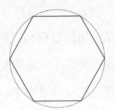

图2–2

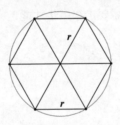

图2–3

其中，有6条三角形边构成了六边形的周长。

六边形的周长等于圆的半径的6倍，用符号可表示为 $p = 6r$。由于圆的周长 C 大于六边形的周长 p，我们必定可以得出 $C > 6r$ 的结论。

这个论证给了阿基米德一个圆周率下限，圆周率用希腊字母 π 表示，其定义是圆的周长与直径之比。因为直径 $d = 2r$，不等式 $C > 6r$ 意味着：

$$\pi = \frac{C}{d} = \frac{C}{2r} = \frac{6r}{2r} = 3$$

因此，该论证过程证明 π > 3。

当然，6 是一个非常小的步数，六边形显然也不太像一个圆，但对阿基米德来说一切才刚开始。当从六边形中得出结论之后，他缩短了步长，并将步数翻倍。他的做法是，绕路到每段弧的中点处，用两小步取代之前的横跨弧的一大步（图 2-4）。

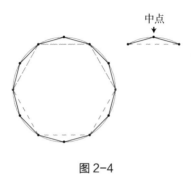

图 2-4

之后，阿基米德不断重复这一做法。沉迷其中的他从 6 步到 12 步，然后是 24 步、48 步、96 步（图 2-5），并以令人头痛不已的精密度算出了这些不断缩小的步长。

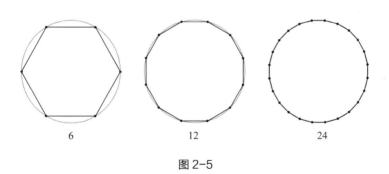

图 2-5

遗憾的是，随着步长不断缩小，计算难度变得越来越大，因为他不得不借助勾股定理来确定步长。这就需要他用纸笔计算平方根，非常麻烦。此外，为了确保他算出的周长总是小于圆的周长，他必须保证当他需要近似分数被低估的时候，该值要取平方根的下限；而当他需要近似分数被高估的时候，该值则要取平方根的上限。

我想说的是，无论是在逻辑上还是在算术上，阿基米德计算π值的行为都堪称壮举。借助圆内接96边形和圆外接96边形，他最终证明π大于3 + 10/71而小于3 + 10/70。

让我们暂时忘掉数学，直观地欣赏一下这个结果：

$$3 + \frac{10}{71} < \pi < 3 + \frac{10}{70}$$

未知且永远不可知的π值被一个数值"虎钳"夹住了，挤在两个看起来几乎相同的数之间，它们唯一的区别在于，前一个数的分母是71，而后一个数的分母是70。不等式右边的3 + 10/70可以化简为22/7，它是今天所有学生仍在学习的那个著名的π的近似值，遗憾的是，也有些人误以为它就是π本身。

阿基米德使用的夹逼法建立在希腊数学家欧多克索斯的早期研究的基础之上，现在它被称作穷竭法，因为它将未知数π夹在两个已知数之间。随着步数不断加倍，界限将会越收越紧，π的取值范围也会越来越小。

圆是几何学中最简单的曲线。然而，令人惊讶的是，对圆的测量——用数字量化其属性——却超出了几何学的范畴。比如，欧几里得生活的年代比阿基米德早几十年，他的著作《几何原本》根本没有提到π。尽管你可以在这本书中找到运用穷竭法证明所有圆的面积与其半径平方之比都相等的证据，但它并未提到这个通用比率接近3.14。欧几里得的疏漏就是一个信号，表明我们还需要某种更深层次的东西。也就是说，求解π值需要一个新的数学分支，它能有效地处理曲线形状。如何测量曲线的长度、曲面的面积或者曲面体的体积，是让阿基米德深深着迷，并且引领他朝着积分学迈出第一步的前沿问题。求解出圆周率π的值，是积分学取得的第一次胜利。

圆周率之道

可能会让现代人觉得奇怪的是，圆周率并未出现在阿基米德的圆面积公式 $A = rC/2$ 中，他也没有写下一个类似于 $C = \pi d$ 的方程，从而将圆的周长与直径联系起来。他避免这样做的原因在于，圆周率对他来说不是一个数，而只是两个长度之比，即圆的周长与直径之比。换言之，它是一个量值，而不是一个数。

虽然我们现在不再区分量值和数了，但这一点在古希腊数学中却很重要，它似乎是由离散（以整数为代表）和连续（以形状为代表）之间的矛盾引起的。尽管历史细节还很模糊，但应该是在公元前 6 世纪到公元前 4 世纪，也就是在毕达哥拉斯时代和欧多克索斯时代之间的某个时候，有人证明了正方形的对角线与其边长不可公度，这意味着它们的长度之比无法用两个整数之比来表示。用现在的话说就是，有人发现了无理数的存在[9]。这一发现很可能让古希腊人感到震惊和失望，因为它证明毕达哥拉斯学派的信条是错误的。如果整数及其比率就连像正方形对角线这样基本的东西也无法衡量，"万物皆数"的理念就不成立了。这种低落和失望的情绪或许可以解释，为什么后来的希腊数学家总是认为几何学比算术重要。数不再可信，也就不足以作为数学的基础。

为了描述连续量并对其进行推理，古希腊数学家意识到他们需要发明比整数更强大的东西。于是，他们建立了一个基于形状及其比例的体系。该体系依赖于对几何对象的度量：线的长度、正方形的面积和立方体的体积。他们把这些称为量值，并认为它们有别于数且优于数。

我认为，这就是阿基米德对圆周率敬而远之的原因。他不知道如何理解它，它是一种陌生、超凡的存在，比任何数都奇异。

今天我们都认同圆周率是一个数（一个实数和一个无穷小数），而且是一个奇妙有趣的数。我的孩子们也为它深深着迷，他们常常目不转睛地看着悬挂在厨房里的一个馅饼盘，上面的圆周率数字沿边缘向中心呈螺旋形排列，越靠近旋涡中心，数字的大小就越小。对孩子们来说，吸引他们的是这些数字看似随机的排列顺序，它们从不重复，也没有任何规律，就这样在馅饼盘上无穷无尽地排列着。圆周率的无穷小数展开式的前几十位数字是：

3.141 592 653 589 793 238 462 643 383 279 502 884 197 169 399 375 105 820 974 9…

我们永远不会知道圆周率的所有数字。然而，那些数字就在那里，等待着被发现。在撰写本书时，世界上速度最快的计算机已经算出了圆周率的22万亿个数字。不过与真正的圆周率对应的无穷多位数相比，22万亿不值一提。想一想，这在哲学上会多么令人不安。尽管我说过圆周率的数字就在那里，但它们到底在哪里呢？它们并不存在于物质世界中，而是和真理、正义之类的抽象概念一起存在于某个柏拉图式的领域中。

圆周率具有某些相互矛盾的属性。一方面，它代表秩序，这一点主要体现在圆的形状上，长久以来圆都被视为完美和永恒的象征。另一方面，圆周率又是无序的，看上去零落散乱，数字排列也没有明显的规律，或者至少我们尚未发现其中的规律。圆周率难以捉摸，神秘莫测，而且永远遥不可及。这种有序与无序的混合正是它的魅力所在。

从根本上说，圆周率是微积分的产物，它被定义为无尽过程的难以达到的极限。但是，与一系列坚定地逼近圆的多边形或者每次朝着墙前进一半距离的倒霉步行者不同，圆周率既没有可见的终点，也没有可知的极限。然而，圆周率确实存在。它就在那里，它的定义也很清晰，即我们能看见的两个长度（圆的周长和直径）之比。尽管这个比率定义了圆周率，描述得也非常清晰，但数本身却从我们的指缝中溜走了。

有着阴阳二元性的圆周率就像整个微积分的缩影。圆周率是圆与直线之间的一扇门，是一个无限复杂的数，也是秩序与混沌之间的平衡。就其本身而言，微积分是用无穷来研究有穷，用无限来研究有限，用直线来研究曲线。无穷原则是解锁曲线之谜的钥匙，而且它最早出现在圆周率之谜中。

立体主义与微积分

阿基米德在他的著作《抛物线求积法》[10]中，再次借助无穷原则深入探讨了曲线之谜。抛物线描绘的是人们熟悉的篮球三分球或饮水喷头喷出的水所形成的弧。实际上，这些现实世界中的弧都只是近似于抛物线。对阿基米德来说，真正的抛物线应该是用平面截切锥体得到的曲线。想象一下，用一把切肉刀截切一顶锥形纸帽或者一个锥形纸杯，根据切肉刀截切锥体的陡度，它可以切出不同类型的曲线。如果它平行于锥体底面截切，就会得到一个圆（图2-6）。

圆

图 2-6

如果它截切的角度略微倾斜，就会得到一个椭圆（图2-7）。

椭圆

图 2-7

如果它截切的角度与锥体的斜率相同，就会得到一条抛物线（图2-8）。

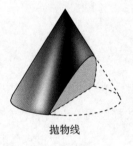

抛物线

图 2-8

从切面看，抛物线是一条优美的对称曲线，它的正中间有一条对称线，被称为轴（图2-9）。

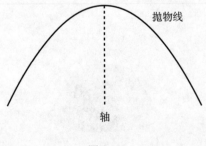

图 2-9

在《抛物线求积法》中，阿基米德给自己设置了一个挑战：求解抛物线弓形的面积。用现在的话说，抛物线弓形指的是抛物线和一条斜截抛物线的直线围成的曲线形状（图2-10）。

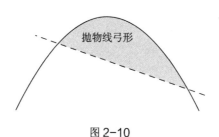

图2-10

求解抛物线弓形的面积意味着，利用较简单形状（比如正方形、矩形、三角形或其他直线图形）的已知面积，表示出未知的弓形面积。

阿基米德采取了令人吃惊的策略，他把抛物线弓形重新想象成由无穷多个三角形碎片（像碎陶片一样）粘在一起形成的图形，如图2-11所示。

图2-11

碎片的大小层级是没有尽头的：一个大三角形，两个小三角形，4个更小的三角形，以此类推。他的计划是先算出所有三角形的面积，再把它们加起来，得出他想知道的曲线形状的面积。这需要经历一次艺术想象上的千变万化的飞跃，才能把光滑的抛物线弓形看成是由参差不齐的形状拼凑而成的镶嵌图形。如果阿基米德是一位画家，那么他或许是第一位立体主义者。

为了实施他的策略，阿基米德必须先算出所有碎片的面积。但是，该如何精准地确定这些碎片呢？毕竟，就像把一个盘子摔成碎片的方法有无数种一样，把三角形碎片拼成抛物线弓形的方法也有无数种。如图2-12所示，其中最大的三角形碎片可能是第一种，或者是第二种，也可能是第三种。

图 2-12

他想出了一个绝妙的主意，妙就妙在它建立了一个规则，即从一个层级到下一个层级都保持着一致性模式。他想象将弓形底部的斜线向上滑动，同时与它自身保持平行，直到它刚好触碰到抛物线顶部附近的某个点（图2-13）。

图 2-13

这个特殊的接触点被称为切点，它确定了大三角形的第三个角的位置，另外两个角的顶点就是斜线与抛物线的交点。

阿基米德运用同样的规则来确定每个层级的三角形。比如，第二层级的三角形如图2-14所示。

注意，大三角形的边现在扮演着第一层级中斜线的角色。

图 2-14

接下来，阿基米德调用关于抛物线和三角形的已知几何事实，将相邻的层级联系起来。他证明了每个新构建三角形的面积都是上一层级三角形面积的 1/8，因此，如果我们说第一层级的三角形占据了一个面积单位（这个三角形将充当我们的面积标准），那么第二层级的两个三角形一共占据了 1/8 + 1/8 = 1/4 个面积单位（图 2-15）。

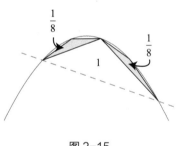

图 2-15

同样的规则也适用于之后的每个层级：某一层级三角形的总面积总是其上一层级三角形总面积的 1/4。所以，将无穷个层级的三角形碎片重新组合在一起，就可以得出抛物线弓形的面积 S：

$$S = 1 + \frac{1}{4} + \frac{1}{16} + \frac{1}{64} + \cdots$$

这是一个无穷级数，其中每一项都是它前一项的 1/4。

求这类无穷级数（几何级数）的和有一条捷径可走，技巧就是先将方程两边同时乘以4，再对无穷级数中除一项之外的所有项进行约分，然后方程两边同时减去所要求的和。注意，将上述无穷级数中的每一项都乘以4，就会得到：

$$4 \times S = 4\left(1 + \frac{1}{4} + \frac{1}{16} + \frac{1}{64} + \cdots\right)$$

$$= 4 + \frac{4}{4} + \frac{4}{16} + \frac{4}{64} + \cdots$$

$$= 4 + 1 + \frac{1}{4} + \frac{1}{16} + \cdots$$

$$= 4 + S$$

神奇的事情发生在倒数第二行和最后一行之间。最后一行的右边等于 $4 + S$，因为所要求的和 $S = 1 + 1/4 + 1/16 + \cdots$ 就像涅槃的凤凰一样在倒数第二行的4后面重生了。

$$4 \times S = 4 + S$$

左右两边同时减去一个 S，得到 $3 \times S = 4$。那么，

$$S = \frac{4}{3}$$

换句话说，抛物线弓形的面积是大三角形面积的4/3。

奶酪论证

阿基米德不会认同上面的这套戏法，而是通过另一种方法得出了同样的结果。他诉诸于一种微妙的论证方式，这种方式通常被称为双重归

谬法或双重反证法。他证明了抛物线弓形的面积不可能小于4/3或者大于4/3，因此必然等于4/3。正如夏洛克·福尔摩斯说的那样："在你排除了不可能的情况之后，[11] 剩下的无论多么不可思议，都一定是真相。"

在这里，从概念上看至关重要的一点是，阿基米德排除不可能情况的论证过程建立在有限数量碎片的基础之上。他指出，只要碎片的数量足够多，它们的总面积就会尽可能地接近4/3，而且差值比任何规定的公差都要小。因为阿基米德从未使用无穷的概念，所以他的证明无懈可击。时至今日，它仍然符合最严苛的标准。

如果我们把他的论证过程放到日常生活的情境中，就很容易理解其中的要点了。假设有3个人想要分享4片完全相同的奶酪（图2-16）。

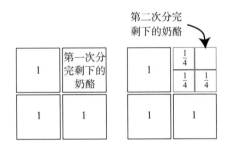

图 2-16

常识性的解决方案是：先给每个人分1片奶酪，再把剩下的那片平均分成3份，然后分发给他们。这是一种公平的分配方案，总的来说，每个人都可以得到1 + 1/3 = 4/3片奶酪。

但是，假设这三个人恰好都是数学家，他们在研讨会开始前绕着餐桌走来走去，并盯上了最后4片奶酪。他们中最聪明的一个碰巧叫阿基米德，他可能会给出这样的解决方案："我吃1片奶酪，你们俩也各吃1片，剩下的1片我们分着吃。欧几里得，你把剩下的那片切成4等份而不是3等份，然后我们每人取走其中的1/4。我们不断重复这种做法，每次都把

剩下的奶酪切成4等份，直到没人再对剩下的碎屑感兴趣。可以吗？欧多克索斯，别再发牢骚了。"（图2-17）

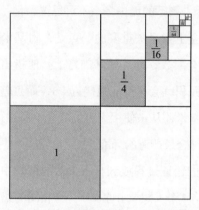

图 2-17

  如果照这样一直分下去，他们每个人总共可以吃到多少片奶酪呢？一种方法是用流水账记录每个人得到的奶酪片数。第一轮之后，每个人都得到1片奶酪。在第二轮，也就是又分到1/4片之后，每个人总共得到1 + 1/4片奶酪。在第三轮之后，1/4被等分成4个1/16，每个人总共得到1 + 1/4 + 1/16片奶酪，以此类推。笼统地讲，如果不停地切分下去，那么每个人最终总共得到1 + 1/4 + 1/16 + …片奶酪。而且，由于这个无穷级数和一定等于最初4片奶酪的1/3，所以1 + 1/4 + 1/16 + …必然等于4的1/3，也就是4/3。

  在《抛物线求积法》中，阿基米德给出了非常类似的论证过程，以及一张画有不同大小正方形的图表，但他从未使用无穷或者上文中与之对应的三个点（…）来表示无穷级数和。更确切地说，他是从有限和的角度进行论证的，从而在严谨性上达到了无可指摘的程度。他的重要洞见是，通过将有限的轮数考虑得足够大，就可以让右上角的小正方形（余下待分配的部分）变得比任何给定的尺寸都小。通过类似的推理过程可以得出，只要 n 足够大，就能让有限和 $1 + 1/4 + 1/16 + \cdots + (1/4)^n$（每个人得到的奶酪总量）尽量接近4/3。所以，答案只能是4/3。

阿基米德方法

我真正开始崇拜阿基米德，是因为他在自己的论著中做了鲜有天才会做的事情：邀请我们参与其中，向我们展示他是如何思考的。他冒着受到攻击的风险，分享了自己的直觉，还说他希望未来的数学家也能够用它去解决他不理解的问题。今天，这个秘诀被称为阿基米德方法[12]，但我在微积分课上从未听人提到它。学生们已经不再学习这种方法了，不过我发现它的故事和它背后的思想都十分迷人，而且令人震惊。

他在给他的朋友埃拉托色尼的信中提及了这种方法，埃拉托色尼是亚历山大图书馆的馆长，也是那个时代唯一能理解阿基米德方法的数学家。阿基米德坦承，尽管他的方法"并没有真正证明"[13]他感兴趣的结果，但却赋予了他一种直觉，可以帮助他弄清楚什么是正确的。正如他说的那样："相比没有任何知识基础，如果我们之前已经利用这种方法获得了与问题相关的某些知识，那么论证起来就会更容易。"换句话说，通过对这种方法的探索和运用，他对这个领域有了一定的了解，并完成了一次无懈可击的论证。

这是对创造性数学研究的诚实描述。数学家不会一下子想到证明方法，而是先产生直觉，再考虑严谨性的问题。高中的几何课程常常忽略直觉和想象力的重要作用，但它们对所有创造性数学研究来说都是不可或缺的。

阿基米德最后提出了他的希望："在现在和未来的几个世代中，某些人会利用这种方法，找到我们尚未掌握的其他定理[14]。"这句话几乎让我热泪盈眶。这位无与伦比的天才在数学的无限性面前感到了自己生命的有限性，他认识到还有很多事情要做，即"找到我们尚未掌握的其他定理"。所有数学家都有这样的感觉，我们的研究课题永无止境，就连阿基米德本人也要俯首称臣。

在用碎片做立体主义证明之前，阿基米德在《抛物线求积法》的开头部分第一次提到了这个方法。他坦承，正是这个方法指引他完成了证明，并且第一次得到了4/3这个数。

阿基米德方法是什么，它有何独特、精妙和离经叛道之处呢？这个方法与力学有关，阿基米德在他的头脑中通过称量法找到了抛物线弓形的面积。他把弯曲的弓形区域想象成一个物质对象（我把它想象成一块被精心裁剪成抛物线弓形的薄金属片），然后把它放在一架假想天平的一端。如果你喜欢，也可以想象它被放在一架假想跷跷板的一端。接下来，他要弄清楚如何用三角形（一种他已经知道如何称量的形状）让这架天平达到平衡状态，从而推导出原来的抛物线弓形的面积。

相比我们在前文中讨论的阿基米德的立体主义（三角形碎片）技巧，这是一种更富想象力的方法，因为在这种情况下，他要把一架假想跷跷板引入计算过程，并且保证它的设计与抛物线的尺寸相称。最终，它们将一起产生他要找寻的答案。

他从抛物线弓形着手，通过使其倾斜来确保抛物线的对称轴是垂直的（图2-18）。

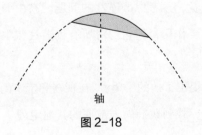

轴

图2-18

然后，他要开始围绕弓形构建跷跷板了。具体方法如下：就像前文中介绍的那样，在抛物线弓形内部画出一个大三角形，并标上 *ABC*，如图 2-19 所示。和在立体主义证明中一样，这个三角形将再次充当面积标准。抛物线弓形会被拿来与这个三角形做比较，并得出结果：前者的面积是后者面积的 4/3。

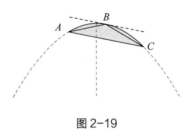

图 2-19

接下来，将抛物线弓形围在一个大得多的三角形 *ACD* 中（图 2-20）。

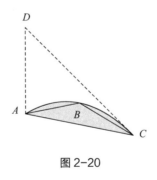

图 2-20

三角形 *ACD* 的顶边被选定为在 *C* 点与抛物线相切的一条线，底边是线段 *AC*，左侧的边是一条从 *A* 点向上延伸的垂直线，与顶边交于 *D* 点。利用标准的欧几里得几何，阿基米德证明了外接三角形 *ACD* 的面积是内接三角形 *ABC* 面积的 4 倍（这个结论在后文中将变得很重要，我们现在暂且把它放在一边）。

之后，阿基米德构建了跷跷板的其余部分，也就是它的杠杆、两个座位和支点。如图2–21所示，杠杆是连接两个座位的线段，这条线段始于C点，经过B点，从外接三角形ACD上的F点（支点）穿出，然后继续向左延伸至S点（座位）。确定S点的条件是，它到F点的距离与C点到F点的距离相等。换句话说，F点是线段SC的中点。

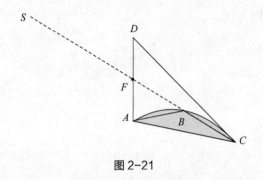

图 2–21

现在要讲到为整个构思奠定基础的绝妙洞见了。利用关于抛物线和三角形的已知事实，阿基米德证明了只要把外接三角形ACD和抛物线弓形都想象成一条垂直线，就可以使二者平衡。他把它们都看作由无穷多条平行线组成的形状，这些直线就像无限细的板条或肋条。下面要说的是其中一对典型的肋条，它们的位置由一条穿过两个形状的垂直线来确定。在这条线上，一个短肋条将外接三角形ACD的底边和抛物线连接起来，如图2–22所示。

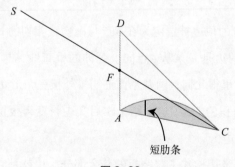

短肋条

图 2–22

此外，还有一个长肋条将外接三角形 ACD 的底边与顶边连接起来，如图 2-23 所示。

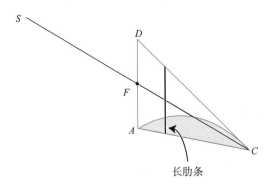

图 2-23

阿基米德的惊人洞见是，就像孩子们玩跷跷板一样，只要这些肋条处在适当的位置上，它们就会达到完美的平衡状态。他证明了如果把短肋条滑动到 S 点，而长肋条的位置保持不变，两者就会达到平衡状态，如图 2-24 所示。

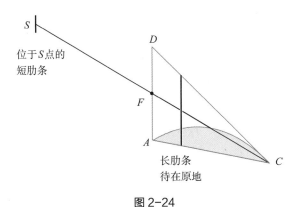

图 2-24

这个结论适用于所有的垂直线。无论你选取的是哪条垂直线，当你将短肋条滑动到 S 点而让长肋条待在原地时，两者总能达到平衡状态。

由于每一对肋条都处于平衡状态，所以这两个形状也互相平衡。抛物线弓形的所有肋条最终都被移至 S 点，它们和外接三角形 ACD 的所有肋条均达到了平衡状态。由于那些长肋条并没有移动，这意味着全部移至 S 点的抛物线弓形的质量与待在原地的外接三角形 ACD 的质量达到了平衡状态。

接下来，阿基米德用一个等效点取代了外接三角形 ACD 的无穷多个肋条，这个点就是三角形的重心，它扮演了代替物的角色。对跷跷板来说，这就好比外接三角形 ACD 的全部质量都集中在单一的重心上。阿基米德在其他著作中已经证明，这个点就在线段 FC 上，而且它到支点 F 的距离恰好是线段 SF 长度的 1/3。

由于外接三角形 ACD 的质量到支点的距离是抛物线弓形的质量到支点距离的 1/3，为了使两边达到平衡状态，抛物线弓形的质量必须是外接三角形 ACD 质量的 1/3，这就是杠杆定律。因此，抛物线弓形的面积也必定是外接三角形 ACD 面积的 1/3。外接三角形 ACD 的面积又是内接三角形 ABC 面积的 4 倍，阿基米德由此推导出，抛物线弓形的面积必定是内接三角形 ABC 面积的 4/3，这和我们之前通过对三角形碎片的无穷级数求和得到的结果完全相同！

我希望我已经成功地让大家见识了这个论证过程的神奇程度。在这里，阿基米德并不是一个拼接瓷器碎片的陶工，而更像一个屠夫。他把抛物线弓形的组织切分开，每次垂直地切下一条，然后把所有无限细的肉条挂在 S 点的钩子上。所有肉条的总重量和它们还是一块完整的抛物线弓形肉时相同，只不过阿基米德把原来的那块抛物线弓形肉切分成很多垂直的肉条，然后全部挂在同一个肉钩上（这个画面有点儿怪异，或许我们应该继续用跷跷板来举例）。

我为什么说这种论证方法离经叛道呢？因为它和实无穷"勾连"在

一起。在论证过程的其中一步，阿基米德公然地把外接三角形描述为由其内部的"所有平行线组成的形状"[15]。这些平行线或者垂直肋条的无穷性是连续的，毋庸置疑，这犯了希腊数学的大忌。他公然地将三角形看作肋条的实无穷形式，他在这样做的同时，也将怪物放出了笼子。

同样地，他把抛物线弓形描述为"由曲线内的所有平行线组成的形状"[16]。根据他的估计，贸然使用实无穷会使这个推理过程沦为一种寻找答案的启发式方法，而不是关于其正确性的证明。在给埃拉托色尼的信中，他低调地称自己的方法只是表明结论正确的"某种迹象"[17]。

无论阿基米德方法的逻辑地位如何，它都具有一种"合众为一"的特性。无穷多条直线组成了有面积的抛物线弓形，阿基米德把这个面积看作质量，并逐一地把这些直线移至跷跷板最左侧的座位上。就这样，直线的无穷性由集中在单一点上的单一质量表示出来，"一"取代了"多"，并且完美如实地代表了"多"。

在跷跷板右侧起平衡作用的外接三角形也是一样。阿基米德从它的垂直线连续体中选出一个点——重心来代表整体。无穷坍缩成一体，这就是所谓的"合众为一"。只不过这既不是诗歌，也不是政治，而是积分学的开端。从某种意义（阿基米德无法进行十分严谨的论证）上说，三角形和抛物线弓形显然不可思议地等同于无穷多条垂直线。

尽管阿基米德因为轻率地使用了无穷而略感尴尬，但他勇敢地承认了这一点。任何想要测量曲线形状（边界长度、面积或者体积）的人，都必须尽力应对无穷小部分的无穷级数和的极限问题。谨慎的人可能会试图回避这种必然性，而利用穷竭法进行细致的处理，但其实也摆脱不了无穷。研究曲线形状就意味着要以这种或那种方式去应对无穷，阿基米德对此持开放态度。在必要的时候，他会将自己的证明过程好好装扮一番，故意展示出有限和与穷竭法。但私下里，他百无禁忌。他承认在自己的脑海中称量形状，想象出杠杆和重心，每次取一个无限小的部分——一条垂直线，逐一地实现形状和质量的平衡。

阿基米德还用这种方法解决了与曲线形状有关的其他许多问题，比如，他发现了实心半球、抛物面及部分椭球面和双曲面的重心。他非常喜欢一个与球体表面积和体积[18]有关的结论，以至于他要求将其镌刻在他的墓碑上。

假设一个球体被严丝合缝地放在一个圆柱形帽盒里，如图2-25所示。

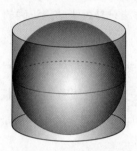

图 2-25

阿基米德发现，球体占据了封闭帽盒容积的2/3，它的表面积也是帽盒的2/3（假设帽盒的上下盖子也被计入表面积）。注意，他并没有给出球体的体积或表面积公式，而是用比例来表述他的结论。这是典型的希腊风格，即一切都可以用比例来表达。用一个面积同另一个面积做比较，用一个体积同另一个体积做比较。而且，当它们的比率涉及小的整数时，比如本例中的3和2，以及抛物线弓形面积中的4和3，阿基米德就一定会欣喜不已。毕竟，3∶2和4∶3之类的比率对古希腊人来说具有特殊的意义，因为它们在毕达哥拉斯的音乐和谐论中起到了核心作用。回想一下，有两根除长度之比为3∶2以外其他地方完全相同的琴弦，当我们弹拨它们时，两者的音高相差五度，听起来十分和谐。同样地，如果两根琴弦的长度之比为4∶3，它们的音高就会相差四度。和声与几何学之间的这些数值巧合，必定会让阿基米德十分欢喜。

我们从阿基米德的论著《论球与圆柱》中就能感受到他的高兴程度，"这些一直是图形与生俱来的特性，[19]只是那些在我之前从事几何研究的人还不知道罢了。"让我们抛开他的自负语气，而把注意力放在他的主张上，即"这些一直是图形与生俱来的特性，只是人们还不知道罢了"。在这里，他表达的是所有数学工作者都非常珍视的一种独特的数学哲学。我们感觉自己正在发现数学，结果就在那里等着我们；它们自始至终都是图形的固有属性，而非我们的发明创造。与鲍勃·迪伦或托妮·莫里森创作出前所未有的音乐或小说不同，我们不过是在发现已然存在的事实，而且这些事实都是我们的研究对象的固有属性。虽然我们也拥有创造研究对象的自由，可以构建理想化的形状（比如完美的球体、圆和圆柱体），但一旦被创造出来，它们就拥有了自己的生命。

当我读到阿基米德在揭开球体表面积和体积之谜后表达他的喜悦之情的语句时，我仿佛产生了和他一样的感受。或者更确切地说，他产生了跟所有数学工作者（包括我和我的同行）一样的感受。虽然有人告诉我们过去是一个不同的世界，但它并非完全不同于现在。我们在《荷马史诗》和《圣经》中读到的人物就和我们有诸多相似之处，古代的数学家似乎亦如此，至少唯一允许我们进入他内心深处的阿基米德是这样的。

22个世纪之前，阿基米德给他的朋友、亚历山大图书馆馆长埃拉托色尼写信，其实是想传递一则装在瓶中的数学信息，尽管当时几乎无人能理解这则信息，但阿基米德还是希望它能以某种方式安然地穿越时间之海。阿基米德分享了他的方法，希望未来的几代数学家能利用它"找到我们尚未掌握的其他定理"。但是，天不遂人愿，时间的破坏力一如既往地残酷。帝国衰落，图书馆付之一炬，手稿也化为灰烬。据说，关于阿基米德方法的所有手抄本都未能挨过中世纪。尽管列奥纳多·达·芬奇、伽利略、牛顿和文艺复兴及科学革命时期的其他天才，都认真钻研过留存下来的阿基米德论著，但他们从未见过阿基米德方法。因此，人们认为它永远地失落了。

但是，它又奇迹般地被发现了。

1998年10月，一本破旧的中世纪祈祷书在佳士得拍卖行参与竞拍，最终被一位匿名的私人收藏家以220万美元的价格拍下。在它的拉丁祈祷文之下，依稀可见模糊的几何图形和用10世纪的希腊文写下的数学文本。这本书是重写本：在13世纪，它的羊皮纸手卷被清洗过，擦去原先的希腊文，并重写上拉丁语的礼拜式文本。幸运的是，它上面的希腊文并未被完全清除，残留的文本中就包含了阿基米德方法的仅存手抄本。

我们现在已经知道，阿基米德重写本[20]最早发现于1899年，在君士坦丁堡的一个希腊东正教会图书馆里。在伯利恒附近的圣撒巴修道院的一本祈祷书里，它神不知鬼不觉地度过了文艺复兴和科学革命时期。它现在被保存在巴尔的摩的沃尔特艺术博物馆里，人们利用最新的成像技术对它进行了精心的修复和检查。

从计算机动画到面部手术

阿基米德的遗产[21]直到今天仍然熠熠生辉。想想孩子们爱看的计算机动画电影[22]，《怪物史莱克》《海底总动员》和《玩具总动员》中的角色之所以看起来栩栩如生，部分原因在于它们体现了阿基米德的一个洞见：任何平滑表面都可以令人信服地用三角形来逼近。

我们使用的三角形越小和越多，逼近效果就越好。正如阿基米德用无穷多个三角形碎片来代表光滑的抛物线弓形，今天梦工厂的动画师用几万个多边形创造出史莱克[23]圆滚滚的肚子和可爱的喇叭状小耳朵。在创作史莱克与当地暴徒搏斗的场景时，每一帧都要用到不少于 4 500 万个多边形[24]。但在成片中，它们又毫无踪迹可寻。正如无穷原则教给我们的那样，有直边和尖角的形状可以模拟光滑的曲线形状。

近 10 年后，也就是 2009 年《阿凡达》[25]上映时，它使用的多边形层级甚至多到了"奢侈"的程度。在导演詹姆斯·卡梅隆的坚持下，对于虚构的潘多拉星球上的每一株植物，动画师都使用了大约 100 万个多边形。考虑到影片发生在一片草木茂盛的虚拟丛林中，这意味着有许许多多的植物，以及需要使用海量的多边形。难怪《阿凡达》的制作成本高达 3 亿美元，它可是第一部使用了数十亿个多边形的电影。[26]

相比《阿凡达》，最早用计算机制作的电影使用的多边形则少得多。尽管如此，计算量在当时看来也是十分惊人的。以 1995 年上映的《玩具总动员》[27]为例。那时候，一位动画师要花一周的时间来同步一个 8 秒的镜头。整部电影花了 4 年的时间才全部制作完成，其中计算机制作的时间长达 80 万个小时。正如皮克斯公司的联合创始人史蒂夫·乔布斯对《连线》杂志说的那样："在电影史上，参与制作这部电影的博士人数比其他任何一部电影都多。"[28]

《玩具总动员》上映后不久，《棋逢敌手》[29]就接踵而至，这是第一部以人类为主角的计算机动画电影。这部有趣而悲伤的影片讲述了一位孤独的老人在公园里跟自己下棋的故事，它获得了 1998 年的奥斯卡最佳动画短片奖。

和计算机制作的其他角色一样，《棋逢敌手》的主人公格里也是由有角的形状构成的。皮克斯公司的动画师用一个复杂的多面体来塑造格里的头部，这个多面体是三维宝石状的，包含大约 4 500 个角，角与角之间是平面。动画师通过反复分割这些平面，进行越来越多的细节刻画。与以前的方法相比，这种细分过程[30]占用的计算机内存要少得多，从而大大提升了动画制作的效率。当时，这是计算机动画的一次革命性进步，但实质上，它继承了阿基米德的思想和方法。回想一下，为了估算圆周率，阿基米德先从一个六边形着手，然后分割它的每一条边，并将这些边的中点外推到圆上，形成一个12边形。经过又一次分割，12边形变成了24边形，然后是48边形，最后是96边形，每一次都越来越接近目标——极限圆。同样地，创造格里的动画师也是通过反复分割一个多面体，去逼真地模拟他那布满皱纹的额头、隆起的大鼻子和颈部的皮肤褶皱。通过足够多次地重复这个过程，他们就可以使格里的样子符合他的角色设定，即一个能够传递各种人类情感的木偶般的形象。

几年后，皮克斯的竞争对手梦工厂在现实主义和情感表达方面又向前迈出了好几步，讲述了一个关于臭烘烘、脾气暴躁但很英勇的怪物史莱克的故事。

虽然史莱克并不存在于计算机之外的现实世界中，但它似乎就是一个活生生的人，部分原因在于动画师非常用心地再现了人体解剖结构。在史莱克的虚拟皮肤之下，他们建构了虚拟的肌肉、脂肪、骨骼和关节。一切都如此地忠于事实，以至于当史莱克开口说话时，它脖子上的皮肤会形成一个双下巴[31]。

还有一个领域能证明阿基米德的多边形逼近理念的有效性，那就是为有严重覆殆、下颌骨错位或其他先天性畸形的患者施行的面部手术。2006年，德国应用数学家彼得·杜夫哈德、马丁·维泽尔和斯特凡·扎豪，报告了他们利用微积分和计算机建模来预测复杂的面部手术效果的相关研究结果。

这个团队做的第一项工作，就是绘制患者面部骨骼结构的精确示意图。为此，他们通过CT或MRI扫描得到患者面颅骨的三维结构信息，并据此建立起患者面部的计算机模型。这个模型不仅在几何学上是精确的，在生物力学上也是精准的，它包含了对皮肤和软组织（比如脂肪、肌肉、肌腱、韧带和血管）的材料特性的合理估计。在计算机模型的帮助下，外科医生可以给虚拟病人做手术，就像战斗机飞行员在飞行模拟器中强化飞行技能一样。面部、下颌和头颅的虚拟骨骼都可以被切割、置换、加强或者完全移除，而计算机可以算出为应对新的骨骼结构产生的压力，面部背后的虚拟软组织应该如何移动和重构。

这类模拟结果在很多方面都大有帮助。它们会提醒外科医生注意手术有可能对脆弱结构造成的不利影响，比如神经、血管和牙根等。它们也会展示出患者术后的样子，因为这个模型可以对患者痊愈后软组织的重置情况做出预测。它们还有一个优点：外科医生可以根据模拟结果为实际的手术做更充分的准备，患者也可以更理智地决定是否接受手术。

当研究人员用大量的三角形为颅骨的平滑二维表面建模时，阿基米德方法就开始起作用了。然而，软组织的几何结构非常复杂。和颅骨不同，软组织形成了全三维体积，它填充了颅骨之前和面部皮肤之后的复杂空间。于是，研究团队使用了几十万个四面体（三角形的三维对应体）来代表软组织。在图 2-26 中，颅骨表面使用了 25 万个三角形（它们太小了，根本看不清），而软组织则使用了 65 万个四面体。

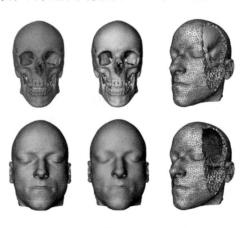

图 2-26

这些四面体可以帮助研究人员预测出患者的软组织在术后会如何变形。粗略地讲,软组织是一种可变形但有弹力的材料,有点儿像橡胶或弹力纤维。如果你捏自己的脸颊,它会变形;而当你松开手时,它又会恢复正常。自19世纪起,数学家和工程师就开始利用微积分为不同材料建模,研究当这些材料以各种方式被推挤、拉拽或剪切时,它们会如何伸展、弯曲和扭曲。这种理论在工程学的一些更传统的领域中得到了极大的发展,被用于分析桥梁、建筑物、飞机机翼和很多其他由钢、混凝土、铝等硬质材料构建的结构中的应力与应变。三位德国的研究人员将这种传统方法应用于软组织,并且发现它的效果很好,对外科医生和患者来说都有价值。

他们的基本思路是:把软组织想象成由四面体相互连接而成的网状物,这些四面体就像用弹性线串起来的珠子,每个珠子都代表很小的一部分软组织。它们的连接之所以有弹性,是因为软组织中的原子和分子其实是由化学键连接在一起的。化学键要抵抗拉伸和压缩,这种功能赋予了它们弹性。在虚拟手术中,外科医生切割虚拟面部中的骨头,并将一些骨段移到别处。当一块骨头被移至一个新位置时,它会拉拽与它相连的组织,而这些组织又会拉拽它们的邻近组织。由于级联效应,网状物会自我重构。当某些组织移动时,通过拉伸或压缩与邻近组织间的化学键,它们会改变对邻近组织施加的力。那些受影响的邻近组织也会自行重新调整,以此类推。记录所有的合力和移位是一项庞大的计算任务,只有计算机才能胜任。算法会逐步更新关于力的大量数据,并据此移动那些微小的四面体。最终,所有力都实现了平衡,组织也进入了新的平衡状态。这就是模型预测出的患者面部的新形状。

2006年,杜夫哈德、维泽尔和扎豪利用大约30个手术病例的临床结果,对模型的预测结果进行了检验,并发现它相当有效。作为其成功的标志之一，模型准确地（误差范围在 1 毫米以内）预测出患者 70% 的面部皮肤的位置，只有 5%~10% 的皮肤与它预测的术后位置的偏差超过 3 毫米。换句话说，这个模型是可信的，而且它显然比盲目猜测好得多。

图 2-27 展示的是一个患者手术前后的样貌。4 幅小图分别是他在手术前的侧面轮廓（左 1）、他在手术前的面部计算机模型（左 2）、预测的手术结果（右 2）和实际结果（右 1）。看看手术前后他的下颌位，结果不言而喻。

图 2-27

探索运动之谜

在我写下这部分文字的前一天（3 月 14 日，也是圆周率日），伊萨卡下了一场暴风雪，积雪超过 1 英尺①厚。今天（3 月 15 日）早上，当我第 4 次去铲除门前车道上的雪时，我羡慕地看着一辆装有前置除雪机的小型拖拉机，在街对面的人行道上轻松地铲出了一条路。它先用旋转的螺旋桨叶把雪卷入机器，再把雪投射到我邻居的院子里。

这种用旋转螺旋装置来驱动物体的方法据说也源自阿基米德，为了纪念他，今天我们称该装置为阿基米德螺旋泵[32]。他在埃及游历期间想到

---

① 1 英尺 ≈ 0.305 米。——编者注

了这个发明（尽管亚述人可能早就开始使用这种装置了），它的作用是将低洼地区的水抽到灌溉渠里。今天的心脏辅助装置就是在患者的左心室受损时，利用阿基米德螺旋泵来维持循环的。

　　但显然，阿基米德并不想因为他的螺旋泵、战争机器或其他实用性发明而被后人记住，所以他没给我们留下任何相关文字记录。他在数学领域的发明才是最让他自豪的事，也让我觉得在圆周率日深刻思考他的理论和方法真是再合适不过了。自阿基米德限定圆周率范围以来的2 200年里，尽管π的数值近似程度已经被提升了很多次，但人们使用的始终是阿基米德发明的数学技巧：利用多边形或无穷级数进行逼近。更广泛地讲，他的杰出贡献在于，第一次有原则地利用无穷过程去量化曲线形状的几何特性。在这一点上，他是无可匹敌的，直到今天仍然如此。

　　然而，在这趟微积分的探索之旅中，曲线形状的几何特性只能带我们走到这里了。而我们还需要知道世界上的事物是如何移动的，比如，手术后人体组织会如何变化，血液如何流经动脉，球如何在空中飞行。对于这类问题，阿基米德只字未提。[33]他给我们留下了关于物体在杠杆上如何达到平衡状态和在水中如何稳定漂浮的静力学，他是平衡方面的大师。而我们的探索之旅的下一站是：运动之谜。

第 3 章

运动定律的探索之旅

阿基米德去世后，关于自然的数学研究也几乎随之消逝，直到1 800年后一个新的"阿基米德"登上历史舞台。在文艺复兴时期的意大利，一位名叫伽利略·伽利雷的年轻数学家重拾阿基米德的未竟之业。他观察了物体在空中飞行或者落到地上的运动过程，并从中寻找数字规律。他进行了细致的实验，并且做出了巧妙的分析。他测量了钟摆来回摆动的时间，又让球滚下平缓的斜坡，由此发现两者有着惊人的规律性。与此同时，年轻的德国数学家约翰尼斯·开普勒研究了行星是如何在天空中运行的。他们俩都被各自数据中的模式深深吸引，并意识到存在某种更深层次的东西。尽管他们知道自己发现了某种东西，但却无法完全理解它的意思。运动定律是用一种陌生的语言写就的，当时人们并不知道那种语言就是微分学。这是人类第一次发现它的踪迹。

在伽利略和开普勒之前，人们很少从数学角度去理解自然现象。虽然阿基米德在他的杠杆定律和流体静力学平衡定律中分别揭示了平衡和浮力的数学原理，但这些定律都仅限于静止状态。伽利略和开普勒冒险冲出了阿基米德的静态世界，去探索物体是如何运动的。他们努力理解自己看到的现象，还为此发明了一种可以处理变速运动的新数学工具。这种工具可以处理那种不断变化的变化，比如从斜坡上滚下时不断加速的球，或者靠近太阳时加速而远离太阳时减速的行星。

1623年，伽利略把宇宙描述为"一部伟大的著作[1]……始终摊开在我们眼前"。但他也告诫人们，"一个人必须先学会理解这本书的语言，会读其中的字母，否则就不可能看懂它。这本书是用数学语言写成的，它的字符是三角形、圆和其他几何形状。如果没有它们，人类可能一个词语也理解不了；如果没有它们，人们就只能在黑暗的迷宫中徘徊。"开普勒对几何学表达了更加强烈的敬意，他形容它将"与神的思想永远同在"[2]，并认为它"为上帝提供了创造世界的模式"[3]。

伽利略、开普勒和17世纪早期的其他志趣相投的数学家面临的挑战是，将他们深爱且非常适合静态世界的几何学，延展到不断变化的世界中去。他们需要解决的不只是数学问题，还要克服来自哲学、科学和神学领域的阻力。

亚里士多德的世界观

17世纪以前，人们对运动和变化知之甚少。因为它们不仅研究难度很大，而且极其不受欢迎。柏拉图曾教导学生说，[4]几何学的目标是了解"永恒存在的事物，而不是转瞬即逝的东西"。他对转瞬即逝事物的藐视态度，在他最杰出的学生亚里士多德的宇宙论中得到了更加充分的体现。

亚里士多德学说[5]主宰西方思想近2 000年（在托马斯·阿奎那删去了其中涉及异教徒的内容后，天主教也接受了这一学说），它认为天空永恒不变且完美无缺，地球静止不动地处于神创世界的中心，太阳、月亮、恒星和行星等天体伴随着天球的自转，沿正圆形轨道绕地球旋转。根据这种宇宙论，在地球上被月光照到的地方，万物都会腐烂、死亡和衰败。生命的变幻莫测就像落叶一样，本质上是转瞬即逝、反复无常和混乱无序的。

虽然地心说看似令人安心且合乎常识，但行星的运动却提出了一个棘手的问题。行星的英文单词"planet"的原意是"流浪者"（wanderer）。在古代，行星被称为流浪的恒星，因为它们会在天空中缓慢移动，而不像猎户座和北斗星中的那些恒星一样，在天空中的位置保持不变。每过几周或者几个月，它们就会从一个星座行进至另一个星座。相对于恒星，尽管行星大多数时候都是向东移动，但似乎偶尔也会减速、停下，然后向西倒退，天文学家把这种现象称为逆行[6]。

以火星为例，人们观测到它在接近两年的公转周期里，有大约11周的时间在逆行。今天，我们可以用摄影的方式来捕捉它的逆行轨迹。2005年，天体摄影师唐克·特泽尔拍摄了一组火星快照，共35张，前后两张照片的拍摄时间均间隔一周左右。他将这些照片背景中的恒星对齐后进行了图像合成，最终生成图片上的中间11个点表明火星在逆行（图3-1）。

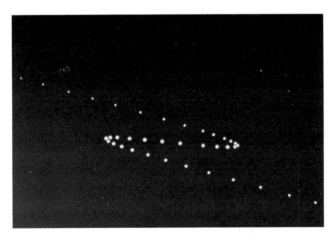

图3-1

今天，我们知道逆行是一种错觉。当经过移动速度相对缓慢的火星时，我们在地球上所处的有利观测位置使我们产生了这种错觉（图3-2）。

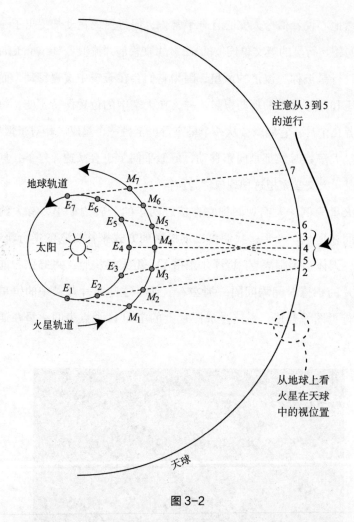

注意从3到5
的逆行

地球轨道

太阳

火星轨道

从地球上看
火星在天球
中的视位置

天球

图 3-2

　　这就像你在公路上超车一样。想象你驾车行驶在沙漠中的一条长长的公路上，远处群山起伏。当你从后面接近一辆速度较慢的车时，在群山背景的衬托下，它看起来正在向前移动。但当你驾车追上并超过它时，它似乎会短暂地相对于群山向后移动。而一旦你超过那辆慢车的距离足够远，它看起来又在向前移动了。

　　这种观测结果引导古希腊天文学家阿利斯塔克[7]提出了最早的日心

说，比哥白尼早了大约 2 000 年。它巧妙地解开了逆行之谜，但日心说也有它自身的问题。如果地球在移动，为什么我们没有掉下去呢？为什么恒星看起来是固定不动的呢？这不应该啊，当地球围绕太阳旋转时，远处恒星的位置看起来应该稍有改变才对呀。经验表明，如果你看着远处的某个物体，然后换个地方再看一次，那么在一个更远背景的衬托下，这个物体的位置看上去似乎有所改变，这种效应被称为视差。想要体验它，你可以把你的手指放在你脸前方的尽量远处。闭上一只眼，然后睁开，再闭上另一只眼。当你换眼睛的时候，你的手指似乎在背景的衬托下向旁边移动了。同样地，当地球在轨道上围绕太阳旋转时，在更遥远恒星的衬托下，较近处恒星的视位置应该会发生改变。解决这个悖论的唯一方法（阿基米德在回应阿利斯塔克的日心说时就意识到了这一点[8]）是，假设所有恒星都极其遥远，与地球的距离达到了有效的无穷远，那么行星的运动将产生不可探测（因为视差太小而无法测量）的位移。这个结论在当时很难被人们接受。没有人能想象出宇宙会如此巨大，恒星会如此遥远，甚至比行星还要远得多。尽管今天的我们知道事实的确如此，但在那个时代这是难以想象的。

所以，尽管地心说存在各种缺陷，但它似乎是一种更加合理的图景。古希腊天文学家托勒密用本轮、偏心匀速圆和其他经验系数对这个理论进行了适当的修正，使它能相当好地解释行星的运动，并让历法与季节周期保持一致。尽管托勒密体系[9]笨拙而复杂，但直到中世纪晚期它都行之有效。

1543 年出版的两本书成为一个转折点，并标志着科学革命的开始。在那一年，比利时医生安德烈·维萨里报告了他对人类尸体进行解剖的结果，而这种做法早在几个世纪之前就被禁止了。他的发现驳斥了 14 个世纪以来关于人体解剖学的公认观点。同一年，波兰天文学家尼古拉·哥白尼终于准许公开出版他的激进理论，即地球围绕太阳转动。他之所以一直等到濒死之际才做这件事（就在这本书即将出版时他去世了），是因为他担心天主教会被他否定地球处于神创世界中心的言论激怒。他的担心是有道理的，乔尔丹诺·布鲁诺[10]就是他的前车之鉴。布鲁诺在提出宇宙无限大且包含无穷多个世界等"异端邪说"之后，遭到宗教裁判所的审判，于1600年在罗马被处以火刑。

伽利略出场

在天主教的权威和教义受到"危险"思想挑战的氛围下，1564年2月15日，伽利略[11]出生在意大利比萨的一个没落的贵族家庭里。身为家中长子，他在父亲的强迫之下走上了行医之路，因为这是一个比他父亲从事的音乐理论研究赚钱多得多的职业。但是，伽利略很快就发现自己的兴趣是数学。他研究并掌握了欧几里得和阿基米德的数学思想。尽管他没有取得学位（他的家庭负担不起学费），但继续自学数学和科学，还幸运地在比萨当上了一名临时教师。随着学术职称的逐步提升，他成了帕多瓦大学的数学教授。伽利略是一位出色的讲师，思路清晰、桀骜不驯、机智诙谐，学生们争先恐后地来听他的课。

他遇到了一名年轻活泼的女子玛丽娜·冈巴[12]，他们非常相爱，生育了两个女儿和一个儿子。但他们一直没有结婚，因为玛丽娜很年轻，而且社会地位很低，和她结婚对伽利略来说是件有损名誉的事情。做数学老师的薪水微薄，既要抚养三个孩子，还要负担未婚妹妹的生活费，这让伽利略的经济压力倍增，不得不忍痛把女儿们送进修道院。大女儿维吉尼亚是伽利略的最爱[13]，也是他一生的快乐源泉，他后来形容维吉利亚是"一个心思细腻、特别善良和最温柔地依恋我的女人"。当维吉尼亚宣誓成为一名修女时，为了纪念圣母玛利亚和她父亲对天文学的痴迷，她选择用"修女玛丽亚·塞莱斯特（celeste，天蓝色）"作为自己的教名。

关于伽利略，我们记忆最深刻的可能是他利用望远镜开展的研究，以及他支持跟亚里士多德和天主教会观点相悖的哥白尼学说，即地球绕着太阳转。尽管望远镜并不是伽利略发明的，但他对望远镜做出了改进，并且是第一个利用它取得重大科学发现的人。1610—1611 年，他观测到月球上有山，太阳上有斑点，以及木星有 4 颗卫星（从那时起，人们又陆续发现了其他卫星）。

所有这些观测结果都是对当时主流教条的公然违抗。月球上有山意味着它并不是一个闪闪发光的完美天体，这与亚里士多德的学说相悖。同样地，太阳上有斑点意味着它也不是一个完美的天体，而是有瑕疵的。由于木星及其卫星看起来就像一个小行星系，4 颗小卫星围绕着一个更大的中央行星运行，所以很显然，并不是所有天体都围绕着地球转动。而且，即使这些卫星在天空中移动，它们也总会伴随在木星旁边。而当时，反对日心说的一个标准论点是，如果地球绕着太阳转，就会把月亮抛在后面，但木星及其卫星证明这个推论肯定是错误的。

这并不是说伽利略是一个无神论者或者不信仰宗教的人。他是一个虔诚的天主教徒，认为通过如实的记录而不是依赖于亚里士多德及其后继者的公认见解，也可以凸显出上帝创造一切的荣耀。然而，天主教会不这样认为，他们谴责伽利略的著作是异端邪说。1633 年，在宗教裁判所里，伽利略被勒令公开宣布放弃自己的观点，他照做了。于是，伽利略被判处终身监禁，后来改判为软禁在他位于佛罗伦萨山区阿尔切特里的别墅中。他渴望见到自己心爱的女儿，但他回来后不久，玛丽亚·塞莱斯特就病逝了，年仅 33 岁。失去亲人的伽利略一度对工作和生活失去了全部兴趣。

这位老人双目失明，在软禁中度过余生，但他仍在与时间赛跑。不知何故，在女儿去世后的两年时间里，伽利略找回了勇气，对他几十年来所做的关于运动的研究成果（未发表）进行了总结。由此诞生的图书《关于两门新科学的对话》[14]是他毕生的巅峰之作，也是现代物理学的第一部杰作。他写作这本书用的是意大利语而不是拉丁语，目的是让所有人都能看懂它。他安排人把书稿偷偷带去荷兰，并于1638年在那里出版。书中的激进见解引发了科学革命，并把人类推上了发现宇宙秘密的风口浪尖：自然这部伟大的著作是用微积分语言写就的。

下落、滚动与奇数定律

伽利略是科学方法的第一位实践者。他没有引用权威观点或者进行不切实际的高谈阔论，而是通过一丝不苟的观测、巧妙独特的实验和优雅的数学模型来探索自然。这种方法引领他取得了很多不同寻常的发现，其中最简单和最令人惊讶的一个是：奇数1, 3, 5, 7…隐藏在物体的下落过程中。

在伽利略之前，亚里士多德提出，重物之所以会下落，[15]是因为它们要寻找自身在宇宙中心的天然位置。伽利略认为这些都是空话，他想要量化物体是如何下落的，而不是猜测它们为什么会下落。为了做到这一点，他需要找到一种方法，用于在下降过程中测量落体并时刻记录它们的位置。

这并不容易做到。所有从桥上扔过石头的人都知道，石头的下落速度很快。要想时刻追踪一块正在快速下降的落石，需要一个非常精确的时钟和几台十分先进的摄像机，而这些工具在伽利略生活的17世纪初都不存在。

伽利略想出了一个绝妙的解决办法，那就是减慢运动速度。他没有从桥上扔石头，而是让一个球缓慢地滚下斜坡。在物理学中，这种斜坡被称为斜面。不过，在伽利略最初的实验中，他用的是一块长而薄的木板，然后沿纵向模切出一个凹槽作为球的通道。通过减小斜坡的斜率直到它接近水平状态，他可以使球的下降速度变得尽可能缓慢，即使运用那时可用的仪器，也能测量出球在每一时刻的位置。

伽利略利用水钟记录球下降的时间，它的工作原理和秒表类似。开始计时的时候，他会打开阀门。然后，水会以恒定的速率通过细管稳定地流入容器。停止计时的时候，他会关闭阀门。通过对球下降过程中容器里积累的水进行称重，伽利略可以将流逝的时间精确到"1/10次脉搏跳动"[16]以内。

他将这个实验反复做了许多次，有时是改变斜坡的倾角，有时是改变球滚过的距离。用伽利略自己的话说，他发现"一个物体从静止开始下落，在相等的时间间隔内，它依次经过的距离之比与从1开始的奇数之比相同"[17]。

为了更清楚地阐述这个奇数定律，我们假设球在第一个单位时间内滚动了一定的距离。然后，在第二个单位时间内，它滚动的距离是第一次的3倍；在第三个单位时间内，它滚动的距离是第一次的5倍。这太令人吃惊了，奇数1, 3, 5, 7…竟然以某种方式存在于物体向下滚动的过程中。如果下落只是滚动在倾角接近垂直时的极限情况，那么下落也一定遵循同样的定律。

我们只能想象当伽利略发现该定律时，他一定非常高兴。但也要注意他是如何表述的，他用了单词、数字和比例，而不是字母、公式和方程。相较于口语，我们现在更偏爱代数表达式，但这在伽利略的时代是一种前沿、前卫、新奇的思考和说话方式。所以，伽利略不会用这种方式思考或表达他的观点，如果他这样做了，他的读者就几乎无法理解他。

　　为了领会伽利略奇数定律的至关重要的意义，我们来看看如果把连续的奇数相加会发生什么。在第一个单位时间之后，球移动了1个单位距离；在第二个单位时间之后，球又移动了3个单位距离。那么，从开始运动起，球一共移动了 1 + 3 = 4 个单位距离。在第三个单位时间之后，球一共移动了 1 + 3 + 5 = 9 个单位距离。请注意这样一个规律：数字1、4和9是连续整数的平方，即 $1^2 = 1$，$2^2 = 4$，$3^2 = 9$。所以，伽利略的奇数定律似乎暗示了物体下落的总距离与所经过时间的平方成正比。

　　奇数与平方之间的这种迷人的关系可以从视觉上得到证明，如图3-3所示，我们将奇数想象成L形的点阵列。

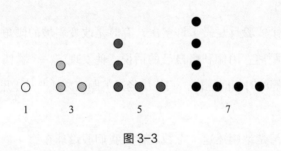

图 3-3

　　然后，我们把它们拼在一起形成一个正方形。比如，1 + 3 + 5 + 7 = 16 = 4 × 4，这是因为我们可以将1、3、5、7这4个奇数组合成一个4 × 4的正方形（图3-4）。

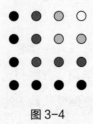

图 3-4

除了关于落体运动距离的定律之外，伽利略还发现了关于落体速度的定律。正如他说的那样，速度的增加与下落的时间成正比。有趣的是，他指的是物体的瞬时速度，而这似乎是一个自相矛盾的概念。伽利略在《关于两门新科学的对话》中煞费苦心地解释说，当一个物体从静止开始下落时，它不会像他的同时代人想的那样，从零速度突然跃升至较高的速度。准确地说，它会从零速度开始下落，在有限的时间内平稳地经过每个中间速度（有无穷多个），并不断加速。

所以，在这个落体定律中，伽利略本能地想到了瞬时速度，我们将在第 6 章详细介绍这个微分学概念。尽管当时他无法精准地把它表述出来，但他在直觉上清楚它的意思。

科学极简主义的艺术

在结束关于伽利略斜面实验的讨论之前，我们一定要注意到它背后的艺术性。通过提出一个美丽的问题，伽利略从大自然那里"哄骗"出一个美丽的答案。他就像一位抽象表现主义画家，突出了自己感兴趣的东西，而把其他东西抛在一边。

比如，在描述实验装置时，伽利略说他把"凹槽雕刻得非常平直，打磨得十分光滑"，而且"沿凹槽滚动的是一个坚硬光滑的铜球，非常圆"[18]。他为什么如此关注光滑度、平直度、硬度和圆度呢？因为伽利略想让球在他能设法实现的最简单、最理想的条件下滚下斜坡。他竭尽所能地减少潜在的问题，包括：摩擦，球与凹槽侧壁发生碰撞（如果凹槽不直就有可能出现这种情况），球的柔软性（如果球变形太严重，就会造成能量损失），或者其他可能导致实验偏离理想状态的因素。这些都是正确的审美选择：简单、简洁和最小化。

相较之下，亚里士多德被复杂的因素引入歧途，以致得出了错误的落体定律。他声称重的物体比轻的物体下落得快，而且速度与它们的重量成正比。这个结论适用于在非常黏稠的介质（比如糖浆或蜂蜜）中下沉的细小颗粒，而不适用于在空气中下落的炮弹或火枪子弹。亚里士多德似乎太过关注空气阻力产生的曳引力（诚然，这会对下落的羽毛、树叶、雪花和其他轻的物体产生重要影响，因为它们为空气提供了很大的施力表面积），以至于忘记用更具代表性的物体（比如紧凑沉重的石头或砖块）来测试他的理论。换句话说，亚里士多德过于关注噪声（空气阻力），而不够重视信号（惯性和引力）。

伽利略没把他的注意力分散到这些因素上。他知道，尽管空气阻力和摩擦力在现实世界和他的实验中都是不可避免的，但它们并不是最重要的因素。伽利略预见到他会因为在分析中忽略这些因素而受到批评，于是他承认一粒鸟枪子弹的下落速度不如炮弹快；但他也指出，他的实验误差将远远小于亚里士多德理论给出的结果。在《关于两门新科学的对话》中，代表伽利略的人物力劝头脑简单的亚里士多德学派的提问者，不要"偏离讨论的主题，而紧抓着我的某些和真相只有毫发之差的陈述不放，殊不知在这根头发之下，隐藏着另一个人的像船舶缆绳一样显眼[19]的错误"。

这正是问题的关键所在。在科学中，毫发之差是可以接受的，但像船舶缆绳那样显眼的误差就不行了。

伽利略继续研究抛体运动，比如火枪子弹或炮弹的飞行过程。它们会遵循哪类弧呢？伽利略的想法是，抛体运动由两种不同的运动构成，可以分别处理。一种是平行于地面的水平运动，引力在其中不起任何作用；另一种是向上或下的垂直运动，引力在其中发挥作用，并且可以利用他的落体定律。伽利略把这两种运动结合起来，发现抛体会沿抛物线路径运动。每当你玩接球游戏或者从饮水喷头喝水时，就会看到这样的抛物线路径。

这是大自然与数学之间的另一个惊人联系，进一步表明自然之书是用数学语言写成的。当发现他的偶像阿基米德研究过的抽象曲线——抛物线——竟然存在于现实世界中时，伽利略兴奋不已。大自然果真在利用几何学。

不过，为了得出这个洞见，伽利略必须再一次弄清楚他需要忽略什么因素。跟之前一样，他需要忽略空气阻力，也就是抛体在空气中运动时受到的曳引力，这种摩擦效应会减慢抛体的运动速度。对某些种类的抛体（比如被扔出去的石头）来说，摩擦力相较于引力可以忽略不计；而对其他种类的抛体（比如沙滩球或乒乓球）来说，摩擦力则不能忽略。所有形式的摩擦力，包括空气阻力产生的曳引力在内，都是十分微妙的，研究难度也很大。直到今天，摩擦力之谜仍然是一个热门的研究课题。

为了得到简单的抛物线，伽利略需要假设水平运动将一直持续下去，而且速度永远不会减慢。这是他的惯性定律的一个实例，该定律认为，除非受到外力的作用，否则运动物体的运动速度和方向将保持不变。对于一个真实的抛体，空气阻力就是外力。但在伽利略看来，最好还是先忽略它，这样才能尽力捕捉到关于物体运动的真相与美。

从摆动的吊灯到GPS

传说在伽利略还是一个十几岁的医科学生时，他就取得了第一个科学发现。一天在比萨大教堂参加弥撒仪式时，他注意到头顶上方的一盏吊灯在来回摆动，[20]就像钟摆一样。伽利略通过观察发现，在气流的不断推挤下，无论吊灯的摆动幅度是大还是小，它每完成一次摆动的用时都相同。这让他吃惊不已，完成一次大幅度摆动的用时和完成一次小幅度摆动的用时怎么会相同呢？但他越思考，就越觉得有道理。当吊灯的摆动幅度大时，尽管它经过的距离更远，但运动速度也更快。也许，这两种效应相互抵消了。为了验证这个想法，伽利略用他的脉搏测量了吊灯摆动的时间。果不其然，每次摆动的用时（心跳数）都是相同的。

尽管这个传说很奇妙，我也愿意相信它，但许多历史学家都对它的真实性表示怀疑。这个传说来自伽利略的第一位也是最忠诚的传记作家温琴佐·维维亚尼，他年轻时是伽利略的助手和学生，那时伽利略被软禁在家，完全失明，生命即将走到尽头。众所周知，在伽利略去世数年之后，维维亚尼开始为他的老师写作传记，出于对伽利略的尊敬，他渲染其中的一两则故事也是可以理解的。

就算这个故事是杜撰的（可能并不是！），我们也确切地知道伽利略早在1602年就进行了仔细的钟摆实验，并在1638年出版的《关于两门新科学的对话》中提到了这些实验。在这本以苏格拉底式对话为结构的书中，其中一个角色听起来似乎和年轻、爱幻想的伽利略一起置身于大教堂，"我曾几千次观察到振动现象，[21]特别是在教堂内，那里的灯都用长绳子悬挂着，不经意间就开始运动了。"余下的对话阐述了这样一个观点：钟摆经过任意长度弧的用时都相同。因此，我们知道伽利略对维维亚尼故事中描述的现象非常熟悉；至于他是不是真的在十几岁时就发现了这一现象，谁也说不准。

无论如何，伽利略的"钟摆摆动的用时总是相同"的论断并不完全正确；摆动幅度越大，用时就会越长。但如果弧足够小，比如不到20度，他的说法几乎就是对的。今天，我们把这种小幅度摆动的节奏不变性称为钟摆的等时性，它构成了节拍器和摆钟（从普通的落地式大摆钟到像伦敦大本钟那样的塔钟）的理论基础。在他生命的最后一年，伽利略设计了世界上的第一座摆钟，但还未建造好他就去世了。15年后，荷兰数学家和物理学家克里斯蒂安·惠更斯发明了第一座实用摆钟。

对他自己发现的一个关于钟摆的奇怪事实，即它的长度与周期（钟摆来回摆动一次的用时）之间的优雅关系，伽利略特别感兴趣，却又备感沮丧。正如他解释的那样，"如果某人想让一个钟摆的摆动时间是另一个钟摆的2倍，那么他必须使前者的长度达到后者的4倍。"他还用比例的语言陈述了一个一般性规律，"对于悬吊在长度不同的线上的物体，这些线的长度之比等于时间的平方之比。"[22] 遗憾的是，伽利略未能成功地从数学上推导出这个规律，所以它是一个迫切需要理论解释的经验性规律。他为此努力多年，但始终没有解决这个问题。现在回头想想，我们会发现他不可能成功，因为解释这个规律需要用到一种超出他和他同时代人的知识范畴的新数学工具。直到艾萨克·牛顿发现上帝的语言——微分方程，这个规律的数学推导才得以完成。

伽利略坦承，钟摆实验"在许多人看来可能是极其枯燥乏味的"[23]，但后来的研究结果表明事实并非如此。在数学领域，钟摆摆动带来的谜题刺激了微积分的发展。在物理学和工程学领域，钟摆摆动变成了振动的范式。就像威廉·布莱克写下的诗句"从一颗沙子看世界"一样，物理学家和工程师学会了"从钟摆的摆动看世界"。这种数学工具适用于所有发生振动的地方：人行天桥的令人不安的振动，减振器偏软导致的汽车颠簸，负荷不平衡使洗衣机发出的巨大异响，百叶窗在微风中的振抖，余震中大地的隆隆声，荧光灯60个周期/秒的嗡嗡声……今天，每个科技领域都有各自的往复式运动或节律性回位。钟摆摆动是所有这些振动现象的"始祖"，它的规律具有普适性，用"枯燥"一词来形容这个规律并不恰当。

在某些情况下，钟摆和其他现象之间的联系非常精确，以至于同样的方程无须改变就可以反复利用。只有符号需要重新解释，而句法保持不变，这就好像大自然一再地回到同一个模体，不断重复着钟摆型主题。比如，旋转的发电机可以产生交流电并把它输送到我们的家中和办公室里，而描述钟摆摆动的方程也可以不加改变地用于描述发电机的旋转。为了纪念这一渊源，电气工程师将他们的发电机方程称为摆动方程。

有一种高科技设备的运行速度比所有发电机或落地式大摆钟都要快几十亿倍，而它的体积只有后者的几百万分之一，在这种设备的量子振动中，同样的方程像变色龙一样再次出现。1962年，22岁的剑桥大学研究生布赖恩·约瑟夫森做出了这样一个预测：在接近绝对零度的温度条件下，成对的超导电子可以来回隧穿一道难以穿透的绝缘屏障。根据经典物理学，这是一种荒谬的说法。不过，微积分和量子力学把这种钟摆样振动召唤到现实中，或者换一种不那么神秘的说法就是，它们揭示了发生这种现象的可能性。在约瑟夫森预言这些幽灵般的振动现象的两年之后，实验室具备了实现它们所需的条件，并证实了这一预言。由此诞生的器件现在被称为约瑟夫森结[24]，它的实际用途有很多。它能探测到只有地球磁场强度的1 000亿分之一的超弱磁场，有助于地球物理学家在地下深处寻找石油。神经外科医生利用由数百个约瑟夫森结组成的阵列，可以准确地找到脑瘤的位置，并定位癫痫患者的致痫病变。与探查术不同，这种手术是完全无创的，其原理是绘制出大脑中的异常电通路所产生磁场的微妙变化图。约瑟夫森结也可以为下一代计算机中的极速芯片奠定基础，甚至有可能在量子计算中发挥作用。一旦量子计算成为现实，将会给计算机科学带来革命性变化。

钟摆还赋予了人类第一种准确计时的方法。在摆钟出现之前，最好的时钟即使在理想条件下，每天的走时也会快或慢15分钟，让人不甚满意。而摆钟的走时比时钟准确 100 倍，它为解决伽利略时代的最大技术挑战——找到在海上确定经度的方法——带来了第一个真正的希望。纬度可以通过观察太阳或恒星来确定，而经度在自然环境中没有对应物。尽管它是一个非自然的概念，对它的测量却是一个真实存在的问题。在大航海时代，水手们虽然长时间地出海作战或者开展贸易，但他们常常因为不清楚自己身在哪里而迷路或者触礁。葡萄牙、西班牙、英国和荷兰政府都曾悬赏巨资寻找能解决经度问题的人，这是当时关注度最高的挑战之一。

在伽利略生命的最后一年，当他尝试设计摆钟时，经度问题已经牢牢地扎根在他心里了。自 16 世纪以来科学家就知道，如果有一台非常精确的时钟，经度问题便可以解决，伽利略也清楚这一点。航海家在始发港设置好时钟，把家乡时间带出海。为了在船只向东或向西航行时确定经度，航海家可以在当地的正午时分，也就是太阳升到最高点的时候查看时钟。地球在一天的 24 个小时里自转了 360 度，所以当地时间与家乡时间的每一小时间隔都对应着 15 度的经度。就距离而言，15 度可以转换为赤道上的 1 000 英里①。为了让这个方案有望引导船只到达目的地，并且使误差范围达到几英里以内，时钟运行一天只允许快或慢几秒钟。此外，波涛汹涌的大海及气压、温度、盐度和湿度的剧烈波动，都会造成时钟的齿轮生锈、弹簧变松、润滑剂变黏稠，面对这些可能导致走时变快、变慢或停止的因素，时钟必须始终保持其精确度。

在建造出摆钟并利用它解决经度问题之前，伽利略就去世了。克里斯蒂安·惠更斯把他的摆钟作为一种可能的解决方案，提交给伦敦皇家学会，但并没有得到学会的认可，因为这些摆钟对外界干扰过于敏感。

---

① 　1 英里 ≈ 1.609 千米。——编者注

惠更斯后来发明了一种航海天文钟，它的走时不是由钟摆而是由平衡摆轮和平面涡卷弹簧控制的，这种创新性设计为怀表和现代腕表的发明铺平了道路。不过一种新型时钟最终解决了经度问题，它是由英国人约翰·哈里森在18世纪中期发明的，尽管哈里森并未接受过正规教育。在18世纪60年代的海上测试中，他的H4航海钟追踪经度的精确度达到了10英里，当之无愧地赢得了英国议会的两万英镑（相当于今天的几百万美元）奖励。

在我们的时代，地球上的导航问题仍然依赖于对时间的精确测量。以GPS[25]为例。就像机械时钟是解决经度问题的关键一样，原子钟是将地球上所有事物的定位精确到几米之内的关键。原子钟是伽利略摆钟的现代版本，尽管它和摆钟一样，也是通过计数振动次数来计时，但它追踪的并不是摆锤的来回摆动，而是计数铯原子在其两种能态间来回转换时的振动次数，这种能态转换每秒钟要进行9 192 631 770次。虽然原子钟和摆钟的运行机制不同，但原理是一样的，即重复性的往复运动可以用来计时。

反过来，时间也可以确定你的位置。GPS的24颗卫星在12 000英里的高空绕轨运行，当你使用汽车上的GPS导航仪时，你的设备至少会从其中的4颗卫星那里接收无线信号。每颗卫星都搭载着4台原子钟，它们的时间精密度均可达到纳秒（十亿分之一秒）级。你的接收器会收到多个可见卫星发出的一连串信号，其中每个信号的时间戳都可精确到纳秒。这正是需要用到原子钟的地方，它们惊人的时间精密度被转化成我们期望GPS具有的空间精密度。

相关计算过程则依赖于三角测量，它是一种基于几何学的古代地理定位方法。对GPS而言，它的工作原理是：当接收器收到来自4颗卫星的信号时，你的GPS设备会比较信号的发送时间和接收时间。这4组时间略有不同，因为这4颗卫星和你之间的距离并不一样。你的GPS设备将这4个微小的时间差乘以光速，就可以计算出你和这4颗卫星之间的距离。由于卫星的位置已知，并且受到极其精确的控制，因此你的GPS接收器可以对这4个距离做三角测量，从而确定它自己在地球表面的位置。此外，它还可以计算出自己的海拔和速度。本质上，GPS是将非常精确的时间测量值转换为非常精确的距离测量值，然后进一步转化为非常精确的位置和运动测量值。

GPS是由美军在冷战期间开发的，它的初衷是追踪携带核导弹的美国潜艇，并为它们提供当前位置的精密估计值，以便在需要发动核打击的时候，能使它们的洲际弹道导弹十分精确地瞄准目标。如今，GPS在和平时期的应用包括：精细农业，飞机在大雾中的仪表着陆，以及可以自动为救护车和消防车计算最快路线的增强型911系统。

然而，GPS不只是一个定位和导航系统。它使时间同步的精密度达到100纳秒以内，有助于协调银行转账和其他金融交易。GPS还让无线电话和数据网络保持同步，使它们能更高效地共享电磁波谱中的频率。

我之所以做出这么详细的说明，是因为GPS是展现微积分的隐藏用途的典型例子。通常情况下，微积分都是在我们日常生活的背后默默地发挥着作用。就GPS而言，这个系统的几乎所有功能都取决于微积分。想想卫星和接收器之间的无线通信，通过麦克斯韦所做的研究，微积分预言了电磁波的存在，从而使无线通信成为可能。所以，没有微积分，就不会有无线通信和GPS。同样地，GPS卫星上的原子钟利用的是铯原子的量子力学振动，而微积分是量子力学方程及其求解方法的基础。所以，没有微积分，就不会有原子钟。虽然我还可以继续说下去，比如，微积分是计算卫星轨道和控制卫星位置的数学方法的基础，当原子钟高速运动或在弱引力场中运动时，微积分也是把爱因斯坦的相对论改正与原子钟时间结合在一起的数学方法的基础，但我希望把重点说清楚。微积分为很多使GPS成为可能的技术研发创造了条件，当然，微积分并不能独立做到这一切。尽管它是一个配角，却是一个重要的配角。和电气工程学、量子物理学、航空航天工程学等学科一样，微积分也是这个团队中不可或缺的一部分。

所以，让我们再回头看看那个坐在比萨大教堂里，思索着吊灯摆动问题的青年伽利略。我们现在知道，虽然他对钟摆及其摆动的等时性所做的思考看似无用，但实际上对文明的进程——不仅对他的时代，也对我们的时代——产生了巨大的影响。

开普勒与行星运动之谜

伽利略研究的是地球上物体的运动，而约翰尼斯·开普勒[26]研究的是天空中行星的运动。开普勒解开了古老的行星运动之谜，并通过证明太阳系受到一种"天体和谐性"的支配，实现了毕达哥拉斯的梦想。就像弹拨琴弦的毕达哥拉斯和研究钟摆、抛体及落体的伽利略一样，开普勒发现行星运动也遵循某些数学规律。而且，他既为自己瞥见的规律而深深着迷，也为无法解释它们而备感沮丧。

无独有偶，开普勒也出生在一个没落之家，不过他的处境更加糟糕。据开普勒回忆，他的父亲是一个整天喝得醉醺醺的佣兵，"有犯罪倾向"[27]，他的母亲"脾气暴躁"[28]（也许可以理解）。除此之外，开普勒小时候染上了天花，差点儿没命。他的手和视力因此遭受了永久性损伤，这意味着他成年后完全无法从事体力工作。

幸运的是，开普勒很聪明。青年时期，他在图宾根大学学习了数学和哥白尼天文学，并被公认为拥有"卓越和非凡的头脑，[29]未来必定有一番成就"。1591年获得硕士学位后，开普勒开始在图宾根大学学习神学，打算做一名路德教会的牧师。然而，格拉茨的路德教会学校的一位数学老师去世了，教会当局招募新的数学老师，开普勒被选中，他只好不情愿地放弃了做一辈子神职人员的想法。

如今，所有物理学和天文学专业的学生都会学习开普勒的行星运动三大定律，但他为揭示这些定律而遭受的痛苦和付出的近乎狂热的努力却常常被人忽视。他花了几十年的时间辛苦工作，寻找规律，因为神秘主义驱使他相信，水星、金星、火星、木星和土星每晚的位置中一定隐藏着某种神圣的秩序。

在格拉茨待了一年以后，开普勒认为他发现了宇宙的秘密。一天上课时，他突然产生了一个关于行星该如何围绕太阳分布的构想。他认为，行星是由像俄罗斯套娃那样相互嵌套的天球带动运行的，天球之间的距离由5种柏拉图立体决定，分别是立方体、四面体、八面体、十二面体和二十面体。除此之外，柏拉图发现不存在其他由相同的正多边形构成的三维形状，欧几里得也证实了这一点。对开普勒来说，柏拉图立体的独特性和对称性看上去就适合作为永恒的存在。

他紧张而狂热地进行着计算。"我夜以继日地计算，[30]想看看这个想法能否与哥白尼轨道相契合，或者我的喜悦是否会随风而逝。几天之内，一切进展顺利，我看着一个接一个的柏拉图立体与它们在行星之间的位置精确地吻合在一起。"

他在水星的天球周围画了一个外接八面体，并且让金星的天球内接这个八面体；然后，他在金星的天球周围画了一个外接二十面体，并且让地球的天球内接这个二十面体；其他行星以此类推，从而把天球和柏拉图立体像三维拼图一样联锁在一起。他在1596年出版的《宇宙的奥秘》中，以剖视图的形式描绘了这个系统，如图3-5所示。

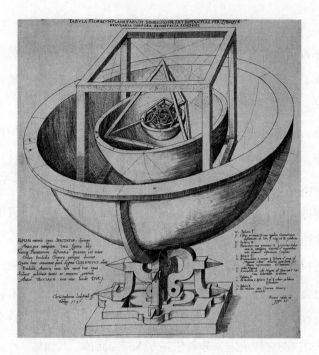

图 3-5

开普勒的顿悟解释了很多东西。就像仅有5个柏拉图立体一样，这个系统中只存在6颗行星（包括地球），因此它们之间有5个空位。一切都顺理成章，几何学的确统治着宇宙。他本就打算成为一名神学家，现在他终于可以称心如意地给他的导师写信说："看啊，我是如何通过自己的努力来颂扬上帝的天文学造诣的。"[31]

事实上，这个理论与数据并不完全匹配，特别是水星和木星的位置。这种失配意味着某个地方出错了，但到底错在哪里呢，是他的理论、数据还是两者兼有？尽管开普勒怀疑数据可能是错误的，但他也没有坚称自己的理论是正确的（回头想想，这种做法很明智，因为他的理论不可能成立；我们现在知道，行星远不止6颗）。

然而，开普勒并没有放弃。他继续思考关于行星的问题，并且在第谷·布拉赫邀请他做助手之后很快就取得了突破。第谷是世界上最优秀的观测天文学家之一，他的数据准确度是以前获得的所有数据的10倍。早在望远镜发明之前，他就设计了可用肉眼分辨行星的角度位置的特殊仪器，并且能精确到2弧分，即1/30度。

为了了解这是一个多么小的角度，想象一下，在一个晴朗的夜晚，你抬头仰望天空中的一轮满月，同时把你的小指放到你脸前方的尽可能远处。你的小指约有60弧分宽，而月亮只有它的1/2左右。所以，当我们说第谷可以分辨2弧分的时候，这意味着如果你沿小指的宽度方向在它上面画30个等距点（或者在月亮上画15个等距点），那么第谷能看出相邻两个点之间的位置差异。

在第谷于1601年去世后，他的关于火星和其他行星的珍贵数据被开普勒继承下来。为了解释行星的运动，开普勒尝试了一个又一个理论，比如，行星沿本轮运动，行星沿各种卵形轨道运动，以及行星沿太阳略微偏离中心的偏心圆轨道运行等。但是，相比第谷的数据，所有这些理论都产生了不容忽视的差异。在进行了一次计算后，开普勒哀叹道："亲爱的读者，如果你对这些单调乏味的计算步骤[32]感到厌倦，就请可怜一下我吧，因为我至少做了70次这样的计算了。"

开普勒第一定律：椭圆轨道

在探索关于行星运动的科学性解释的过程中，开普勒最终尝试了一种著名的曲线——椭圆。就像伽利略的抛物线一样，椭圆在古代也被研究过。我们在第2章看到，古希腊人将椭圆定义为用倾斜的平面切割圆锥体所产生的曲线，而且平面的倾斜度要小于圆锥面本身的斜率。如果平面的倾斜度很小，得到的椭圆几乎就是圆形的。而如果平面的倾斜度只略小于圆锥面的斜率，得到的椭圆就会像雪茄烟的形状一样又长又细。如果你不断调整平面的倾斜度，椭圆就会从非常圆变得非常扁，或者介于两者之间。

另一种定义椭圆的方法在措辞上很务实，而且要借助几样日常生活用品。

如图3-6所示，拿一支铅笔、一块软木板、一张纸、两个图钉和一根绳子。把纸放在软木板上，用图钉把绳子的两端固定在纸上，一定要让绳子松弛一些。然后，用铅笔拉紧绳子画一条曲线，注意当你移动铅笔时要让绳子处于紧绷状态。在铅笔绕过两个图钉并回到起点后，得到的闭合曲线就是一个椭圆。

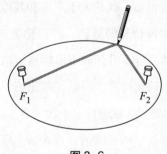

图 3-6

在这里，图钉的位置起到了一种特殊的作用。开普勒把它们命名为椭圆的焦点，它们之于椭圆的意义就像圆心之于圆的意义。圆被定义为到一个定点（圆心）的距离等于定长的所有点组成的图形，同样地，椭圆是指到两个定点（焦点）的距离之和等于定长的所有点组成的图形。在绳子–图钉的结构中，这个恒定的距离之和恰好是两个图钉之间的绳子长度。

开普勒的第一个伟大发现是，所有行星都在椭圆轨道上运行，这一次他的看法确实是正确的，而且无须修正。亚里士多德、托勒密、哥白尼和伽利略认为，行星是在圆形轨道或者圆形与圆形本轮的混合轨道上运行的。他们的想法通通不对，行星的轨道是椭圆形的。此外，开普勒还发现，对每颗行星来说，太阳都位于其椭圆轨道的一个焦点上。

这个令人震惊的发现正是开普勒一直渴求的那种神圣的线索：行星是按照几何学原理运行的。虽然事实不像他最初猜想的那样与 5 种柏拉图立体有关，但他的直觉是正确的——几何学的确统治着天空。

开普勒第二定律：相等的时间，相等的面积

开普勒从数据中发现了另一个定律。他的第一定律与行星的路径有关，而这个定律则与它们的速度有关。今天它被称为开普勒第二定律，说的是当行星沿轨道运行时，从这颗行星到太阳的假想连线在相等的时间内扫过的面积相等。

为了阐释这条定律的意思，假设我们能看到今晚火星在其椭圆轨道上的位置，并用一条直线把这一点与太阳连接起来（图 3-7）。

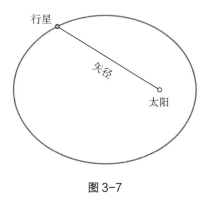

图 3-7

现在，我们把这条线想象成一个类似于刮雨器的东西，太阳位于其枢轴点，火星则位于其顶端（只不过这个刮雨器不会像真正的刮雨器那

样来回振动，它总是向前运动，而且速度非常缓慢）。当火星在接下来的
几个晚上沿轨道前行时，刮雨器也随之移动，并在椭圆内部扫过一片区
域。如果我们在一段时间（比如3个星期）再观察一次火星，就会发现缓
慢移动的刮雨器已经扫出了一个扇形（图3-8）。

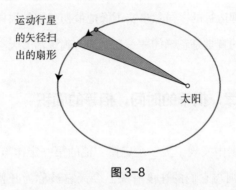

图 3-8

开普勒发现，无论火星在其绕日轨道的哪个位置上，矢径在3个星
期内扫过的扇形面积总是相等。而且，3个星期这个时间段也没有什么特
别之处。如果我们在火星轨道上任意取两个时间间隔相等的点，不管它
们在轨道的什么位置上，矢径扫过的扇形面积总是相等（图3-9）。

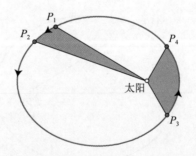

图 3-9　如果时间（P1 → P2）等于时间（P3 → P4），
那么两个扇形的面积相等

简言之，第二定律说明，行星并不以恒定的速度运行。相反，离太
阳越近，它们的运行速度就越快。"在相等的时间内矢径扫过的面积相等"

的陈述，可以使这个结论更加精确。

　　考虑到椭圆轨道内的扇形有一条弯曲的边，开普勒究竟是用什么方法测量出它的面积的？他采用了阿基米德的方法：先把扇形切割成许多小碎片，并把它们近似成三角形；然后算出这些三角形的面积（这很简单，因为它们的所有边都是直的），最后把结果加在一起，估算出原来的扇形面积。实际上，他利用了阿基米德版本的积分学，并将其应用于真实数据。

开普勒第三定律：行星的公转周期

　　到目前为止，我们讨论过的定律（每颗行星都在一个以太阳为焦点的椭圆轨道上运行，每颗行星在相等的时间内扫过的面积相等）都是关于个体行星的。开普勒在1609年发现了第一和第二定律，相比之下，他花了10年时间才发现关于所有行星的第三定律，从而把整个太阳系与单一的数字规律绑定在一起。

　　经过几个月高强度的重新计算，开普勒终于发现了这个定律，此时距离他提出柏拉图立体宇宙模型已经过去了20多年。他在1619年出版的《世界的和谐》的序言中欣然写道，他终于看到了上帝计划中的规律："现在，从8个月前的黎明、3个月前的白昼和几天前开始，当充足的阳光照亮我奇妙的猜想时，已经没有什么能阻止我了。我心甘情愿地陷入这种神圣的狂热状态[33]。"

　　令开普勒欣喜若狂的数字规律是，他发现行星公转周期的平方与该行星到太阳的平均距离的立方成正比。也就是说，对所有行星而言，T^2/a^3的值都是相同的。在这里，T表示行星绕太阳一周的时间（地球是1年，火星是1.9年，木星是11.9年，等等），a表示该行星到太阳的距离。

a的值不太好确定，因为随着行星在其椭圆轨道上运行，它到太阳的实际距离每周都在变化；有时它离太阳较近，有时则离太阳较远。考虑到这种影响，开普勒将a定义为行星到太阳的最近距离和最远距离的平均数。

第三定律的要点很简单：一颗行星距离太阳越远，它的运行速度就越慢，公转一周所需的时间也越长。但这个定律有趣而微妙的地方就在于，轨道周期并不是简单地与轨道距离成正比。比如，我们最近的邻居金星的轨道周期占一个地球年的61.5%，但它到太阳的平均距离占日地平均距离的72.3%（而不是61.5%）。这是因为周期的平方与距离的立方（而不是平方）成正比，所以周期与距离之间的关系比正比关系更复杂。

当我们用上述的地球年和日地距离的百分率来表示T和a时，开普勒第三定律就可以简化为$T^2 = a^3$。它变成了一个方程，而不只是一个比例。为了验证它的有效性，不妨把金星的数据代入其中：$T^2 = (0.615)^2 \approx 0.378$，$a^3 = (0.723)^3 \approx 0.378$。所以，这个定律在保留三位有效数字的情况下仍然成立，这就是令开普勒兴奋不已的原因。当把它应用于其他行星时，得出的结果同样令人印象深刻。

开普勒与伽利略的异同点

尽管开普勒与伽利略素未谋面，但他们通过书信的方式交流彼此的哥白尼式观点和天文学发现。当一些人由于担心伽利略的望远镜是魔鬼的把戏而拒绝使用时，伽利略在给开普勒的信中，以一种既觉得好笑又无可奈何的口吻说："亲爱的开普勒，我希望我们能嘲笑这些极其愚蠢的人。[34]你会如何评价这所大学里那群著名的哲学家呢？他们像吃饱了的蛇一样固执己见，尽管我无数次地尝试邀请他们，但他们还是拒绝看行星、月亮，还有我的望远镜。"

在某些方面，开普勒和伽利略很相似。他们都对运动着迷，也都研究过积分学，开普勒研究的是曲线形状（比如葡萄酒桶）的体积，而伽利略研究的是抛物面的重心。在这个方面，他们都继承了阿基米德的方法，在头脑中将物体切分成很多像意大利香肠片一样的假想薄片。

在另外一些方面，他们又互为补充。很显然，他们各自做出的伟大科学贡献是互补的，伽利略提出了地球上的运动定律，而开普勒提出了太阳系中的运动定律。除此之外，这种互补关系还深刻地体现在他们的科学风格和性情上，伽利略是理性主义者，而开普勒是神秘主义者。

伽利略是阿基米德思想和方法的继承者，对力学非常着迷。在他的第一本著作中，通过证明阿基米德如何利用天平和浴缸判定希罗王的王冠不是由纯金制成的，并计算出金匠掺入银子的精确数量，第一次对阿基米德的那个"我找到了！"的传说做出了合理解释。伽利略在他的整个职业生涯里不断地详细阐述阿基米德的研究成果，他通常采取的方式是将阿基米德的力学理论从杠杆平衡延伸到物体运动上。

然而，开普勒更像毕达哥拉斯思想和方法的继承者。他的想象力极为丰富，拥有数字思维，在哪里都能发现规律。开普勒是第一个给我们解释雪花为什么是六角形的人。他思考过堆积炮弹的最有效方法，并猜测（而且猜对了）最优堆积方式与大自然排列石榴子及杂货店堆叠橘子的方式一样。无论从神圣的角度还是世俗的角度看，开普勒对几何学的痴迷都近乎非理性。但他的热情成就了他，作家亚瑟·库斯勒机敏地观察到，"约翰尼斯·开普勒迷恋上了毕达哥拉斯的梦想，[35]并且在这种幻想的基础上，通过同样不可靠的推理方法，构建起现代天文学的坚固大厦。这是思想史上最令人震惊的片段之一，也是摒除'科学进步由逻辑主宰'这个道貌岸然的信念的方法。"

阴云密布

就像所有伟大的发现一样，开普勒的行星运动定律和伽利略的落体定律引发的问题比它们回答的问题要多得多。从科学的角度看，刨根问底是很自然的事。这些定律从何而来？是否有更深层次的真理支撑着它们？太阳在所有行星的椭圆轨道内占据如此特殊的位置——总位于一个焦点之上，这似乎太过巧合了。这是否意味着太阳在以某种方式影响着这些行星呢，比如通过某种神秘的力量？开普勒就是这样认为的。他想知道，英国的威廉·吉尔伯特当时正在研究的磁现象是否会影响行星。无论如何，似乎有一种看不见的未知力量在遥远的太空中发挥着作用。

伽利略和开普勒的研究工作也带来了一些数学问题，特别是曲线重新受到人们的关注。伽利略已经证明抛体的运动轨迹是抛物线，亚里士多德的圆形轨道论也被开普勒的椭圆轨道论取代。此外，17世纪早期的其他科技进步不过是增加了人们对曲线的兴趣。在光学领域，曲面透镜的形状决定了图像的放大、扭曲或模糊程度，就望远镜和显微镜（这两种热门的新仪器分别给天文学和生物学带来了革命性变化）的设计而言，这些都是需要重点考虑的因素。法国博学家勒内·笛卡儿曾经问道，能设计出一点儿也不模糊的透镜吗？这可以转换为一个关于曲线的问题：透镜需要具有什么样的曲线形状，才能保证从一点发出或者相互平行的所有光线，在穿过透镜之后都汇聚到另一点上？

反过来，曲线又引出了关于运动的问题。开普勒第二定律暗示了行星沿其椭圆轨道进行着非匀速运动，有时踟蹰不前，有时加速前进。同样地，伽利略的抛体也以不断变化的速度沿其抛物线轨迹运动。它们在上升时减速，在最高点暂停运动，然后在落回地面的过程中加速。钟摆亦然，当上升到弧的一个端点时，它们会减速，然后朝相反方向加速通过最低点，接着在弧的另一个端点再次减速。如何能量化这种速度时时刻刻都在变化的运动呢？

面对这一连串的问题，源自伊斯兰和印度数学界的大量思想为欧洲数学家提供了一个新的方向，以及一个超越阿基米德去开辟新天地的机会。这些思想将带来关于运动和曲线的新的思考方式，然后伴随着一声惊雷，微分学诞生了。

第 4 章

微分学的黎明

从 现代的角度看，微积分包含两个方面。微分学把复杂的问题分割成无穷多个简单的部分，而积分学则把这些部分重新组合到一起，去解决原本那个更复杂的问题。

考虑到分割理应在重建之前，所以对初学者来说，先学习微分学似乎合情合理。而且，今天所有的微积分课程确实都是这样设置的：从相对容易的导数（切割方法）入门，然后一路学到难度较大的积分（将各部分重新组合成一个整体的方法）。按照这种顺序学习微积分，学生们会觉得轻松一些，因为入门的知识相对简单。老师们也喜欢这种教学顺序，因为它让课程看起来更合乎逻辑。

但非常奇怪的是，历史是以相反的顺序展开的。从阿基米德的著作中可以看出，积分学早在公元前250年的古希腊就已经发展得如火如荼了，然而直到17世纪，人们才对导数有了初步的认识。为什么相对简单的微分学却比积分学滞后了那么久才开始发展呢？这是因为微分学起源于代数，而代数的成熟、迁移和衍变经过了几个世纪的时间才完成。在中国、印度和伊斯兰世界，[1]原始的代数完全是文字形式的。未知数是单词（而不是今天的 x 和 y），方程是句子，问题是段落。但在1200年前后传入欧洲后不久，代数就演化为一门符号化学科，变得越发抽象和强有力。之后，符号化的代数与几何学相结合，产生了一个更加强大的混合体——解析几何。解析几何引出了一系列新曲线，对这些曲线的研究又带来了微分学。本章接下来将探索这一切是如何发生的。

代数在东方的崛起

到目前为止，本书可能给大家留下了微积分的诞生主要与欧洲有关的印象，那么我在这里谈及中国、印度和伊斯兰世界，希望可以对这种误解予以纠正。虽然微积分的发展在欧洲达到巅峰，但其根源却在别处。特别要说明的是，代数源自亚洲和中东地区。它的英文名字algebra衍生于阿拉伯语单词al-jabr，意思是"恢复"或者"破碎部分的重新结合"。这些都是方程配平和求解所需的运算步骤，比如，从方程的一边减去一个数字，并把它加到方程的另一边，实际上就是在恢复被破坏的部分。同样地，几何学诞生于古埃及，据说希腊几何学之父泰勒斯就是在那里学习了这门学科。而且，最伟大的几何定理——毕达哥拉斯定理——并不是毕达哥拉斯最早发现的，巴比伦人至少比他早知道了1 000年，公元前1800年前后美索不达米亚泥板文书上的例子就可以证明这一点。

大家也应该记住，当谈到古希腊时，我们指的是远远超出雅典和斯巴达的广袤版图。在领土面积最大的时候，它向南延伸到埃及，向西延伸到意大利和西西里岛，向东跨过地中海海岸延伸到土耳其、中东、中亚，以及巴基斯坦和印度的部分地区。毕达哥拉斯来自萨摩斯岛，它是小亚细亚（现在的土耳其）西海岸外的一个岛屿。阿基米德生活在西西里岛东南海岸上的叙拉古。欧几里得在亚历山大港工作，它地处埃及尼罗河的入海口，是重要的港口和学术中心。

罗马人征服希腊人之后，尤其是在亚历山大图书馆付之一炬和西罗马帝国衰亡之后，数学中心又回到了东方。阿基米德、欧几里得、托勒密、亚里士多德和柏拉图的著作都被翻译成阿拉伯语，君士坦丁堡、巴格达的学者和抄写员在让古老的知识保持生机的同时，还添加了他们自己的思想。

代数的兴起与几何学的衰落

在代数出现之前的十几个世纪里，几何学的发展非常缓慢。公元前212年阿基米德去世之后，似乎没有人或者几乎没有人能在几何学上超越他。250年前后，中国几何学家刘徽改进了阿基米德计算圆周率的方法。两个世纪后，祖冲之将刘徽的方法应用于24 576边形，并通过绝对称得上壮举的计算，把圆周率的虎钳收紧到8位数：

3.141 592 6 < π < 3.141 592 7

又过了5个世纪，几何学才取得了新的进展，相关成就来自智者海什木[2]，欧洲人都称他为阿尔哈曾。965年前后，海什木出生于伊拉克巴士拉。在伊斯兰黄金时代，他在开罗从事过神学、哲学、天文学和医学等领域的工作。在几何学方面，海什木对阿基米德从未考虑过的固体体积进行了计算。尽管这些成就令人印象深刻，但在长达12个世纪的时间里，它们对几何学来说只是罕见的活跃迹象。

而在同样长的时间跨度内，代数和算术则取得了迅速和实质性的进步。印度数学家发明了零的概念和十进制计数法。解方程的代数方法在埃及、伊拉克、波斯和中国纷纷涌现，这在很大程度上受到了继承法、纳税评估、商业、记账、利息计算，以及其他适合用数字和方程解决的实际问题的驱动。正如花剌子模在著名的教科书《代数学》中阐释的那样，当时代数仍然全部是文字题，给出的解决方案则像食谱，只能一步一步地得出答案。最终，贸易商、零售商和探险家将这种文字形式的代数和印度-阿拉伯数字向西带入欧洲。与此同时，人们开始将阿拉伯语文本翻译成拉丁语。

将代数本身从其实际应用中剥离出来，并作为一种符号系统加以研究，这是在文艺复兴时期的欧洲进行的。16世纪，代数的发展达到了巅峰，看上去跟它今天的样子有些许相似之处，即用字母来表示数字。1591年，法国的弗朗索瓦·韦达[3]用元音字母来表示未知量，比如A和E；用辅音字母来表示常量，比如B和G。（今天我们用x、y和z表示未知量，以及用a、b和c表示常量的方法，大约是在17世纪40年代由勒内·笛卡儿率先开始使用的）。用字母和符号代替单词，这使得方程的变换和求解变得容易许多。

算术领域中的一个同等重大的进步来自荷兰的西蒙·斯蒂文，他将印度-阿拉伯的十进制数加以扩展，发明了十进制分数[4]。在这个过程中，他摒弃了过去亚里士多德学派用于区分数（由不可分割的单位构成的整数）和量值（可被无限分割成任意小部分的连续量）的方法。在斯蒂文之前，十进制数只被用来表示一个量的整数部分，任何小于一个单位的部分则用分数来表示。而在斯蒂文的新方法中，即使一个单位也可以被切分，并且通过在小数点后摆放正确的数字，就可以把它表示成十进制形式。尽管它现在听起来很简单，但却是一个让微积分成为可能的革命性想法。一旦这个单位不再是神圣而不可分割的，所有量（整数、分数和无理数）就都处在平等的地位上，并汇聚成一个大的数族。在描述空间、时间、运动和变化的连续性时，这种方法为微积分提供了它所需的无限精确的实数。

就在几何学与代数结合之前，古老的阿基米德几何法迎来了它的最后一次狂欢。17世纪初，开普勒算出了葡萄酒桶和环形固体等曲线形状的体积，他采取的方法是在头脑中把这些形状切割成无穷多个无穷小的薄片。与此同时，伽利略和他的学生埃万杰利斯塔·托里拆利、博纳文图拉·卡瓦列里[5]也算出了各种形状的面积、体积和重心，他们采取的方法是把这些形状当作无穷多的线和面来处理。由于这些人都以一种漫不经心的方式对待无穷和无穷小，所以他们的方法并不严谨，但却直观有效。和穷竭法相比，这些方法能更容易和更快速地得出答案，似乎是一个令人兴奋的进步（不过，现在我们知道阿基米德已经抢先一步了；同样的想法就隐藏在他的著作《抛物线求积法》中，但它那时还被尘封在修道院的祈祷书中，直到1899年才重见天日）。

无论如何，尽管阿基米德方法的继承者取得的进展在当时看似前景光明，但沿用老方法注定是不会成功的。符号化代数才是此刻的行动方向，而且在它的帮助下，它最活跃的两个分支——解析几何和微分学——也终于到了播种的时候。

代数与几何学的邂逅

第一个突破发生在1630年前后，两位（即将成为竞争对手的）法国数学家皮埃尔·德·费马和勒内·笛卡儿分别将代数与几何学联系在一起。他们的研究工作开创了一个新的数学学科——解析几何，它的中央舞台就是让方程变得生动和具体的xy平面。

今天，我们用xy平面来描绘变量之间的关系。比如，看看我那偶尔不太像话的饮食习惯产生的热量影响。我有时早餐会吃几片肉桂葡萄干面包，包装袋上写着每片的热量高达200卡路里（如果想吃得健康些，我会勉强接受妻子买来的七谷面包，每片的热量为130卡路里。但在这个例子中，我更喜欢吃肉桂葡萄干面包，因为不考虑营养问题而只从数学角度看，200是一个比130更合适的数字）。

图4-1展示了我在吃掉1片、2片和3片肉桂葡萄干面包后摄入的热量。

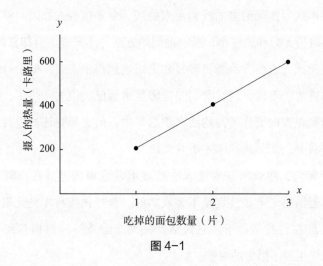

图 4-1

因为每片面包的热量是200卡路里，所以2片的热量是400卡路里，3片是600卡路里。当它们作为数据点被标示在图表上时，三个点都落在同一条直线上。从这个意义上说，摄入的热量和吃掉的面包数量之间存在着线性关系。如果我们用字母 x 表示吃掉的面包数量，用 y 表示摄入的热量，那么这种线性关系可以概括为 $y = 200x$。这种关系同样适用于数据点之间的情况，比如，1.5片面包的热量是300卡路里，其对应的数据点也会落在这条直线上。所以，在这样的图表中，把点连接起来是有意义的。

尽管我知道这一切似乎都显而易见，但我想说明的是，情况并不总是这么明显。不仅在过去不明显（有人不得不想办法去描绘抽象的可视化图表上的关系），在今天仍然不明显，至少对刚开始学习这种图表的孩子们来说是这样的。

这里涉及几次想象力的跳跃。其中一次跳跃是用图表示食物摄入量，这需要思维的灵活性，因为热量本身并不具有形象化的性质。我们看到的图表并不是展示嵌在面包中的葡萄干和棕色螺旋形肉桂的写实图画，它是抽象的，并且能使不同的数学域相互作用和合作：数域，比如热量或面包数量；符号关系域，比如 $y = 200x$；形状域，比如在有两条垂直轴的图表上，落在一条直线上的点，等等。通过这种思想的汇聚，不起眼的图表将数、关系和形状混合在一起，实现了算术、代数与几何学的融合。经过几个世纪的独立发展，不同的数学分支此时聚集在一起，这才是最重要的事。（回想一下，古希腊人在让几何学凌驾于算术和代数之上后，不让或者很少让它们相互结合。）

另一次跳跃涉及水平轴和垂直轴，我们常用变量来为它们命名，即 x 轴和 y 轴。这些轴是数轴，顾名思义，数被表示成直线上的点。就这样，算术与几何学结合在一起，甚至在我们还没有标示任何数据的时候，它们就已经结合起来了！

对于这种违背规则的做法，古希腊人一定会厉声反对。因为对他们来说，数只表示离散量，比如整数和分数。相比之下，那种可以用一条线的长度来衡量的连续量则被视为量值，它的概念分类与数截然不同。因此，从阿基米德生活的时代到17世纪初的接近 2 000 年的时间里，数都绝对不会被视同于一条直线上所有点的连续体。从这个意义上说，数轴的概念无异于离经叛道的存在。不过，现在我们已经不这样想了，而且我们希望小学生都能明白数可以用这种方式直观地表示出来。

从古希腊人的角度看，这种图表亵渎上帝之处还在于，它完全无视同类之间的比较，比如，苹果跟苹果比，热量跟热量比。相反，它的一个轴是热量，另一个轴是面包数量，两者之间不能直接做比较。然而，今天的我们在画这类图表时，会毫不迟疑地进行这样的比较。因为我们把热量和面包数量都转换成数，也就是实数、无穷小数等连续数学中的

"通用货币"。尽管希腊人对长度、面积和体积做出了严格的区分，但对我们来说，它们都是实数。

方程与曲线

可以肯定的是，费马和笛卡儿从未利用 xy 平面去研究像肉桂葡萄干面包这样的有形事物。对他们来说，xy 平面是研究纯粹几何学的工具。

在他们各自的研究过程中，两个人都发现，任意一个线性方程（x 和 y 只以一次幂形式出现的方程）在 xy 平面上都可以表示成一条直线。线性方程和直线之间的这种联系，会让人联想到有可能存在一种更深层次的联系，即非线性方程与曲线之间的联系。在像 $y = 200x$ 这样的线性方程中，变量 x 和 y 均独自出现，而没有平方、立方或者更高次方的形式。费马和笛卡儿意识到，他们可以构建他们想要的任何方程，对 x 和 y 进行他们想要的任何变换——将其中一个平方，将另一个立方，再将它们相乘或者相加——然后把结果诠释成一条曲线。幸运的话，它会是一条有趣的曲线，或许还是人们从未想象过或者阿基米德从未研究过的曲线。任何含有 x 和 y 的方程都是一次新的冒险，也是一种格式塔转换。你不是从一条曲线开始，而是从一个方程开始，看看它能描绘出什么样的曲线。这就好比让代数来驾车，而把几何学安置在后座上一样。

费马和笛卡儿从二次方程入手，在这类方程中，除了普通的常量（比如 200）和线性项（比如 x 和 y）之外，变量还可以平方或者相乘，产生像 x^2、y^2 和 xy 这样的二次项。传统上，平方量一直被解读为正方形区域的面积，因此，x^2 表示边长为 x 的正方形的面积。过去，人们认为面积是一个与长度或者体积完全不同的量；但对费马和笛卡儿来说，就像 x、x^3 或者 x 的其他任意次方一样，x^2 只是另一个实数，这意味着它也可以被绘制在数轴上。

今天，学习高中代数的学生应该都能画出 $y = x^2$（对应的曲线是一条抛物线）之类方程的图像。值得注意的是，含有 x 和 y 的二次项但不含有它们的更高次方的其他所有方程，只对应着4类曲线，即抛物线、椭圆、双曲线或者圆（图4-2）。比如，二次方程 $xy = 1$ 的图像是双曲线，$x^2 + y^2 = 4$ 的图像是圆，$x^2 + 2y^2 = 4$ 的图像是椭圆。即使像 $x^2 + 2xy + y^2 + x + 3y = 2$ 这样令人头疼的二次方程，也只对应着上述4类曲线中的一种，事实上它的图像是抛物线。

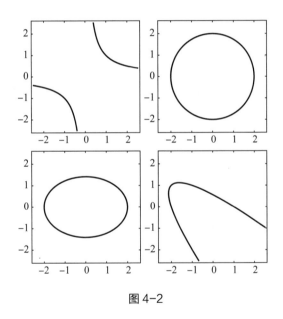

图 4-2

费马和笛卡儿最先发现了这种奇妙的巧合：含有 x 和 y 的二次方程是希腊人研究的圆锥截面的代数对应物，这4类曲线是以不同角度切割圆锥体得到的。在费马和笛卡儿搭建的这个新舞台上，经典曲线像幽灵一样从迷雾中再次现身。

在一起，会更好

费马和笛卡儿发现的代数和几何学之间的新联系，对这两个学科来说都大有裨益，可以相互弥补对方的不足之处。几何学诉诸人的右脑，它直观而具象，命题的真实性往往一目了然。但它也需要某种创造力，因为人们常常不知道几何证明该从哪里入手，这时候就要依靠"神来一笔"的帮助了。

然而，代数是系统性的，我们可以近乎随心所欲地"揉捏"方程：在方程两边添加相同的项，消去共同的项，求出未知量，或者按照标准方法去执行多个其他步骤和算法。代数过程具有抚慰人心的重复性，就像织毛衣一样令人愉悦。但代数也饱受空虚之苦，它的符号是空洞的，在被赋予意义之前它们什么也不是。代数中没有任何形象化的东西，它是左脑型和机械式的。

不过，如果代数和几何学联合起来，它们将势不可当。代数给了几何学一个体系，此时几何学需要的就不再是创造力，而是韧性了。它会把需要洞察力的难题转化为虽然耗时费力但却简单直接的计算，符号的使用解放了头脑，也节省了时间和精力。

对几何学来说，它赋予代数以意义。此时方程不再枯燥乏味，而是化身为弯曲有致的几何形状。当从几何学的角度去看方程时，一个曲线和曲面的全新"大陆"就会呈现在我们眼前，无穷无尽的几何"动植物"等待着我们去发现、编目、分类和仔细研究。

费马vs笛卡儿

学过一些数学和物理学知识的人，应该都知道费马和笛卡儿。但是，我的老师和教科书从未提及他们之间的竞争，或者笛卡儿有多么邪恶。想要知道他们竞争中的利害关系，就必须更多地了解他们的生平、个性，以及他们希望达成的目标。

勒内·笛卡儿[6]是有史以来最雄心勃勃的思想家之一。他在学术上无所畏惧、蔑视权威，自我的程度之强不亚于他过人的天赋。比如，对于2 000年来所有其他数学家都尊崇的希腊几何方法，他不屑一顾地写道："古人教给我们的东西太少了，[7]而且绝大多数都缺乏可信度，除非避开他们走过的所有路，否则我根本不可能找到一条通往真理之路。"在个人层面上，他偏执而敏感。从笛卡儿的那幅最著名的画像中可以看出，他的面容瘦削憔悴，眼神傲慢，留着两撇颇具讽刺意味的胡子，看起来就像动画片里的反面人物。

笛卡儿致力于在理性、科学和怀疑主义的基础上重建人类知识。他最广为人知的哲学著作，因为他的名句"我思故我在"而名垂千古。换句话说，当一切都拿不准的时候，至少有一件事是确定的，那就是怀疑精神的存在。他的分析方法似乎受到了严谨的数学逻辑的启发，在今天被公认为现代哲学的开端。在他最有名的著作《方法论》中，尽管笛卡儿介绍了一种令人振奋的思考哲学问题的新方式，但他还就自己感兴趣的问题写了三篇独立的附录：第一篇是关于几何学的，他在其中提出了他的解析几何方法；第二篇是关于光学的，在望远镜、显微镜和透镜还是当时的最新技术的情况下，这篇文章显得至关重要；第三篇是关于天气的，但除了对彩虹的正确解释之外，这篇文章的大部分内容都被遗忘了。他博学多识，涉猎广泛。他把生命体看作机械装置系统，认为灵魂位于大脑的松果体中。他提出了一个庞大（但错误）的宇宙系统，认为空间中遍布着看不见的旋涡，行星就像旋涡中的树叶一样被裹挟着运动。

笛卡儿出生在一个富裕家庭中，因为小时候体弱多病，家人允许他卧床读书和思考，于是这成了他一辈子的习惯，每天直到中午才起床。笛卡儿的母亲在他一岁时就去世了，但幸运的是，他得到了一笔相当可观的遗产，并因此过上安逸和冒险的生活，成了一位四处游历的绅士。他自愿加入荷兰军队，但从未参加战斗，所以有充足的时间学习哲学。他成年后的大部分时间都是在荷兰度过的，研究他自己的观点，并与其他伟大的思想家通信和辩论。1650年，他不情愿地去了瑞典（他嘲笑那里是"被岩石和冰包围的熊之国"[8]），担任克里斯蒂娜女王的私人哲学导师。年轻的女王精力充沛，喜欢早起，并坚持在早晨5点上课，这对任何人尤其是习惯于中午起床的笛卡儿来说，是一个极不合适的时间。而且，斯德哥尔摩那一年的冬天是几十年来最冷的，几周之后笛卡儿就患上了肺炎，最终不治离世。

皮埃尔·德·费马[9]比笛卡儿小5岁，过着宁静、平淡的中上阶层生活。在远离喧嚣巴黎的图卢兹，他白天是一位律师和地方法官，晚上则是一名丈夫和父亲。他下班回家后和妻子及5个孩子共进晚餐，然后花几个小时做他真正热爱的事：研究数学。笛卡儿是一位雄心勃勃的大思想家，而费马是一个腼腆、安静、随和、天真的人。费马的目标不像笛卡儿那么远大，他也没把自己看成是哲学家或者科学家。数学对他来说就足够了，他以业余爱好者的身份追逐着它。他认为没有公开出版研究成果的必要，也就没有这样做。在阅读丢番图和阿基米德撰写的经典巨著时，费马会在书上写下少量笔记，偶尔还会把他的想法通过信件传递给他认为可能会欣赏它们的学者。尽管他通过方济各会修士、数学家马林·梅森与当时的重要数学家有过书信往来，但他从未离家远游，也没有与他们当中的任何一位见过面。

费马和笛卡儿之间的激烈争执[10]正是因梅森而起。在数学家当中，梅森是巴黎的一个关键联络人。在那个没有脸书的年代，梅森能让每个人都与其他人保持联系，是一个非常爱管闲事但又缺乏些许机智和谨慎的人。他总有办法惹出麻烦，比如，向人们展示他收到的私人信件，并在保密的手稿出版前公之于众。在梅森身边有一群顶尖的数学家，他们虽然不像费马和笛卡儿那么优秀，但也颇具影响力，而且他们显然跟笛卡儿过不去，总在抨击他和他那本华而不实的《方法论》。

所以，当笛卡儿从梅森那里听说图卢兹有个无名小卒（费马）声称早于他10年发明了解析几何，而且这个业余爱好者还对他的光学理论提出了质疑时，他认为又有人想让他难堪。在接下来的几年里，他与费马进行了激烈的斗争，并试图毁掉后者的声誉[11]。最后，笛卡儿也失去了很多。在《方法论》中，笛卡儿声称他的分析方法是通往知识的必由之路；如果费马不用他的方法就能超越他，费马的整个研究就站不住脚了。

笛卡儿毫不留情地诋毁费马，并且在一定程度上成功地打压了费马，致使费马的著作延迟到1679年才正式出版。尽管费马的研究成果通过口口相传或信件副本的形式流传开来，但直到他去世很久之后才得到真正的欣赏。相比之下，笛卡儿获得了巨大的成功，他的《方法论》名声大噪，下一代人还从中学到了解析几何。即使到了今天，学生们仍然在学习笛卡儿坐标，尽管它是费马率先提出来的[12]。

寻找失传已久的发现方法——分析

笛卡儿和费马之间的竞争发生在17世纪初，那时的数学家都梦想着找到一种几何学的分析方法[13]。这里所说的分析，指的是发现结果而不是证明结果的方法。当时人们普遍怀疑古人已经拥有了这样的发现方法，但却故意将它藏匿起来。比如，笛卡儿就曾断言古希腊人"掌握了一种数学知识，它与我们这个时代通用的数学知识截然不同……但我的看法是，那时的卑鄙和令人愤慨[14]的作者隐瞒了这种知识"。

符号代数似乎就是这种失传已久的发现方法。但在较为守旧的地方，代数遭到了保守派的怀疑。当艾萨克·牛顿说"代数是数学笨蛋的分析方法"[15]时，他其实是在不加掩饰地侮辱笛卡儿，因为笛卡儿是一个典型的依赖代数并通过逆向推理来解决问题的"笨蛋"。

在发动对代数的攻击时，牛顿坚持主张分析法与综合法之间的传统区别。在分析法中，人们从结尾入手解决问题，就好像已经得到了答案一样，然后满怀期望地朝着开头倒推，希望找到一条通往给定假设的路径。这就是学生们眼中的从答案开始倒推，然后搞清楚如何得出这个答案的方法。

而综合法的方向正相反，即从给定的条件着手，然后通过在黑暗中摸索和尝试，按部就班地找到解决方案，最终得出期望的结果。综合法往往比分析法难得多，因为在你找到解决方案之前，你根本不知道该怎么做。

古希腊人认为，综合法比分析法更具逻辑力和说服力。综合法被视为证明结果的唯一有效方法，而分析法是发现结果的可行方法。如果你想要严谨的论证过程，就必须使用综合法。这也是阿基米德用在跷跷板上使形状达到平衡状态的分析法发现定理，但随后又改用综合的穷竭法来证明定理的原因。

尽管牛顿对代数分析法嗤之以鼻，但我们将在第7章看到他本人也使用了这种方法，并且取得了巨大的成果。不过，牛顿并不是运用代数分析法的第一人，费马才是。费马的思维方式很有趣，因为它不仅简洁易懂，而且独特新奇。今天，他的曲线研究方法已经退出历史舞台，并被教科书中更复杂巧妙的技巧所取代。

行李箱的优化问题

费马微分学定理的雏形产生于他运用代数分析法解决优化问题[16]的过程中，优化问题研究的是如何以最佳方式做事情。根据具体情境，最佳可能意味着最快、最便宜、最大、最有利可图和最有效等。为了用最简单的方式阐明他的想法，费马设计了几个问题，它们听上去很像今天的数学老师给学生布置的练习题。所以，孩子们要怪就怪费马吧。

在根据我们的时代特点进行更新后，其中一个问题大致是：假设你想设计一个矩形的箱子来存放尽可能多的物品，但要满足两个约束条件。第一，这个箱子必须有一个正方形的横截面，宽 x 英寸[①]，深 x 英寸。第二，它必须能放进某家航空公司的机舱行李架。根据航空公司对随身携带行李的规定，箱子的宽度、深度和高度之和不能超过45英寸。那么，当 x 是多少英寸时，箱子的容积最大呢？

解决这个问题的一种方法是运用常识。尝试几种可能性，比如，宽度和深度各为10英寸，那么高度可以是25英寸，因为 10 + 10 + 25 = 45，这种尺寸的箱子的容积为 10 × 10 × 25 = 2 500 立方英寸[②]。立方体形状的箱子容积会不会更大呢？由于立方体的高度、宽度和深度必须相等，因此它的尺寸为 15 × 15 × 15，容积是 3 375 立方英寸。在尝试了其他几种可能性之后，我们会发现立方体似乎是箱子形状的最佳选择。而且，事实的确如此。

所以，这本身并不是一个特别难解决的问题。我主要想用它来展示费马对于这类问题的推理方法，因为他的方法带来了更加了不起的成果。

和解决大多数代数问题一样，我们先要把所有给定的信息转化成符

---

① 　1英寸 = 2.54厘米。——编者注

② 　1立方英寸 ≈ 16.39立方厘米。——编者注

号。由于箱子的宽度和深度都是x，加起来就是2x。而且，箱子的高度、宽度和深度之和不能超过45英寸，所以它的高度是45 – 2x。那么，箱子的容积是 $x \times x \times (45 - 2x) = 45x^2 - 2x^3$，我们将其表示成 $V(x)$：

$$V(x) = 45x^2 - 2x^3$$

如果我们以x为横轴、$V(x)$ 为纵轴，用计算机或绘图计算器画出图像，就会看到这条曲线先上升，并像预期的那样在x = 15英寸时达到最大值，然后下降直至0（图4–3）。

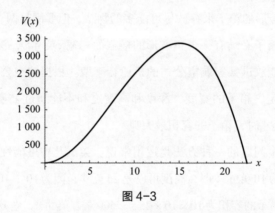

图 4-3

我们也可以用学生们现在熟悉的微分学方法找出最大值，即求 $V(x)$ 的导数并使其等于0。这种方法的思路是：曲线顶端的斜率为0，它在这里既不上升也不下降；由于斜率是用导数来衡量的，所以以最大值处的导数必定为0。经过代数运算和对各种导数规则的运用，这个推理过程也会得出x = 15的答案。

但是，费马没有绘图计算器或计算机，也没有导数的概念。那么，他是如何解决这个问题的呢？他利用了最大值的一个特性，即低于最大值的水平线都和曲线相交于两个点，如图4–4所示。

而高于最大值的水平线与曲线没有交点，如图4–5所示。

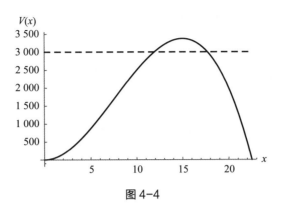

图 4-4

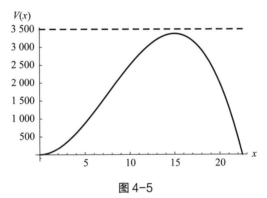

图 4-5

这揭示了一种直观的解题策略。假设我们缓慢地抬升一条低于最大值的水平线，随着这条线逐渐上移，它的两个交点就像项链上的珠子一样沿着曲线向对方滑动（图4-6）。

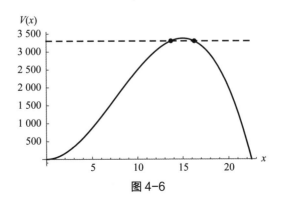

图 4-6

在最大值处，这两个点发生碰撞。寻找碰撞点就是费马确定最大值的方法，换言之，他需要推导出两点合并为一点（形成"重交点"）的条件。有了正确的思路，余下的就是代数运算（符号处理）了。具体过程如下：

假设两个交点处的 x 分别为 a 和 b，它们位于同一条水平线上，所以 $V(a) = V(b)$，即

$$45a^2 - 2a^3 = 45b^2 - 2b^3$$

为了做进一步运算，我们需要重新整理一下这个方程。如果我们把平方项放在一边，而把立方项放在另一边，可得：

$$45a^2 - 45b^2 = 2a^3 - 2b^3$$

运用高中代数的一些技巧，我们可以在方程两边进行因式分解，可得：

$$45(a - b)(a + b) = 2(a - b)(a^2 + ab + b^2)$$

然后，方程两边同时除以公因子 $(a - b)$，这是合乎规则的，因为 a 和 b 并不相等。[如果它们相等，方程两边同时除以 $(a - b)$ 就相当于同时除以 0，这是绝对不允许的。]消去 $(a - b)$ 后得到的方程为：

$$45(a + b) = 2(a^2 + ab + b^2)$$

现在，请注意一个难以理解的逻辑点。费马先是假设 a 和 b 不相等，但他又假设当 a 和 b 在最大值处合并且相等时，他之前推导出的方程仍然成立。为了证明这样做是可行的，费马引入了一个被他称为"准等式"[17]的模糊概念。它是指在最大值处，a 和 b 在某种程度上相等，但并不是真正

相等（今天，我们用极限或者重交点的概念来表述它）。总之，他令 $a \approx b$，并大胆地用 a 替换上述方程中的 b 得到：

$$45(2a) = 2(a^2 + a^2 + a^2)$$

上式进一步化简为 $90a = 6a^2$，它的解是 $a = 0$ 和 $a = 15$。第一个解 $a = 0$ 对应的是容积最小的箱子，它的宽度和深度都为 0，体积也为 0，我们对此毫无兴趣。第二个解 $a = 15$ 对应的是容积最大的箱子，它就是我们一直期待的答案，即 15 英寸是箱子的最佳宽度和深度。

从我们的角度看，费马的推理过程似乎有些奇怪，他不用导数就找到了最大值。今天，老师在讲优化问题之前会先教学生如何求导数，而费马的做法则完全相反。但这无关紧要，因为他和我们的想法是一样的。

费马如何帮助了美国联邦调查局？

今天，费马关于优化问题的早期研究成果依然围绕在我们身边。我们的生活离不开那些解决优化问题的算法，而这些算法又依赖于重交点概念和用导数表示的等价条件。尽管现在的优化问题往往比费马时代的优化问题复杂得多，但它们的本质是一样的。

有一项重要的应用与大数据集有关，它通常有助于尽可能紧凑地编码数据。比如，美国联邦调查局有数百万份指纹记录。为了高效地存储、搜索和检索记录，以便进行背景调查，他们使用了基于微积分的数据压缩方法。精妙的算法可以在不牺牲任何重要细节的情况下，减小数字化指纹档案的大小。当你在手机上储存音乐和图片时，也是这样的。MP3（一种音频压缩技术）和 JPEG（一种图像压缩技术）[18] 等压缩算法并没有保留所有音符和像素，而是通过提取更有效信息的方式来节约空间。它们还能让我们快速下载歌曲和照片，并发送给我们喜爱的人，而且不会占据他们收件箱的过多空间。

为了了解微积分、优化与数据压缩之间的关系，我们来看看曲线拟合的相关统计问题，这是一个包括气候科学和商业预测在内的所有领域都会遇到的问题。我们接下来要研究的数据集展示了昼长随季节的变化情况。[19]虽然我们都知道夏天的昼长较长而冬天的昼长较短，但整体模式是什么呢？我绘制了纽约市2018年的数据图，如图4-7所示。其中，横轴表示时间，从最左边的1月1日一直到最右边的12月31日；纵轴表示一年中的不同日期从日出到日落的分钟数。为避免图表混乱不堪，我从1月1日起每两周采样一次，所以图上只标示了27天的数据。

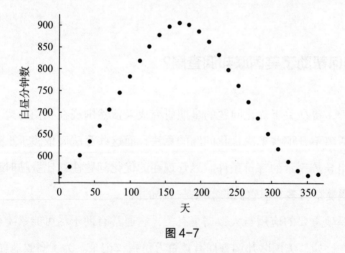

图 4-7

这幅图显示出一年中的昼长变化情况和我们的预期一样。夏至（6月21日，对应于图中间部分的第172天的峰值）前后的昼长最长，而冬至前后的昼长最短。总体上，这些数据似乎都位于一条光滑的波形曲线上。

在高中的三角学课程上，老师们会讲到一种特定的波——正弦波。

在本书后面的章节，我会详细地介绍正弦波是什么，以及从微积分的角度看它们为什么很特别。现在，我们需要知道的重点是，正弦波与圆周运动有关。为了说明这种联系，我们假设有一个点以恒定的速度沿圆周运动。如果我们把这个点上下起伏的位置视为时间函数，就能绘制出一条正弦曲线，如图4-8所示。

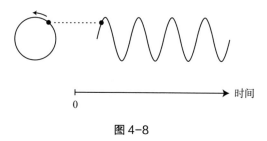

图 4-8

由于圆与周期密切相关，所以不管是季节循环、音叉振动，还是荧光灯和电力线发出的60个周期/秒的嗡嗡声，只要循环现象发生，正弦波就会出现。那烦人的嗡嗡声恰恰是正弦波每秒上下起伏60次发出的声音，这表明电网中的发电机也在以相同的频率旋转，并产生交流电。哪里有圆周运动，哪里就有正弦波。

如图4-9所示，所有正弦波都可以用4个重要的统计数据来定义：周期、平均数、振幅和相位。

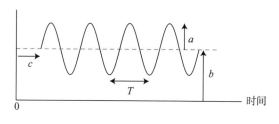

图 4-9

这4个参数都很容易解释。周期T表示正弦波完成一个周期所需的时间。对我们正在研究的昼长数据来说，T大约是1年，或者更精确地说是365.25天（多出来的1/4天就是我们每4年需要有一个闰年的原因，是为了让日历与自然周期保持同步）。正弦波的平均数是它的基线值b。对我们的数据来说，它是纽约市2018年所有日子的平均白昼分钟数。波的振幅a可以告诉我们，一年中最长的昼长会比平均数多出多少分钟。波的相位c可以告诉我们，波在春分前后会向上穿过平均数。

为便于讨论，我们把参数a、b、c、T想象成4个旋钮，这样就可以通过转动它们来调整正弦波的形状和位置的各种特征。b旋钮可以让正弦波上下移动，c旋钮可以让它左右移动，T旋钮可以控制它的振动速度，a旋钮可以决定它的振动程度。

如果我们能以某种方式设置旋钮，使正弦波通过我们之前绘制的所有数据点，就相当于对信息进行了显著压缩。这意味着我们只用正弦波的4个参数就捕获了27个数据点，因此数据的压缩系数是27/4或6.75。实际上，我们知道其中一个参数是1年，所以真正可以调整的只有3个参数，压缩系数变为27/3或9。此外，这些数据并不是随机的，而是有规律的，所以这种尺度的压缩是可以接受的。正弦波体现了这种规律，并为我们所用。

唯一的难题在于，并不存在能完美拟合数据的正弦波。当用一个理想化模型去拟合现实世界的数据时，就会出现这种意料之中的情况，因为必定存在一些差异。我们希望这些差异可以忽略不计，为了使它们最小化，我们需要找到尽可能"紧密地拥抱"数据点的正弦波。此时，该微积分一展身手了。

图4-10展示的是一种由优化算法确定的拟合效果最好的正弦波。

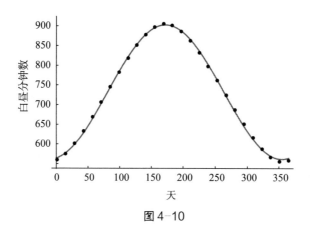

图 4-10

　　但要注意的是，图4-10的拟合效果并不完美。比如在12月份，昼长很短，但波形并没有下降到足够低的水平，所以数据点位于曲线下方。尽管如此，简单的正弦波无疑可以捕捉到所发生之事的本质。对于我们的目标，这种程度的拟合可能就足够了。

　　那么，微积分会在其中发挥什么作用呢？它能帮助我们选出4个最优参数。假设通过转动4个旋钮可以得到拟合效果最好的正弦波，就像转动收音机上的调谐旋钮来获得最强信号一样。这基本上也是费马在解决行李箱优化问题时所做的事情。在那个例子中，他调整的是单一参数x，并寻找箱子容积的最大值对应的重交点。而在我们的例子中，有4个参数需要调整。但基本思路是一样的，我们也要寻找一个重交点，它会给出这4个参数的最优选择。

　　更详细的过程是：对于4个参数的任何一种选择，我们要计算每个数据点（全年有记录的共计27个数据点）的正弦波拟合与实际数据之间的差异（或者误差）。选择最佳拟合的一个自然标准是，所有27个数据点的总误差应该尽可能地小。但总误差不是一个十分恰当的概念，因为我们不希望正负误差相抵，并形成拟合误差比实际情况小的错误印象。下冲和过冲同样糟糕，两者都应该"受到惩处"，而不应该相互抵消。正是出于这个原因，数学家将每一点的误差进行平方，使负误差变为正误差。这样一来，就不可能出现虚假的抵消情况（这表明负负得正的乘法运算法则在实践中是有用的，它使负误差的平方变成了正误差）。因此，我们的基本思路就是用这样一种方法选出正弦波的4个参数，它们可以使正弦波拟合与数据的误差平方之和最小。这种方法被称为最小二乘法，当数据像在本例中一样遵循某种模式时，该方法的效果最好。

所有这一切引出了一个极其重要的一般性观点：模式是让数据压缩成为可能的首要条件。只有模式化的数据才能被压缩，而随机数据则不行。幸运的是，人们感兴趣的许多事物，比如歌曲、面孔和指纹，都是高度结构化和模式化的。就像昼长遵循简单的波模式一样，一张面部照片包含眉毛、斑点、颧骨和其他特征模式；歌曲有旋律、和声、节奏和力度；指纹包含脊线、箕纹和斗纹。人类可以立刻识别出这些模式，计算机经过学习也能识别出它们。重要的是，要找到恰当的数学对象来编码特定模式。正弦波是表示周期性模式的理想选择，但它们不太适合表现鲜明的局部特征，比如鼻孔边缘或者美人痣。

为此，几个不同领域的研究人员提出了一种广义化的正弦波——子波[20]。子波比正弦波更加局部化，它们并不是在两个方向上周期性地无限延伸，而是在时间或空间上急剧集中。

如图4-11所示，子波会突然启动，振动一段时间后停止。它们看起来很像心电监护仪上的信号，或者地震期间地震仪上记录的爆发情况。子波非常适用于表示脑电波记录中突然出现的棘波、凡·高画作中的大胆笔触或者面部皱纹。

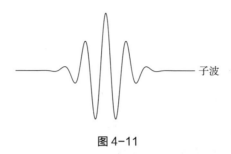

子波

图 4-11

美国联邦调查局利用子波[21]使他们的指纹档案走向现代化。从20世纪初引入指纹以来，指纹记录就一直以油墨捺印的形式被储存在纸质卡片上，很难进行快速搜索。到20世纪90年代中期，存档的指纹卡片数量已经增加到2亿张左右，并占据了1英亩[①]的办公空间。当美国联邦调查局决定把这些档案数字化时，他们将其转换成有256个不同灰度级的灰度图像，分辨率为每英寸500点，足以捕捉到所有细微的斗纹、箕纹、脊线末端、分叉和指纹的其他可识别性细节。

但问题在于，那时的一张数字化指纹卡片包含大约10 MB（兆字节）的数据，致使美国联邦调查局根本无法快速地给地方警察发送数字指纹档案。别忘了，那是在20世纪90年代中期，即使当时最先进的电话调制解调器和传真机，传输10MB的文件也要花上几个小时。而且，当时的首选介质是1.5MB的软盘，要交换这么大的文件是非常困难的。由于每天都有3万张用于紧急背景调查的新指纹卡片涌入，加快周转速度的要求日益增长，这就迫切需要让指纹档案走向现代化。美国联邦调查局必须找到一种在不使指纹失真的前提下压缩指纹档案的方法。

子波最能胜任这项工作。洛斯阿拉莫斯国家实验室的数学家与美国联邦调查局合作，[22]把指纹表示成许多个子波的组合，并利用微积分使它们最优化，从而将指纹档案缩小了20倍以上。这是法医学领域的一次革

---

① 1英亩≈4 046.86平方米。——编者注

命。得益于现代形式的费马思想（以及子波分析、计算机科学和信号处理等的作用），一个10MB的文件能被压缩到只有500KB（千字节），可以毫不费力地通过电话线来传送。而且，这是在不牺牲保真度的情况下做到的，得到了人类指纹专家的高度认同。计算机也一样，压缩后的档案顺利地通过了美国联邦调查局的自动识别系统。这对微积分来说是个好消息，而对罪犯来说则是个坏消息。

最短时间原理

我想知道，如果费马看到我们这样运用他的理念，他会怎么想。费马对将数学应用于现实世界并不是特别感兴趣，他致力于数学研究纯粹是因为他喜欢数学。但是，他确实为应用数学做出了一项意义深远的贡献。费马是第一个用微积分作为逻辑引擎，从更深层次的法则中推导出自然律的人。就像两个世纪后麦克斯韦所做的电磁研究一样，费马先将一个假设的自然律翻译成微积分语言，然后发动引擎，输入这个定律，最后输出另一个定律（第一个定律的推论）。就这样，不经意间成为科学家的费马，开创了一种自此以后一直支配着理论科学的推理方式。

这个故事要从1637年讲起，当时巴黎的一群数学家询问费马对笛卡儿新近出版的光学论著的看法。笛卡儿在书中提出了一个关于光从空气进入水或者玻璃时会如何弯曲的理论，即折射效应。

所有玩过放大镜的人都知道，光可以弯曲和聚焦。小时候，我喜欢手持放大镜对准机动车道上的树叶，然后上下移动放大镜，直到太阳光线聚焦成一个耀眼的小白点，它会让树叶阴燃，最终着起火来。对我们的眼镜而言，光的折射效应则没有这么明显。眼镜镜片会将光线弯曲和聚焦到视网膜的恰当位置上，起到矫正视力的作用。

晴天里当你漫步在游泳池旁时，光的弯曲也可以解释你可能会注意到的一种错觉。假设在游泳池底碰巧有一个不小心被遗失的闪闪发光的东西，比如一件珠宝（图4-12）。

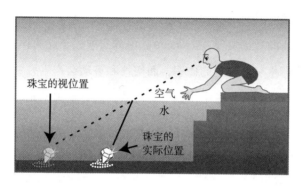

图 4-12

尽管你透过水看见了这个闪闪发光的物体，但它并不在视位置上，因为从它那里反射回来的光线在从水进入空气时发生了弯曲。出于同样的原因，拿着鱼叉的渔民需要瞄准一条鱼的视位置下方，才有机会叉中它。

像这样的折射现象都会遵循一个简单的规则。当光线从光疏介质（比如空气）进入光密介质（比如水或者玻璃）时，它会朝着两种介质界面的垂线弯曲；当光线从光密介质进入光疏介质时，它会朝着远离垂线的方向弯曲，如图4-13所示。

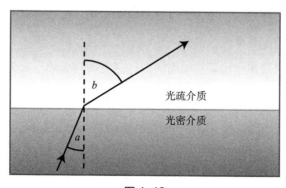

图 4-13

1621年，荷兰科学家威里布里德·斯涅耳通过一个巧妙的实验，加强和量化了这条规则。通过系统地改变入射角 a，并观察折射角 b 如何随之变化，他发现对于两种给定的介质，sin$a$/sin$b$ 的比率始终保持不变（这里的 sin 指三角学中的正弦函数）。

不过，斯涅耳也发现，sin$a$/sin$b$ 的值确实取决于这两种介质是什么。空气和水会产生一个恒定的比率，而空气和玻璃会产生另一个恒定的比率。他不知道为什么正弦定律会行之有效，但它是关于光的一个赤裸裸的事实。

笛卡儿重新发现了斯涅耳的正弦定律[23]，并在1637年发表的论文《屈光学》中公布了这一定律。但笛卡儿不知道的是，在他之前至少有三个人已经发现了它：斯涅耳是在1621年，英国天文学家托马斯·哈里奥特是在1602年，波斯数学家阿布·萨德-阿拉·伊本·萨尔则是在984年。

笛卡儿对正弦定律做出了力学解释，他（错误地）认为光在光密介质中的传播速度更快。在费马看来，这完全是颠倒黑白，而且有悖常识。本着提供帮助的目的，费马对笛卡儿的理论提出了他自认为温和的一点儿批评意见，并邮寄给向他征询看法的巴黎数学家。

费马并不知道那些数学家都是笛卡儿的死敌，他们只是想利用费马达到其险恶的目的。即使十几岁的孩子也能想到，当笛卡儿通过小道消息得知费马的评论时，他感觉自己受到了攻击。他从未听说这个图卢兹的律师，对笛卡儿来说，费马只是一个在偏远乡村工作的名不见经传的业余爱好者，就像在他耳边嗡嗡叫的一只无须理会的小虫子。在接下来的几年里，笛卡儿总是以居高临下的姿态对待费马，并声称他不小心搞错了结论。

20年后，也就是1657年（笛卡儿已离世），一位名叫马林·库雷奥·德拉夏布里的同行请求费马再次讨论折射问题。这促使费马利用他对优化的认识，着手研究了这个问题。

费马预感到光被优化了，更准确地说，他猜测光总是沿任意两点之间阻力最小的路径传播，换言之，光会沿着最快的路线行进。他明白，最短时间原理[24]可以解释光为什么会在均匀介质中沿直线传播，以及当它从镜子上反射出去时，为什么它的入射角等于反射角。但是，最短时间原理也能准确地预测当光从一种介质进入另一种介质时它的弯曲程度吗？最短时间原理能解释正弦折射定律吗？

费马对此并不确定，计算起来也不那么容易。无穷多条直线路径都在界面处像手肘一样弯曲，将光从一种介质中的源点带到另一种介质中的目标点（图4-14）。

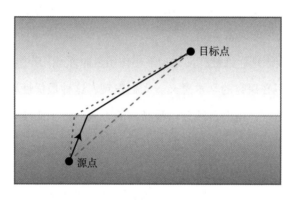

图 4-14

计算光沿所有路径传播的最短时间，是一件十分困难的事，特别是在微积分的发展尚处于萌芽期的时候。除了重交点这个老方法之外，没有其他可用的工具。而且，费马担心得出错误的答案。就像他在给库雷奥的信中写的那样："经过漫长而艰难的计算，却发现了某个不规则和大得惊人的比例，这种担忧加上我懒惰的天性[25]，致使这件事一直没有进展。"

在之后的5年里，费马都在研究其他问题，但最终他的好奇心战胜了他。1662年，他强迫自己开始动手做计算。这项任务既艰巨又令人不快，但随着错综复杂的符号被清除，他看到了某种东西。代数开始发挥作用，有些项被消掉了，然后他得到了正弦定律。在写给库雷奥的信中，费马称这是他做过的"最不同寻常、最无法预料但也是最开心的一次计算。这个意想不到的结果让我无比惊讶，以至于我久久无法回过神来"[26]。

就这样，费马把他的尚处于萌芽期的微积分理论应用到了物理学领域。这种做法前所未有，而且他由此证明了光会以最有效的方式传播——不是以最直接的方式，而是以最快的方式。在光可以采取的所有可能的传播路径中，它知道（或者表现得好像它知道一样）如何尽可能快地从这里到达那里。这是表明微积分以某种方式深植于宇宙操作系统的一个重要的早期线索。

最短时间原理后来被广义化为最小作用量原理[27]，其中的作用量具有我们在这里不必探究的学术意义。人们发现，这种最优性原理（从某种精确的意义上说，指大自然会以最经济的方式运行）能准确地预测出力学定律。20世纪，最小作用量原理又延伸到广义相对论、量子力学和现代物理学的其他领域。它甚至在17世纪给哲学界留下了深刻印象，当时戈特弗里德·威廉·莱布尼茨认为，在所有可能的世界当中，我们的世界是最好的一个，它的一切也都是最好的。后来，伏尔泰在《老实人》中还仿拟过这个乐观主义的观点。用最优性原理来解释物理现象和用微积分推导其结果的思想，正是源于费马的这次计算。

关于切线的争论

费马的优化方法也使他明白了曲线的切线是怎么一回事，这是真正让笛卡儿火冒三丈的问题。

切线的英文单词"tangent"源于"touching"（触碰）的拉丁词根，这个术语用得很恰当，因为切线并不是从曲线中间穿过并与曲线交于两个点，而是在一个点上与曲线发生触碰，仅算得上擦肩而过（图4–15）。

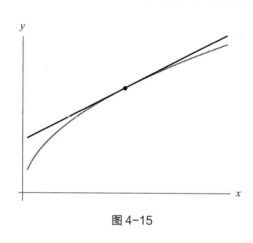

图 4–15

确定切线的条件类似于求最大值或最小值的条件。如果我们让一条曲线与一条直线相交，然后不断地向上或向下滑动直线，当两个交点合而为一时，直线与曲线就相切了。

到17世纪20年代末的某个时候，费马已经找到了几乎所有代数曲线（只能用 x 和 y 的整数次幂来表示，而不含任何对数、正弦函数或其他超越函数的曲线）的切线。借助伟大的重交点概念，费马能用他的方法找出我们用求导法找到的所有切线。

笛卡儿有他自己的寻找切线的方法[28]。在1637年出版的《几何学》中，他自豪地向世人公布了他的方法。在不知道费马已经解决了这个问题的情况下，尽管笛卡儿也独立地想出了重交点的概念，但他用的是圆而不是直线去横穿曲线（图4–16）。在切点附近，一个标准的圆要么与曲线有两个交点，要么一个交点也没有。

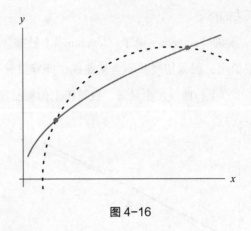

图 4-16

通过调整圆的位置和半径，笛卡儿可以使两个交点合而为一。在那个重交点的位置上，圆与曲线恰好相切（图4-17）！

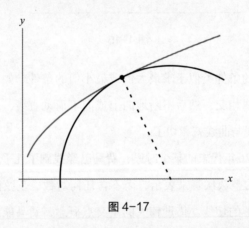

图 4-17

这样一来，笛卡儿就得到了找出曲线切线所需的一切条件，他也找到了曲线的法线，它位于圆的半径方向上，与切线成直角。

笛卡儿的方法虽然正确却很笨拙，它涉及的代数运算量远超费马的方法。但是，笛卡儿尚未听说过费马，所以他以一贯的傲慢姿态自认为超越了所有人。他在《几何学》中得意扬扬地说："关于如何在曲线上的任意一点处画出与其成直角的直线，我给出了一般性方法。[29]而且，我敢说这不仅是我所知道的几何学中最有用和最普遍的问题，也是我一直以来渴望了解的问题。"

1637年年末，当笛卡儿从巴黎的通信者那里得知，费马早在大约10年前就解决了切线问题但却一直未公之于众时，他感到很沮丧。1638年，他研究了费马的方法，试图寻找其中的漏洞。简直太多了！他通过一个中间人写信说："我甚至不想提他的名字，[30]这样他就不会因为我发现的错误而感到十分羞耻。"笛卡儿对费马的逻辑提出了质疑，公平地说，费马的逻辑比较粗略，解释得也不详细。但最终，经过几次信件往来，费马从容地阐明了他的观点，笛卡儿也不得不承认费马的推理是有理有据的。

但在承认自己的失败之前，笛卡儿仍试图为难费马，要求他找出三次方程 $x^3 + y^3 = 3axy$ 的曲线切线，其中 a 是一个常数。笛卡儿知道用他自己的那种笨拙的方法无法找到这条切线（代数运算会变得无法处理），所以他相信费马也找不到。不过，费马是一个水平更高的数学家，方法也更好，他不费吹灰之力就画出了那条切线，令笛卡儿懊恼不已。

近在眼前的应许之地

费马为现代形式的微积分铺平了道路，他的最短时间原理揭示出最优化深深地嵌在大自然的结构之中。他在解析几何和切线方面的研究开辟了一条通往微分学之路，其他人将沿着这条路继续前行。他高超的代数技巧让他能够求出某些曲线下方的面积[31]，而这类问题曾让许多杰出的前辈数学家一筹莫展。特别值得一提的是，他徒手算出了曲线 $y = x^n$ 下方的面积，其中 n 为任意正整数（其他人已经解决了前9种情况，即 $n = 1, 2, 3\cdots9$，但没有找到一种对所有 n 均可行的方法）。费马的研究成果使积分学向前迈出了一大步，并为接下来的突破奠定了基础。

尽管如此，他的成果仍然比不上牛顿和莱布尼茨即将发现的那个秘密，[32]后者彻底改变并统一了微积分的两个部分。费马已经很接近这个秘密了，但遗憾的是，他错过了它。缺少的一环与他创造的某个东西有关，这个东西就隐含在他求最大值和切线的方法中，但他从未意识到它的重要性。它后来被人们称为导数，它的应用将远远超出曲线及其切线的范畴，能够涵盖任何种类的变化。

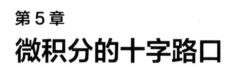

第 5 章
微积分的十字路口

我们的故事已经来到了十字路口。微积分将从这里开始变得现代化，并且从研究曲线之谜进展到研究运动和变化之谜。微积分也将从这里开始探索宇宙的节律，包括它的涨落起伏和不可言喻的时间模式。微积分不再满足于静态的几何世界，而是痴迷于动态变化。它想解决的问题是：运动和变化的规则是什么？我们能对未来做出哪些确定性预测呢？

从微积分到达十字路口的4个世纪以来，它已经从代数和几何学扩展到物理学、天文学、生物学、医学、工程学、技术学，以及其他所有不断变化的领域。而且，微积分将时间数学化了。尽管我们的世界存在着种种不公、苦难和混乱，但微积分给了我们这样的希望：世界本质上可能是公平合理的，因为它遵循的是数学定律。有时我们可以通过科学找到这些定律，有时我们可以通过微积分理解它们，有时我们可以利用它们改善生活，匡扶社会，以及推动历史进程朝好的方向发展。

微积分故事中的关键时刻出现在17世纪中叶，曲线之谜、运动之谜和变化之谜在二维网格——费马和笛卡儿的xy平面——上发生了碰撞。而那时，费马和笛卡儿并不知道他们创造出的这个工具有多么强大。他们的初衷是把xy平面用作纯粹数学的工具。然而从一开始，它就堪称一个十字路口，因为方程与曲线、代数与几何学、东方数学与西方数学都是在这里相遇的。到了下一代，牛顿在费马、笛卡儿、伽利略和开普勒的研究成果的基础之上，将几何学与物理学结合起来，构建了一个伟大的综合体。牛顿的思想火花点燃了启蒙运动之火，引发了西方的科学和数学革命。

但要讲述这个故事，我们必须从它发生的舞台，也就是 xy 平面说起。今天的学生从上第一节微积分课开始，将要在这个平面上花整整一年的时间。这门课的专业名称是一元函数微积分，接下来我们会用几个章节的篇幅去讨论它。在这里，我们先说说函数。

从曲线之谜与运动之谜、变化之谜发生碰撞的几个世纪以来，作为枢纽的 xy 平面变得越来越重要。今天，所有的定量领域都用它来绘制数据图表和揭示隐藏的关系。通过它，我们可以直观地看出一个变量如何取决于另一个变量，也就是说，当其他条件保持不变时，x 和 y 的关系如何。这种关系可以用一元函数来建模，并用符号表示为 $y = f(x)$。在这里，f 是一个描述变量 y（因变量）如何随变量 x（自变量）变化的函数，它的前提是其他所有条件都确定不变。这类函数模拟了世界在最有序状态下的行为，一个原因会产生一个可预测的结果，一剂药会激发一种可预测的反应。更正式地讲，函数 f 是为每个 x 指定唯一的 y 时需要遵循的规则。它就像一台输入–输出机器：输入 x，输出 y，整个过程既可靠又可以预测。

伽利略知道这种有意简化现实的方法的力量，而且比费马和笛卡儿早了几十年。在实验中，他每次都小心翼翼地只改变一个条件，而让其他所有条件保持不变。他让一个球滚下斜坡，然后测量它在一定时间内滚动的距离。这样一来，距离就是时间的函数，非常简单。同样地，开普勒研究了行星绕太阳公转的时间，并将这个周期与行星到太阳的平均距离联系起来；一个变量比另一个变量，即周期比距离。这就是取得进步的方法，也是阅读大自然这部伟大著作的方法。

我们在前文中举过函数的例子。在肉桂葡萄干面包的例子中，x 是吃掉的面包数量，y 是摄入的热量，它们之间的关系式为 $y = 200x$，在 xy 平面上形成的图像是一条直线。在 2018 年纽约市昼长如何随季节变化的例子中，变量 x 表示一年中的某一天，y 表示当天的白昼分钟数，也就是从日出到日落的时长。我们发现，由于夏季的昼长最长而冬季的昼长最短，所以这个例子中的图像会像正弦波一样振动。

函数的作用

有些函数非常重要，以至于在科学计算器上拥有它们的专属按键。它们是数学领域的"名人"，包括 x^2、$\log x$ 和 10^x 等。不可否认的是，绝大多数人都不常用到它们，在找零钱或者决定给多少小费时函数根本派不上用场。在日常生活中，有数字通常就足够了。这也是为什么当你打开手机上的计算器应用程序时，在默认情况下它会给你提供一个基本的计算器，上面有从 0 到 9 的数字，还有 4 个基本的算术运算符（加、减、乘、除）和一个百分比按键。我们中的大多数人在处理日常事务时能用到的就是这些。

但对技术行业的从业者来说，数字只是开始。科学家、工程师、数量金融分析师和医学研究人员需要弄清楚数字之间的关系，从而了解一件事会如何影响另一件事。想要描述这样的关系，函数就是必不可少的，它们提供了为运动和变化建模所需的工具。

一般来说，事物的变化方式有三种：上升、下降或上下起伏。换句话说，就是成长、衰退或波动。不同的函数适用于不同的场合，因为我们接下来会遇到各种函数，先回顾几种有用的函数将会对我们大有帮助。

幂函数

为了以渐进的方式量化增长，我们经常使用像 x^2 或 x^3 这样的幂函数，在这类函数中变量 x 会自乘若干次。

其中最简单的是线性函数，其因变量 y 与自变量 x 成正比。比如，如果 y 是你吃掉1片、2片或3片肉桂葡萄干面包后摄入的热量，那么 y 会按照方程 $y = 200x$ 增长；x 是你吃掉的面包数量，200卡路里是每片面包的热量。不过，计算器上不需要设置单独的 x 按键，因为乘法可以起到同样的作用；在这里，200卡路里乘以你吃掉的面包数量就等于你摄入的热量。

但是，对二次增长来说，在计算器上设置 x^2 按键则非常有用。二次增长不像线性增长那样直观，它不仅仅是乘法运算。比如，如果我们让 x 分别等于1、2和3，然后看看 $y = x^2$ 对应的值会如何变化，我们将会发现 y 分别为 $1^2 = 1$，$2^2 = 4$，$3^2 = 9$。y 值的增长幅度不断变大，一开始是 $\Delta y = 4 - 1 = 3$，然后是 $\Delta y = 9 - 4 = 5$。如果我们继续算下去，y 值的增量将依次为 7, 9, 11…，它们遵循奇数模式。因此，对二次增长来说，改变量本身会随着 x 的增长而增大，这表明越往后函数值的增长越快。

我们已经在伽利略斜面实验中看到了这种奇怪的奇数模式，他利用该实验测量了球缓慢地滚下斜坡所需的时间。他观察到，当一个球从静止状态开始滚下斜坡时，随着时间的推移它会越滚越快，以至于在每个连续的时间增量内，它移动的距离越来越远，而且连续的距离增量与连续奇数 1, 3, 5… 成正比。伽利略意识到了这个隐秘规则背后的含义，它意味着球滚过的总距离并不是与时间成正比，而是与时间的平方成正比。所以，在关于运动的研究中，很自然地出现了平方函数 x^2。

指数函数

相较于 x 或 x^2 等温和的幂函数，诸如 2^x 或 10^x 之类的指数函数则描述了一种爆炸式增长，犹如雪球一般越滚越大。指数增长不像线性增长那样每次增加一个常量，而是要乘上一个常数因子。

比如，培养皿中的细菌种群每过 20 分钟就会增加一倍。如果最初有 1 000 个细菌细胞，过 20 分钟就会有 2 000 个细胞，再过 20 分钟就会有 4 000 个细胞，又过 20 分钟就会有 8 000 个，然后是 16 000 个、32 000 个，以此类推。在这个例子中，指数函数 2^x 发挥了作用。具体来说，如果我们以 20 分钟为单位来计量时间，那么在 x 个时间单位之后，细菌数量将会达到 1 000 × 2^x 个。从真正的病毒增殖到社交网络中信息的病毒式传播，类似的指数增长都与各种滚雪球式的过程有关。

指数增长也与金钱的增长有关。假设银行账户中有一笔 100 美元的存款，年利率是恒定的 1%。1 年后，这笔钱将增至 101 美元；2 年后，它将变成 101 美元乘以 1.01，也就是 102.01 美元；x 年后，银行账户中的金额将是 100 × $(1.01)^x$。

在像 2^x 和 $(1.01)^x$ 这样的指数函数中，数字 2 和 1.01 被称为函数的底数。在微积分预备课程中，最常用的底数是 10。相比其他底数，人们更偏爱 10，但这并不是出于数学上的原因，而只是一种世代相传的喜好。因为生物学进化上的一个意外，人类碰巧有 10 根手指，所以我们的算术系统十进制就是以 10 的次方为基础的。

出于同样的原因，所有的新生代科学家最初（通常是在高中时期）遇到的指数函数都是 10^x，这里的 x 被称作指数。当 x 取 1、2、3 或其他任意正整数时，它表示在 10^x 中有多少个 10 彼此相乘。但我们也会看到，当 x 取 0、负数或者两个整数之间的数时，10^x 的意义就有些微妙了。

10 的次方

在科学领域，有很多我们用 10 的次方来简化计算的情况。特别是在数很大或很小的时候，用科学记数法来改写它们是一个好办法，即用 10 的次方尽可能简洁地表示这些数。

以 21 万亿为例，这是近来人们在谈论美国国债时常会提到的数字。21 万亿可以用十进制记数法写成 21 000 000 000 000，也可以用科学记数法写成 $21 \times 10^{12} = 2.1 \times 10^{13}$。如果出于某种原因，我们需要将这个很大的数乘以 10 亿，那么写成 $(2.1 \times 10^{13}) \times 10^9 = 2.1 \times 10^{22}$ 会比用十进制记数法写出所有 0 要容易得多。

10 的次方中的前三个是我们每天都会遇到的数：

1　$10^1 = 10$

2　$10^2 = 100$

3　$10^3 = 1\,000$

请注意它们的变化趋势：左边一列（x）呈可加性增长，而右边一列（10^x）呈可乘性增长，也就是我们预期的指数增长。因此，在左边一列中，每次都要在前一个数的基础上加 1，而在右边一列中，每次都要在前一个数的基础上乘以 10。加法和乘法之间这种有趣的对应关系，是指数函数（尤其是 10 的次方）具备的一个典型性特征。

根据这两列之间的对应关系，如果我们将左边一列中的两个数字相加，就相当于让它们在右边一列中的搭档相乘。比如，左边的 1+2 = 3 会转换为右边的 $10 \times 100 = 1\,000$。这种从加法到乘法的转换是有意义的，原因是：

$$10^{1+2} = 10^3 = 10^1 \times 10^2$$

因此，当我们将10的次方相乘时，就可以让它们的指数像这里的1和2一样相加。一般性规则是：

$$10^a \times 10^b = 10^{a+b}$$

一个相关趋势是，左边一列中的减法对应于右边一列中的除法。

$$3 - 2 = 1 \quad \text{对应于} \quad \frac{1\,000}{100} = 10$$

这些实用的模式表明，如何能让两列数字持续地变小。原则是，每当我们在左边一列中减去1，就应该让右边一列除以10。现在再看一下第一行：

1　$10^1 = 10$

2　$10^2 = 100$

3　$10^3 = 1\,000$

由于左边一列减去1相当于右边一列除以10，因此这种对应关系在新的第一行（左边 1–1 = 0，右边 10/10 = 1）也成立。

0　$10^0 = 1$

1　$10^1 = 10$

2　$10^2 = 100$

3　$10^3 = 1\,000$

这个推理过程解释了10^0为什么会被定义成1（并且只能这样定义），而它曾令许多人困惑不已。任何其他选择都会打破这种模式，这个定义是能延续左右两列数字的既定趋势的唯一选择。

同理，我们可以继续拓展这种对应关系。当左边一列是负数时，右边一列对应的数字就会变成分数，相当于1/10的次方：

$$-2 \quad \frac{1}{100}$$

$$-1 \quad \frac{1}{10}$$

$$0 \quad 1$$

$$1 \quad 10$$

$$2 \quad 100$$

$$3 \quad 1\,000$$

请注意，即使左边一列中的数字变成0或负数，右边一列中的数字也始终是正数。

在使用10的次方时，一个潜在的认知陷阱是，它们可以使截然不同的数看起来比实际情况更加相似。为了避免这个陷阱，我们可以假装10的不同次方形成了概念上的不同类别。有时为了做到这一点，人类语言会给10的不同次方指定不同的名字，就好像它们是毫不相关的"物种"一样。在英语中，我们用三个互不相关的词语来指代10、100和1 000，分别是：ten，a hundred和a thousand。这种做法很棒，因为它传递了一个正确的理念，那就是尽管这些数字都是10的相邻次方，但它们却有质的不同。任何了解5位数和6位数工资之间差别的人都知道，多一个0可是意义非凡。

当表示10的次方的词语听起来太过相似时，我们就会被引入歧途。在2016年美国总统大选期间，参议员伯尼·桑德斯频频谴责"百万富翁和亿万富翁"享受了过高的税收减免福利。遗憾的是，不管你是否认同他的政治观点，他的这句话听上去都会让人觉得，就财富而言，百万富翁和亿万富翁似乎可以相提并论。事实上，亿万富翁可比百万富翁富有得多。想要知道 100 万和 10 亿有多么不同，我们可以这样比较：100 万秒还不到 2 个星期，而 10 亿秒大约是 32 年。前者只是一个假期的时间，而后者则是人生的重要组成部分。

这个例子给予我们的教训是，必须谨慎使用 10 的次方。它们是十分强大的压缩机，能把巨大的数字缩减到更易于我们理解的程度，这也是它们如此受科学家欢迎的原因。在某个量的变化涉及许多数量级的情况下，人们通常会用 10 的次方来定义一个适当的测量尺度，这样的例子包括酸碱性的 pH 标度、地震的里氏震级和响度的分贝标度。比如，如果溶液的 pH 值从 7（中性，比如纯水）变为 2（酸性，比如柠檬汁），氢离子浓度就会增加 5 个数量级，即 10^5 或 10 万倍。尽管氢离子浓度的确变化了 10 万倍，但 pH 值从 7 降到 2 的量度方法让这个过程看似只走了 5 小步，根本没发生多大的变化。

对数

在上文我们讨论过的例子中，右边一列中的数字（比如 100 和 1 000）一直是约整数（round number）。既然 10 的次方这么方便，要是我们能用同样的方法表示非约整数的话就太好了。我们以 90 为例，考虑到 90 略小于 100，而 100 等于 10^2，那么 90 对应的以 10 为底的函数的指数应该略小于 2。但这个数字到底是多少呢？

对数就是为了回答这类问题而被发明出来的。[1] 在计算器上，如果你输入 90，然后按下 log 键，就会得到：

$$\log 90 = 1.954\,2\cdots$$

所以，答案是：$10^{1.9542\cdots} = 90$。

有了对数，我们就能够将所有正数都写成10的次方的形式。这既可以让很多计算变得更简单，也揭示了数与数之间的惊人联系。看一看，如果我们先将90乘以10或100，再求对数，会怎么样。

log 900=2.954 2…

log 9 000 = 3.954 2…

在这里，有两个事实引人注目：

第一，所有对数的小数部分都相同，即0.954 2…；

第二，将原来的数字90乘以10，其对数增加1。将90乘以100，其对数增加2，以此类推。

我们可以用对数法则（积的对数等于对数的和）来解释这两个事实：

log 90 = log (9 × 10)

     = log9 + log10

     = 0.954 2… + 1

log 900 = log(9 × 100)

      = log9 + log100

      = 0.954 2… + 2

……

这解释了为什么90、900和9 000的对数都有相同的小数部分0.954 2…，它是9的对数，而9是我们刚刚讨论过的所有数的一个共同因数。10的不同次方则以对数中不同的整数部分出现，在这个例子中，就是小数部分前面的 1、2 或 3。因此，如果我们对其他数的对数感兴趣，只要求出数字 1~10 的对数，即小数部分的值，那么其他所有正数的对数都可以用这些对数来表示。10 的次方也有它们自己的任务，就是负责给出整数部分的值。

这个一般性规则可用符号表示为：

$$\log(a \times b) = \log a + \log b$$

换句话说，如果我们将两个数相乘，然后取积的对数，结果就等于它们各自对数的和（而不是积！）。在这个意义上，对数用简单得多的加法问题取代了乘法问题。这就是人们发明对数的原因，它们极大地加快了计算速度。这类计算可以把艰巨的乘法问题、平方根和立方根等转化为加法问题，然后在对数表的帮助下得出答案。对数的概念在 17 世纪早期就已经流行开来，这在很大程度上要归功于苏格兰数学家约翰·纳皮尔，他在 1614 年出版了《关于奇妙的对数法则的说明》一书。10 年后，开普勒在编制关于行星和其他天体位置的天文表时，兴致勃勃地使用了这种新颖的计算工具，对数堪称他们那个时代的超级计算机。

很多人都觉得对数难以理解，但如果你用木工活儿进行类比，就会发现它们非常有意义。对数和其他函数好比工具，不同的工具有不同的用途。锤子是用来钉钉子的，钻子是用来钻孔的，锯子是用来切割的。同样地，指数函数可用于为越来越快的增长过程建模，而幂函数可用于为不太剧烈的增长方式建模。对数之所以有用，是因为它起到了跟起钉器一样的作用：撤销另一种工具的作用。具体来说，就是对数撤销了指数函数的作用，反之亦然。

比如，将 $x = 3$ 代入指数函数 10^x，结果是 1 000。想要撤销这步操作，你可以按下 $\log x$ 键，再将 $x = 1\ 000$ 代入，就会返回到一开始的数字 3。

以 10 为底的对数函数 $\log x$ 撤销了指数函数 10^x 的作用，从这个意义上说，它们是反函数。

除了起到反函数的作用之外，对数还描述了许多自然现象。比如，我们对音高的知觉就近似于对数函数。当音高逐次升高八度，即从一个 do 到下一个 do 时，相应地，关联声波的频率会逐次加倍。然而，尽管音高每升高一个八度，声波振动的速度就会加快一倍，但我们却把这种加倍效应（频率的乘性变化）听成了音高在等距升高（加性变化）。这太奇怪了。我们的大脑愚弄我们相信从 1 到 2 的距离和从 2 到 4 的距离一样，和从 4 到 8 的距离也一样，以此类推。由此可见，我们在用对数的方式感知频率。

自然对数及其指数函数

尽管底数 10 在它的全盛时期曾大展拳脚，但在现代微积分中却很少用到，因为 10 已经被另一个看似深奥但其实远比它自然的底数取代了。这个底数被称作 e，尽管它是一个接近 2.718 的数（我稍后会解释它从何而来），但它的数值无关紧要。关于 e 的很重要的一点是，以它为底的指数函数的增长速率恰好等于这个函数本身。

我再说一遍。

e^x 的增长率就是 e^x 本身。

当指数函数被表示成以 e 为底数的形式时，这个不可思议的性质就可以简化所有计算。其他底数则享受不到这种简单性，无论我们用的是导数、积分、微分方程还是其他微积分工具，以 e 为底数的指数函数总是最简洁、最优雅和最美丽的。

除了它在微积分中起到的简化作用之外，底数 e 还自然而然地出现在金融和银行业中。下面这个例子将揭示数字 e 来自哪里，以及它是如何定义的。

假设你把 100 美元存入一家银行，它承诺支付的 100% 的年利率令人难以置信却又无法拒绝。这意味着一年以后，你的 100 美元将变成 200 美元。现在重新开始考虑一种对你更加有利的方案：假设你可以说服这家银行每年分两次为你账户里的钱计息，随着你的存款增加，你就可以从利息中获得利息。按照这个方案，你可以多赚多少钱呢？由于你要求银行分两次计息，只有每 6 个月的利率减半为 50% 才算公平。因此，6 个月后，你将拥有 100 × 1.50 = 150 美元。再过 6 个月，也就是年末，你的存款金额将再次增加 50%，变成 150 × 1.50 = 225 美元。这比你按照原来的计息方案得到的 200 美元多，因为你从这一年的利息中又获得了利息。

下一个问题是，如果你能让银行越发频繁地为你账户里的钱计息（相应地，每个复利期内的利率都会降低），会怎么样呢？你会获得惊人的财富吗？很遗憾，并不能。按季度计息的话，年末你将拥有 $100 \times (1.25)^4 \approx 244.14$ 美元，这比 225 美元多不了多少。如果以更快的频率计息，比如一年 365 天每天计算一次，那么年末你只能得到：

$$100 \times (1 + \frac{1}{365})^{365} \approx 271.46 \text{美元}$$

其中，分母和指数中的 365 指一年中的复利期数，1/365 中的分子 1 指 100% 的利率。

最后，假设我们要让计息频率增加至极限。如果银行每年为你的钱计息 n 次，其中 n 是一个大得吓人的数字，相应地，在每个亚纳秒的复利期内利率也会变得极低。那么，与 365 个日复利期的结果相比，年末你的账户里会有：

$$100 \times (1 + \frac{1}{n})^n \text{美元}$$

当n趋于无穷时，你的存款金额将趋于100与$(1+1/n)^n$的乘积的极限，这个极限被定义为数字e。尽管我们并不清楚该极限值是多少，但事实证明它大约为2.718 28…。

在银行界，这种金融方案被称作连续复利。不过，我们的计算结果表明，它没那么令人兴奋。就上面的问题而言，年末你的账户余额是：

$$100 \times e \approx 271.83 \text{美元}$$

尽管到目前为止这是最好的交易，但也只比每日计息多37美分。

我们刚刚花了很大的力气去定义e，结果证明它是一个复杂的极限。无穷是e的固有属性，就像数字π是圆的固有属性一样。你应该还记得，在确定π时需要计算一个圆内接正多边形的周长。当边数n趋于无穷而边长趋于0时，这个多边形就会趋近圆。数字e的定义方式在某种程度上与极限类似，只不过它是在连续复合增长这一不同的背景下产生的。

就像底数为10的指数函数写作10^x一样，与e相关的指数函数写作e^x。它乍看上去很怪异，但在结构层面上它和底数10是一样的，所有的原则和模式也都一样。比如，已知e^x的值为90，想要求出x的话，我们可以像之前那样使用对数，只不过我们现在求解的是以e为底的对数，即自然对数，用$\ln x$来表示。想要求出未知的x，使$e^x = 90$，我们可以打开科学计算器，先输入90，再按下$\ln x$键，答案是：

$$\ln 90 \approx 4.499\ 8$$

想要检验它的话，就把这个数留在屏幕上，然后按下e^x键，你应该会得到90这个答案。如前所述，对数和指数就像订书机和起钉器一样，可以撤销彼此的作用。

　　尽管这些内容听起来深奥难懂，而且常常难以察觉，但自然对数却非常实用。比如，它是投资者和银行家熟知的72法则的基础。想要估算在年回报率已知的情况下，你银行账户里的钱增加一倍所需的时间，就可以用72除以回报率。因此，如果年增长率为6%，那么你的钱将在12（72/6）年后增加一倍。这个经验法则遵从自然对数和指数增长的性质，如果利率足够低，就会行之有效。再比如，在古树或骨头的碳定年法和艺术鉴定争议的背后，自然对数也在发挥作用。在一个著名的案件中，几幅据称出自维米尔之手的画作最终被证明为赝品；[2] 人们通过分析颜料中铅和镭的放射性同位素的衰变情况揭露了真相。这些例子表明，自然对数普遍存在于有指数增长和指数式衰减的领域。

指数增长与指数式衰减的机制

　　有一个要点我必须重申一下，即e的特别之处就在于 e^x 的变化率是 e^x。因此，随着这个指数函数的图像不断飙升，它的斜率总会与它当前的高度相匹配，越高的地方就越陡峭。用微积分术语可表述为，e^x 是它自身的导数。除 e^x 之外，没有其他函数能做到这一点。因此，e^x 是所有函数中最美妙的，至少在微积分领域如此。

　　虽然底数e是独一无二的，但其他指数函数也遵循类似的增长原则。唯一的区别在于，指数增长率与函数的当前水平成正比，而不是严格地等于后者。不过，这种正比关系足以让我们联想到爆炸性的指数增长。

　　关于正比关系的解释应该是显而易见的。比如，对细菌增殖来说，越大的种群增殖越快，因为细菌越多，其中可以分裂并产生后代的细胞就越多。账户中以复利率增值的存款也是同样的道理，钱越多意味着利息越多，账户总金额的增长速度就越快。

这种效应也可以解释当接收到从它自己的扬声器里传出的声音时，麦克风为什么会发出啸叫声。扬声器包含一个能使声音变大的扩音器，实际上，它是将声音的音量乘以一个常数。如果这个放大的声音被麦克风接收到，并再次通过扩音器，它的音量将在一个正反馈回路中被反复放大。这会导致音量突然失控，以与当前音量成正比的速度增加，从而产生刺耳的啸叫声。

出于同样的原因，核链式反应也受到指数增长的支配。当一个铀原子分裂时，它会释放出中子，这些中子可能会撞击其他原子并导致它们分裂，从而释放出更多中子，以此类推。如果不加以控制，中子数量的指数增长就会引发核爆炸。

除了增长过程之外，衰减过程也可以用指数函数来描述。指数式衰减是指某个事物以与当前水平成正比的速度减少或者消耗。比如，在一个孤立的铀块中，不管一开始有多少个原子，总有半数原子会在相同的时间内发生放射性衰变。它们的衰变时间被称作半衰期，这个概念也适用于其他领域。在第8章，我们将会探讨当医生发现HIV感染者在使用了一种叫作蛋白酶抑制剂的神奇药物后，其血流中的病毒颗粒数量呈指数下降，而且半衰期只有两天时，他们对艾滋病又有了哪些新的认识。

从连锁反应的动态过程、麦克风的啸叫声到银行账户金额的积累，这些不同的例子让我们觉得，指数函数及其对数似乎与微积分中处理时间变化的那一部分密切相关。尽管指数增长和指数式衰减是微积分十字路口上靠现代一边的重要课题，但对数最早却出现在另一边，那时候微积分的研究重点还是曲线几何学。的确，早在人们研究双曲线 $y = 1/x$ 下方的面积时，自然对数就出现了。17世纪40年代，当人们发现双曲线下方的面积定义了一个像对数一样神秘的函数时，情况变得复杂起来。事实上，它就是对数。它遵循同样的结构性规则，并且像其他所有对数一样，能把乘法问题转变成加法问题，只不过它的底数是未知的。

　　关于曲线下方的面积，我们还有很多需要了解的地方。这是微积分面临的两大挑战之一，另一个挑战是，发明一种寻找曲线切线和斜率的更加系统性的方法。这两个问题的解决方案和它们之间的惊人联系，将很快带领微积分和整个世界果断地步入现代化。

第 6 章

变化率和导数

21 世纪，微积分常被视为关于变化的数学，它运用了两大概念来量化变化：导数和积分。本章的主题是为变化率建模的导数，第7章和第8章则会讨论为变化的累积量建模的积分。

导数可以回答"多快？""多陡？""多敏感？"之类的问题，这些都是关于某种形式的变化率问题。变化率等于因变量的变化量除以自变量的变化量，通常用符号 $\Delta y/\Delta x$ 表示，意指 y 的变化量除以 x 的变化量。尽管有时人们也会使用其他字母，但结构都是相同的。比如，当自变量是时间时，为了更清楚一些，通常会把变化率写作 $\Delta y/\Delta t$，其中 t 表示时间。

最常见的一个变化率是速度。当我们说一辆汽车每小时行驶100千米时，这个数就可被视为一个变化率，因为当描述汽车在已知时间（$\Delta t = 1$小时）内行驶的距离（$\Delta y = 100$千米）时，它把速度定义为 $\Delta y/\Delta t$。

同样地，加速度也是一个变化率。它被定义为速度的变化率，通常写作 $\Delta v/\Delta t$，其中 v 代表速度。美国汽车制造商雪佛兰声称，它的科迈罗SS车型可以在4秒钟内从0加速到60英里/小时，以此把加速度描述成一个变化率，即用速度的变化量（从0到60英里/小时）除以时间的变化量（4秒）。

斜坡的坡度是变化率的第三个例子，它被定义为斜坡的垂直高度 Δy 除以斜坡的水平距离 Δx。越陡的斜坡坡度越大，美国法律规定无障碍轮椅坡道的坡度必须小于1/12，平地的坡度为0。

在已有的各种变化率中，xy平面上的曲线斜率是最重要也是最有用的一种，因为它可以代替其他所有变化率。根据x和y的具体所指，曲线的斜率可以表示速度、加速度、报酬率、汇率、投资的边际收益或其他类型的变化率。比如，当我们绘制x片肉桂葡萄干面包所含热量y的图表时，会得到一条斜率为200卡路里/片的直线。这个斜率（几何特征）可以告诉我们面包提供热量的速率（营养特征）。同样地，在反映车辆行驶距离与时间关系的图表上，斜率表示车辆的速度。因此，斜率是一种普遍存在的变化率。由于任何一元函数都可以表示成xy平面上的一条曲线，我们可以通过读取图像的斜率来找到函数的变化率。

问题是，在现实世界或数学领域中，变化率几乎不可能是恒定的。在这种情况下，定义变化率变得问题重重。微分学面临的第一个大问题，就是在变化率不断改变的情况下对其进行定义。速度表和GPS设备已经解决了这个问题，即使在汽车加速和减速的时候，它们也知道应该报告什么速度。这些装置是如何做到这一点的呢？它们做了哪些计算呢？在微积分的帮助下，我们可以找到这些问题的答案。

和速度一样，斜率也不必是恒定的。在圆、抛物线等曲线或者其他光滑的路径（只要不是一条笔直的线）上，有些地方的斜率必定会大一点儿，而有些地方的斜率会小一点儿。在现实世界中亦如此。山间小径既有凶险陡峭的路段，也有闲适平坦的路段。所以，问题依旧是：当斜率不断变化时，我们该如何定义它呢？

我们首先要意识到，必须扩展自己对变化率的理解。在涉及距离等于速度乘以时间的代数问题中，变化率总是恒定的。而在微积分中，情况并非如此。由于速度、斜率和其他变化率会随自变量x或t而变化，所以它们本身必须被视为函数。变化率不再只是数，而需要变成函数。

这就是导数概念的作用，它将变化率定义为一个函数。即使变化率是多变的，导数也会给出某个点或某个时刻的变化率。在本章中，我们将看到导数是如何定义的，它们意味着什么，以及它们为什么重要。

要想揭开大自然的秘密，导数在其中起着至关重要的作用，因为它们无处不在。在最深层次上，自然律是用导数表示的，宇宙似乎在我们之前就知道了变化率的概念。在更平常的层次上，只要我们想量化某个事物的变化与另一个事物的变化之间的关系，就会用到导数。提高一款应用程序的价格会在多大程度上影响消费者对它的需求？增加一种他汀类药物的剂量会在多大程度上提升其降低患者胆固醇水平的能力，或者增加其引发肝损伤等副作用的风险？无论研究的是哪种关系，我们都想知道：如果一个变量改变了，与它相关的变量会在多大程度上发生改变？后者会朝着哪个方向变化，上升还是下降？这些都是与导数有关的问题。火箭的加速度、人口的增长率、投资的边际收益和一碗汤的温度梯度等，皆为导数。

在微积分中，导数的符号是 dy/dx。它应该会让你想起普通的变化率 $\Delta y/\Delta x$，只不过我们现在要假设 dy 和 dx 这两个变化量无穷小。这种温和而缓慢的推进方式虽然是一个疯狂的新想法，但它不应该让人感到意外。根据无穷原则，在复杂问题上取得进展的方法是，先把问题切分成无穷小的碎块，然后分析这些碎块，最后把它们重新组合起来，找到答案。在微分学的背景下，dx 和 dy 就是那些无穷小的碎块，而把它们重新组合起来则是积分学的工作。

微积分的三大核心问题

为了给后面的讨论做好准备，从一开始我们的头脑中就必须有一幅大图景。如图 6-1 所示，微积分有三大核心问题：

1. 正向问题：已知一条曲线，求它各处的斜率。

2. 反向问题：已知一条曲线各处的斜率，求这条曲线。

3. 面积问题：已知一条曲线，求曲线下方的面积。

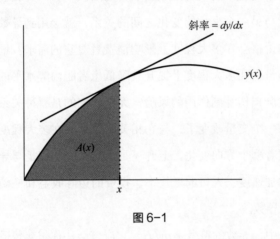

图 6-1

图 6-1 展示了泛型函数 $y(x)$ 的图像，我没有说 x 和 y 代表什么，是因为这无关紧要。图中平面上的那条曲线能代表任意的一元函数，因此它可应用于涉及这类函数的任何数学或科学分支（基本上是所有地方）。至于它的斜率和面积的重要性，后文会做出解释。现在，我们把它们当作只有几何学家才会觉得伤脑筋的斜率和面积即可。

我们可以用两种方式来看待这条曲线，一种是老方式，一种是新方式。在 17 世纪早期微积分出现之前，这类曲线都被视为几何对象。它们本身就令人着迷，所以数学家试图量化它们的几何性质。已知一条曲线，他们想要算出曲线上每一点的切线斜率、曲线的弧长和曲线下方的面积，等等。到了 21 世纪，我们对产生曲线的函数更感兴趣，它能为通过曲线展示出来的某个自然现象或工艺流程建模。尽管曲线是数据，但支撑它的却是更深层次的东西。今天我们会把曲线看作沙滩上的脚印或者其形成过程的线索，我们更感兴趣的是函数建模的过程，而不是它留下的踪迹。

这两种观点之间的碰撞既是曲线之谜和运动之谜、变化之谜的碰撞，也是古代几何学与现代科学的碰撞。尽管我们身处现代，但由于对 xy 平面太熟悉了，所以我选择用更古老的视角去看待曲线问题。xy 平面为我们理解微积分的三大核心问题提供了最清晰的方法，当我们用几何术语提出这 3 个问题时，它们马上就会变得直观起来。（在运动和变化方面，同样的理念也可以换种方式来表述，即用速度和距离等动态概念取代曲线和斜率。不过，要等到我们更好地掌握了几何学之后，才能这样做。）

这些问题应该从函数的角度去阐释。换句话说，当我谈到曲线的斜率时，我指的不是一个特定点的斜率，而是任意一点 x 的斜率。不同点的斜率不同，我们的目标就是了解斜率作为 x 的函数是如何变化的。同样地，曲线下方的面积也取决于 x。在图 6-1 中我用灰色阴影来表示它，并将其标记为 $A(x)$。这个面积也应该被看作 x 的函数，当 x 增加时，垂直的虚线向右滑动，面积随之扩大。

以上就是微积分的三大核心问题。那么，如何算出曲线的不断变化的斜率呢？如何根据斜率重建曲线呢？如何算出曲线下方不断变化的面积呢？

在几何学背景下，这些问题听起来可能相当枯燥无味。然而，一旦我们用 21 世纪的视角去看待运动问题和变化问题，在现实世界中重新诠释它们，它们的影响就会变得非常广泛和深远。斜率衡量的是变化率，而面积衡量的是变化的累积量。如前所述，斜率和面积会出现在物理学、工程学、金融学、医学等长期关注变化的所有领域。理解这些问题及其解决方法，可以开启现代定量思维（至少是关于一元函数）的世界。为了让大家有一个充分的了解，我应当指出微积分的相关内容还有很多，比如多元函数和微分方程等。等到适当的时候，我们再对这些内容进行讨论。

本章主要介绍一元函数及其导数（变化率），从以恒定速率变化的函数讲起，再转换到以不断变化的速率变化的复杂函数。理解不断变化的变化，才是微积分真正的闪光之处。

在习惯了变化率之后，我们就可以着手处理变化的累积量问题，这个更具挑战性的课题将放在下一章探讨。到那时我们会发现，尽管正向问题和反向问题看起来不一样，但它们是一出生就被分开的双胞胎，这个令人震惊的事实被称为微积分基本定理。它揭示了变化率和变化的累积量之间的关系比所有人认为的更密切，这一发现使微积分的两个部分成为有机的统一体。

不过，我们要先从变化率说起。

线性函数及其恒定的变化率

日常生活中的许多情形都是用线性关系——一个变量与另一个变量成正比——来描述的，比如：

1. 去年夏天，我的大女儿莉亚在商场的一间服装店找到了她人生中的第一份工作。她的薪水是10美元/小时，工作2小时后她可以赚到20美元。一般而言，工作t小时后她可以赚到y美元，即$y = 10t$。

2. 一辆汽车以60英里/小时的速度行驶在公路上。那么，1小时后它行驶了60英里，2小时后它行驶了120英里，t小时后它行驶了$60t$英里。这里的关系式是$y = 60t$，其中y是汽车在t小时后行驶的英里数。

3. 根据《美国残疾人法案》，无障碍轮椅坡道每12英寸的水平距离对应的垂直高度不得超过1英寸。对一个达到最大允许坡度的坡道来说，垂直高度与水平距离之间的关系式是 $y = x/12$，其中 y 是垂直高度，x 是水平距离（图6-2）。

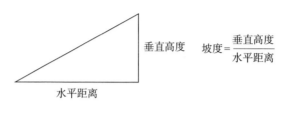

图6-2

在上述的每一种线性关系中，因变量相对于自变量的变化率都是恒定的。我女儿的报酬率是恒定的10美元/小时；汽车的速度是恒定的60英里/小时；无障碍轮椅坡道的坡度被定义为其垂直高度与水平距离之比，等于恒定的1/12。我喜欢吃的肉桂葡萄干面包也是这样，它提供热量的速率是恒定的200卡路里/片。

在微积分的专业术语中，变化率指两个变化量的商，也就是 y 的变化量除以 x 的变化量，写作 $\Delta y/\Delta x$。如果我再吃掉两片面包，就又摄入了400卡路里的热量，对应的变化率是：

$$\frac{\Delta y}{\Delta x} = \frac{400\,\text{卡路里}}{2\,\text{片}}$$

它可以化简为200卡路里/片。这没什么好惊讶的，但有趣的是，我们观察到这个变化率是恒定的。也就是说，不管我吃掉多少片面包，变化率都一样（图6-3）。

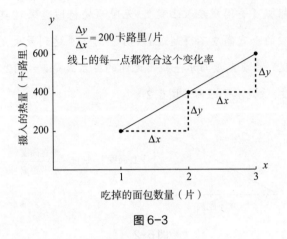

图 6-3

当变化率恒定时，我们很容易把它们简单地看成是一个数字，比如200卡路里/片、10美元/小时或者1/12的坡度。尽管目前这不会造成什么问题，但之后却会让我们陷入麻烦。在更复杂的情况下，变化率并不是恒定的。假设我们行走在一段高低起伏的路上，有些路段陡峭，而有些路段平坦。对这段路来说，坡度是位置的函数，但把坡度仅看作一个数字就大错特错了。同样地，当汽车加速或者行星绕太阳旋转时，它们的速度也在不断变化。在这种情况下，把速度看作时间的函数显得至关重要。所以，我们现在应该养成一种习惯：不再把变化率看作数字，而将其视为函数。

这种概念混淆之所以会发生，是因为对我们一直在思考的线性关系来说，变化率函数是恒定的。这就是为什么在线性关系中把变化率当作数字是没有坏处的，它们不会随着自变量的变化而改变。我的女儿不管工作多长时间，她的报酬率都是10美元/小时，无障碍轮椅坡道上任意一处的坡度也都是1/12。但是，千万别被这些变化率蒙蔽了，它们仍然是函数，只不过碰巧是常函数。常函数的图像是一条平行于坐标轴的直线，如图6-4所示，肉桂葡萄干面包的有效负载是恒定的，为200卡路里/片。

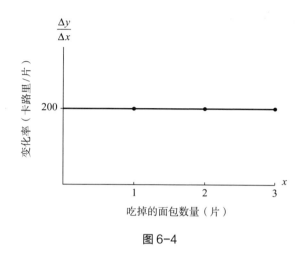

图 6-4

在下一节讨论非线性关系的时候，我们会看到它在 xy 平面上生成的图像是一条曲线而非直线。不管怎样，直线或曲线总能显示出很多关于变量之间关系的信息，它们就像照片或签名一样，是揭示图像形成原因的重要线索。

请注意函数与函数图像之间的区别。函数是一种无实体的规则，代入 x，得到 y，而且每个 x 分别对应一个 y。从这个意义上说，函数是无形的。当你看一个函数的时候，是什么也看不到的。它是一个幽灵般的存在，是一种抽象的规则。比如，这种规则可能是"给我输入一个数字，我将输出一个 10 倍于它的数字"。相比之下，函数图像是一种可见的、有形的事物，是一个你能看见的形状。具体来说，我刚才描述的函数图像是由方程 $y = 10x$ 定义的一条直线，它经过原点且斜率为 10。但是，这个函数本身并不是直线，而是产生直线的规则。为了展示这个函数，你需要代入一个 x，让它得出一个 y，然后对所有 x 重复这一操作并将结果绘制成图像。你在这样做的时候，函数本身依然是不可见的，你看到的只是它的图像。

非线性函数及其不断变化的变化率

如果一个函数是非线性的，它的变化率 $\Delta y/\Delta x$ 就不是常数。用几何术语来说，这意味着函数图像是一条各点斜率均不相同的曲线。我们以图 6–5 中的抛物线为例。

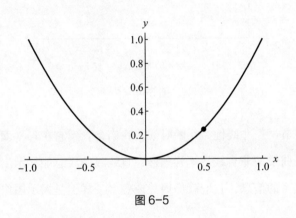

图 6–5

图中是曲线 $y = x^2$，它对应于计算器上最简单的非线性按键——平方函数 x^2。这个例子将告诉我们导数作为切线斜率的定义的一些实际应用，也将阐明这个定义中为什么要用到极限。

检视这条抛物线，我们看到它的有些部分陡峭，而有些部分相对平坦。其中最平坦的部分出现在抛物线底部，即 $x = 0$ 的那一点。无须做计算我们就能看出来，这个点的导数必定是 0。它也只能是 0，因为底部的切线显然是 x 轴。如果把这条切线看作一个斜坡，它自始至终都没有上升，因此它的斜率为 0。

但在抛物线的其他点上，切线斜率并不那么显而易见，事实上根本不明显。为了解决这个问题，我们做一个爱因斯坦式的思想实验。假设我们可以像扩洗照片那样放大抛物线上的任意一点(x, y)，并让这个点始终处于视野的中心，那么我们会看到什么呢？就像我们在显微镜下观察曲线中的一段，并且逐渐增加放大率一样。随着镜头越来越近，这段抛物线看起来会越来越直。在放大无穷倍的极限情况下（相当于放大了我们感兴趣的那一点周围的一段无穷小的曲线），被放大的那一段曲线应该接近于一条直线。如果是这样，这条极限直线就会被定义为曲线上那一点的切线，它的斜率也会被定义为那一点的导数。

请注意，我们在这里利用的是无穷原则，即通过把一条复杂的曲线切分成无穷小的线段来简化它。在微积分领域，这是我们一直在做的事情。曲线形状很难对付，而直线形状即使无穷小且有无穷多个，处理起来也会容易得多。利用这种方法计算导数是微积分的一种典型操作，也是无穷原则最基本的应用之一。

为了进行思想实验，我们需要在曲线上选择一个点并放大它。尽管任意一点都可以，但为了数值上的便利，我们选择的是抛物线上 $x = 1/2$ 对应的那个点。在图6–5中，我用一个小圆点将它标示出来。在 xy 平面上，这个点位于 $(x, y) = (1/2, 1/4)$，或者可以用十进制表示为 $(x, y) = (0.5, 0.25)$。在该点上 y 等于1/4的原因在于，为了成为这条抛物线上的一个点，它必须像抛物线上的所有点那样遵从 $y = x^2$。毕竟，这是判定一个点是否在这条抛物线上的标准。因此，当 $x = 1/2$ 时，这个点的 y 值必须为：

$$y = x^2 = (\frac{1}{2})^2 = \frac{1}{4}$$

现在，我们准备放大这个点。先把点 $(x, y) = (0.5, 0.25)$ 放置于显微镜的视野中心，再借助计算机图形学放大该点附近的一小段曲线，第一次放大的结果如图6–6所示。

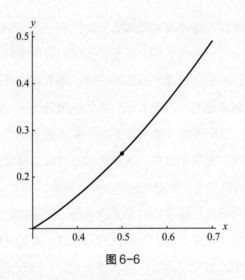

图 6-6

抛物线的整体形状在这个放大的视图中消失了，相反，我们只能看到一段略微弯曲的弧。这一小段抛物线位于 $x = 0.3$ 和 $x = 0.7$ 之间，它的弯曲程度看起来要比整条抛物线小很多。

我们进一步放大 $x = 0.49$ 和 $x = 0.51$ 之间的那段抛物线，如图 6-7 所示。尽管这幅新的放大图像看起来比上一幅更直，但它并不是真正的直线，而仍为抛物线的一部分。

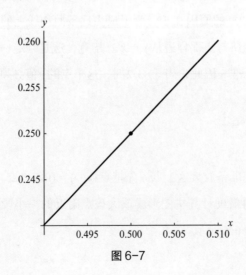

图 6-7

其中的趋势显而易见。随着我们继续放大图像，视野中的那段抛物线看起来越来越直。对这个几乎变成直线的部分来说，我们计算它的垂直高度与水平距离之比 $\Delta y/\Delta x$，实际上就是在求解当 Δx 趋于 0 时这段抛物线斜率（$\Delta y/\Delta x$）的极限值。计算机图形学有力地表明，这个部分的斜率越来越接近 1，相当于一条 45 度角的直线。

借助一点儿代数知识，我们可以证明这里的极限斜率就是 1（在第 8 章，我们将会看到具体的计算过程）。此外，不仅是在 $x = 1/2$ 处，在 x 取任意值时执行相同的计算，都可以得出抛物线上任意一点 (x, y) 的极限斜率或切线斜率等于 $2x$。用微积分术语来说，x^2 的导数是 $2x$。

尽管在继续讨论之前我很想证明一下这个求导法则，但让我们先接受它，看看它是什么意思。首先，它说在 $x = 1/2$ 处，斜率应该是 $2x = 2 \times (1/2) = 1$，这正是我们在图像中看到的。其次，它预测在抛物线底部（$x = 0$ 处）斜率应该是 $2 \times 0 = 0$，我们已经看到这也是正确的。最后，$2x$ 这个公式意味着，当我们向右延伸抛物线时斜率应该会增加。因为当 x 变大时，斜率（$2x$）也应该变大，抛物线应该变得更陡峭，而且事实的确如此。

这个抛物线实验有助于我们理解关于导数的一些注意事项。只有当被放大的曲线逼近极限直线时，我们才能定义导数。而对某些病态曲线来说，情况就不一样了。比如，如果有一条曲线呈 V 形，即在某个点上有一个尖角，那么当我们放大这个点时，它看起来仍然像一个角。无论放大多少倍，这个角都不会消失，曲线看上去也永远不会像直线。因此，V 形曲线在拐角处没有明确的切线或斜率，在这一点上也就没有导数。

然而，如果一条曲线在任何一点处被充分放大之后，它看起来越来越直，我们就说这条曲线是光滑的。在本书中，我一直像先驱那样，假设微积分的曲线和过程都是光滑的。但在现代微积分领域，我们已经学会了如何处理非光滑曲线。在实际应用中，由于物理系统的突跳或其他不连续性行为，非光滑曲线的不便性和反常性时常会凸显出来。比如，当我们打开电路中的一个开关时，电流就会从完全不流动变为突然大幅度地流动。随着电流的接通，电流–时间图像会显示出一个几乎垂直的突然上升趋势，近似于不连续跳跃。有时我们将这种突然转变当作真正的不连续跳跃会更省事，在这种情况下，作为时间函数的电流在开关被打开的瞬间是没有导数的。

在高中或大学期间，微积分的第一堂课大多讲的都是求导法则，比如，x^2 的导数是 $2x$，$\sin x$ 的导数是 $\cos x$，$\ln x$ 的导数是 $1/x$，等等。然而，考虑到我们的目的，理解导数的概念并了解如何将它的抽象定义应用于实践，这些才是更重要的事。因此，让我们把目光投向现实世界。

作为昼长变化率的导数

在第 4 章，我们分析了昼长随季节变化的数据。当时我们的目的是阐明正弦波、曲线拟合和数据压缩的概念，而现在我们的目的是利用这些数据解释多变的变化率，并将导数引入另一个情境。

之前的数据涉及纽约市 2018 年每一天的白昼分钟数（从日出到日落的时长）。在这个背景下，相关的导数就是昼长从这一天到下一天的加长或缩短速率。比如，1 月 1 日，从日出到日落的时间是 9 小时 19 分 23 秒；1 月 2 日，昼长加长了一点儿，为 9 小时 20 分 5 秒。1 月 2 日比 1 月 1 日多出来的 42 秒（相当于 0.7 分钟）就是衡量一年中这一天的昼长变化率的指标，即昼长正在以大约 0.7 分钟/天的速率加长。

为了进行比较，我们看看两周后（1 月 15 日）的昼长变化率。从这一天到下一天，昼长增加了 90 秒，相当于以 1.5 分钟/天的速率在加长，是两周前测量的昼长变化率（0.7 分钟/天）的两倍多。因此，昼长不仅在1月份不断加长，而且加长速率越来越快。

这种令人愉快的趋势将持续几个星期。随着春天的到来，昼长越来越长，加长速率也越来越快。在3月20日春分这一天，加长速率达到峰值，每天的加长量是前所未有的2.72分钟。你可以在第4章的图4-7中找到这一天，它是2018年的第79天，离左侧大约有1/4的距离，从中可以看出昼长波形图在这里的上升幅度最大。不难理解，图像最陡峭的地方就是加长速率最快的地方，这意味着此处的导数最大，而且昼长在尽可能快地加长。所有这些都发生在春季的第一天。

为了进行足够鲜明的对比，想想一年中昼长最短的那些日子，它们可谓是祸不单行。在冬天那些阴沉沉的日子里，昼长不仅短得令人沮丧，每天也没有太大的变化，只是越发地死气沉沉。不过，这也可以理解。昼长最短的日子出现在昼长波形图的底部，那里的波形是平坦的（否则它就不是底部，而会上升或下降），即导数为0，这意味着它的变化率会慢慢地变成0（至少是暂时的）。在那样的日子里，人们感觉春天似乎永远也不会到来了。

尽管我强调了一年之中对许多人来说具有情感意义的两个时间，即春分和冬至前后，但把一年的昼长情况当作一个整体来考虑会更具启发性。为了跟踪昼长变化率随季节的变化趋势，我从1月1日开始，每两个星期计算一次昼长变化率，直至12月31日，结果如图6-8所示。

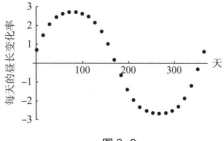

图 6-8

纵轴表示每天的昼长变化率，即从这一天到下一天增加的白昼分钟数。横轴表示哪一天，用从1（1月1日）到365（12月31日）的数字来表示。

昼长变化率像波浪一样上下起伏。它一开始在冬末和初春是正值，那时昼长正在加长，并在第79天（3月20日，春分）前后达到峰值。我们已经知道，那是昼长变化率最快的时候，大约为每天加长2.72分钟。但此后昼长变化率开始下降，并在第172天（6月21日，夏至）之后变为负值。这是因为昼长从那时开始缩短，也就是下一天的昼长会比这一天短。昼长变化率在9月22日前后触底，此时昼长缩短得最快，之后一直到第355天（12月21日，冬至）昼长变化率都是负值（但缩短速率越来越慢），此后昼长会在不知不觉中再次加长。

把这个波形图与第4章的波形图放在一起比较，是一件非常有意思的事。当把它们绘制在一个图表中并重新调整至振幅具有可比性后，就会得到图6-9。（为了强调波的重复性，我在这里展示了两年的数据。而且，为了强化它们之间的对比，我把所有点都连接起来，并移除了纵轴上的数字，以便将大家的注意力集中在波的形状和时间上。）

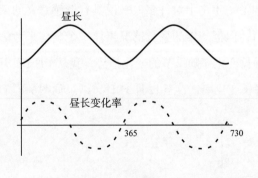

图 6-9

我们要注意的第一件事是，这两个波是不同步的，它们不会同时达到峰值。表示昼长的波会在年中前后达到峰值，而表示昼长变化率的波会比前者早 3 个月达到峰值。这相当于提前了 1/4 个周期，因为每个波完成一次起伏运动需要花 12 个月的时间。

我们要注意的第二件事是，这两个波彼此相似，但又略有不同。尽管它们展现出明显的亲缘关系，但虚线波的对称性不如实线波，它的波峰和波谷也更平坦。

我之所以做上述分析，是因为这些现实世界中的波能让我们瞥见正弦波的一个不同寻常的性质：如果一个变量遵循完美的正弦波模式，那么它的变化率也是一个完美的正弦波，并且在时间上提前了 1/4 个周期。这种自我再生性质是正弦波特有的，而其他类型的波并不具备，它甚至可以当作正弦波的定义。从这个意义上说，我们的数据暗示了完美正弦波固有的神奇再生现象（等介绍傅里叶分析时我们会详细地介绍这一点，傅里叶分析是微积分的一个强大分支，今天它已经催生出微积分的一些十分振奋人心的应用。）

关于那 1/4 个周期的位移源自何处，接下来我会试着给你一些启发。同样的概念也可以解释为什么正弦波的变化率还是正弦波。关键在于，正弦波与匀速圆周运动有关。你应该还记得，当一个点以恒定的速度做圆周运动时，随着时间的流逝，它的垂直运动是一个正弦波（就此而言，它的水平运动也是一个正弦波）。带着这样的想法，我们来看图 6-10。

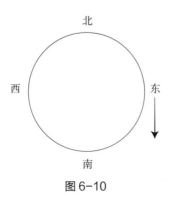

图 6-10

上图展示了一个点正在绕圆周做顺时针运动，这个点不代表任何物理学或天文学对象。它既不是绕着太阳转的地球，与季节也没有任何关系，而只是一个做圆周运动的抽象点。它向东的位移会像正弦波一样增加和减少，当这个点向东的位移达到最大值时，它就类似于正弦波的峰值或者一年中昼长最长的一天。于是，问题出现了：当这个点在最东边，并且正弦波处于其向东位移的峰值时，接下来会发生什么？如图中箭头所示，最东边那一点是朝南的。南在罗盘上与东成90度角，而90度正好是一个周期的1/4。啊哈！这就是那1/4个周期的位移的来源。由于圆的几何结构，任何正弦波及其导数（变化率）的波之间总有1/4个周期的位移。在这个类比中，点的移动方向就像它的变化率，决定了这个点下一步的走向和位置。而且，在这个点做圆周运动的同时，箭头本身的罗航向也在以环形方式匀速旋转，因此它随时间发生的变化遵循正弦波模式。既然罗航向类似于变化率，那么变化率也遵循正弦波模式。这就是我们试图理解的自我再生性质，即正弦波会产生有90度位移的正弦波。（专业人士将会意识到我正在尝试抛开公式，去解释正弦函数的导数为什么是余弦函数，而余弦函数本身就是位移了1/4个周期的正弦函数。）

类似的90度相位滞后现象也出现在其他振动系统中。对一个来回摆动的钟摆而言，当通过底部时它的速度达到最大值，而它的摆角却要在1/4个周期之后，也就是在钟摆摆动到最右边时才会达到最大值。摆角-时间图像和速度-时间图像表明，它们是两个相似的正弦波，振动相位差为90度。

另一个例子是生物学领域的捕食者-被捕食者相互作用模型的简化版。假设有一群鲨鱼在捕食一群鱼，当这群鱼处于种群数量的最大值时，鲨鱼数量的增长速率最快，因为有很多鱼可以吃。鲨鱼数量会继续增加，并在1/4个周期后达到最大值，而此时鱼的数量已经开始下降，因为在

1/4个周期之前，它们遭到了大肆捕食。对这个模型的分析表明，两个种群的振动相位差为90度。在自然界的其他地方也存在着类似的捕食者-被捕食者振动现象，比如，19世纪皮货贸易公司记录的加拿大野兔和山猫种群的每年波动情况（就像生物学领域中经常出现的情况一样，这些振动现象的真正原因无疑更加复杂）。

再次回到昼长数据，我们会看到它们并不是完美的正弦波。事实上，它们是一组离散的点，每天只有一个，两点之间也不存在其他数据。因此，它们不能提供微积分坚决要求的那种连续的点。在最后一个关于导数的例子中，我们要研究一种能以尽可能高的分辨率（精确至毫秒）来收集数据的情况。

作为瞬时速度的导数

2008年8月16日晚，北京，清朗无风。22点30分，世界上跑得最快的8个人站在了奥运会100米短跑决赛的起跑线上。其中一位是21岁的牙买加短跑运动员尤塞恩·博尔特[1]，对这个比赛项目而言，他算得上一位新人。作为知名的200米短跑选手，他几年来一直恳求教练让他尝试更短距离的比赛，在过去的一年中，他的表现非常出色。

博尔特看起来和其他短跑运动员不太一样。他身材瘦长，有6英尺5英寸（1.96米）高，步幅很大。小时候，他一直在练习足球和板球，直到他的板球教练注意到他的速度，并建议他去尝试田径项目。十几岁时，尽管他的跑步成绩不断提升，但他从未把这项运动或者自己太当回事儿。他滑稽又淘气，还喜欢开玩笑。

决赛的那个晚上，[2]在8名运动员被逐一介绍了一番，并在镜头面前做过鬼脸之后，整个体育场安静下来。选手们把脚放在起跑器上，做好预备姿势。一位裁判员喊道"各就各位，预备"，接着鸣响了发令枪。

尽管博尔特从起跑器上冲了出去，但他的爆发力不如其他选手。较慢的反应时间导致起跑后他在8个人中排名第7。他不断加速，在30米处跑到了中间位置。然后，他像高速列车一样继续加速，很快就把其他选手远远地甩在身后。

在80米处，博尔特朝右边瞥了一眼，想看看他的主要竞争对手在哪里。当意识到自己明显领先时，他减慢了速度，双臂垂放于身体两侧，冲过终点线时还拍了拍自己的胸脯。有些评论员认为他是在炫耀，有些评论员则认为他是在庆祝。无论如何，博尔特显然觉得他没必要在即将到达终点时拼命奔跑，这促使人们纷纷猜测他到底能跑多快。事实上，尽管他提前庆祝了胜利（鞋带也开了），但他还是以9.69秒的成绩创造了新的世界纪录。有位官员批评他缺乏体育精神，但博尔特并没有冒犯他人的意思。正如他后来告诉记者的那样："这就是我。[3]我想玩得开心，一切放轻松。"

他跑得有多快呢？由9.69秒跑100米可以算出他的速度为：100/9.69 = 10.32米/秒。换算成我们更熟悉的单位，约为37千米/小时。但这是博尔特整场比赛的平均速度，他在比赛刚开始和快结束时的速度都比平均速度慢，而比赛过程中的速度比平均速度快。

我们可以从赛道上每隔10米记录下的分段时间中获得更详细的信息。他用1.83秒跑完了前10米，平均速度为5.46米/秒。他的最短分段时间出现在50米到60米、60米到70米和70米到80米，其中每个10米的用时都是0.82秒，平均速度为12.2米/秒。在最后10米，他放松下来，平均速度降至11.1米/秒。

人类已经进化出发现规律的能力，与其像我们刚才那样细心地研究数字，不如把它们形象化，这样往往能获得更多的信息。图6-11展示了博尔特跑完10米、20米、30米等的用时情况，一直到他在9.69秒时冲过百米终点线。

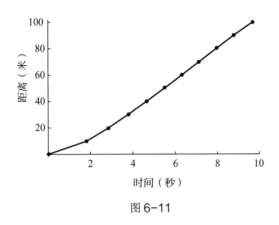

图 6-11

为便于观察，我把图上的点都用直线连接起来，但要记住只有这些点才是真正的数据。点和它们之间的线段构成了一条多边形曲线。最左边线段的斜率最小，对应于博尔特起跑后的较慢速度。越往右的线段越向上弯折，这意味着他在加速。之后的几条线段共同形成了一条近乎笔直的线，表明他在比赛的大部分时间里都保持着飞快且稳定的速度。

我们自然很好奇，他到底在何时和何处跑得最快。虽然我们知道他在10米区间内的最快平均速度出现在50米到80米，但我们真正想要的并不是他的平均速度，而是他的最快速度。假设博尔特戴着一个速度计，那么他在哪一刻跑得最快？他的最快速度究竟是多少？

在这里，我们寻找的是一种测量他的瞬时速度的方法。但是，这个概念看起来几乎是自相矛盾的。在任何时刻，博尔特都恰好身处某个地方，就像在快照里一样纹丝不动。既然如此，讨论他在一瞬间的速度又有什么意义呢？速度只能出现在一个时间间隔内，而非一个瞬间。

瞬时速度之谜与数学及哲学有着很深的历史渊源，可追溯到公元前

450年前后，那时芝诺提出了几个令人敬畏的悖论。回想一下，在阿喀琉斯与乌龟的悖论中，芝诺声称跑得快的人永远追不上跑得慢的人，而这和博尔特那一晚在北京的出色表现完全不同。在飞矢不动悖论中，芝诺认为飞矢永远不会移动。尽管数学家仍然不确定他想用这些悖论来阐述什么观点，但我的猜测是，瞬间速度这个概念内在的微妙之处困扰着芝诺、亚里士多德和其他希腊哲学家。他们的不安或许可以解释，为什么希腊数学很少谈及运动和变化。跟无穷一样，这些令人讨厌的话题已被从彬彬有礼的交谈中"驱逐"出去了。

在芝诺提出那些知名悖论的 2 000 年后，微分学的创立者解开了瞬时速度之谜。他们直观的解决方案是，将瞬时速度定义为一个极限，具体来说，就是在越来越短的时间间隔内平均速度的极限。

这类似于我们放大抛物线时所做的事情：先让一段越来越短的光滑曲线逼近直线，然后探究在放大无穷倍的极限情况下会发生什么。通过研究直线斜率的极限值，我们就可以定义光滑抛物线上某一点的导数。

在这里，通过类比的方法，我们对某种随时间发生平稳变化的对象进行近似推理，即博尔特在赛道上跑过的距离。我们的想法是，用一条在很短的时间间隔内以恒定的平均速度变化的多边形曲线，去取代他的距离–时间图像。随着时间间隔越来越短，如果每个时间间隔的平均速度趋于一个极限，这个极限值就是我们所说的某一时刻的瞬时速度。正如某一点的斜率那样，瞬间速度也是一个导数。

要想成功实现这一切，我们必须假设博尔特在赛道上跑过的距离是平稳变化的，否则我们研究的极限和导数就都不存在了。因为随着时间间隔的缩短，结果不会趋于任何合理的极限值。那么，他跑过的距离是否会随时间平稳地变化呢？我们对此并不确定。我们唯一拥有的数据是，博尔特经过赛道上的每个10米标记处的时间所构成的离散样本。想要估算他的瞬时速度，我们必须跳出这些数据，有根据地推测他在相邻两点之间的某个时间身处的位置。

这种系统化的推测方法被称为插值法，其目的是在可用数据之间绘制一条光滑曲线。换句话说，我们并不像之前那样用线段，而是用最合理的光滑曲线来连接这些点，[4]或者至少要非常靠近这些点。对于这条曲线，我们设定的限制条件是：它应该是绷紧的，起伏不能太大；它应该尽可能地靠近所有点；它应该展示出博尔特的初始速度为0，因为我们知道他在做预备姿势的时候是静止不动的。有许多不同的曲线都符合这些标准；统计学家想出了很多用光滑曲线去拟合数据的方法，它们也都给出了类似的结果。而且，这些方法都包含些许推测的成分，所以我们不用太在意该选择哪一种。

图6-12展示的就是其中一条能满足上述所有要求的光滑曲线。

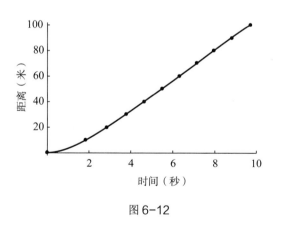

图 6-12

由于曲线被设计成光滑的，我们可以计算出它上面的每一点的导数，最终生成的图像给出了博尔特在北京奥运会的那场创造世界纪录的比赛中每个瞬时速度的估计值，如图6-13所示。

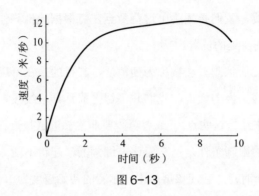

图 6-13

从图 6-13 中可以看到，博尔特在比赛进行到大约 3/4 的时候达到了 12.3 米/秒的最高速度。在此之前，他每时每刻都在加速。而在此之后，他开始减速，以至于当他冲过终点线时速度降到了 10.1 米/秒。这幅图证实了所有人看到的情况：博尔特在接近终点时速度骤减，特别是在最后的 20 米，他放松下来并提前庆祝自己的胜利。

在 2009 年柏林世界田径锦标赛上，博尔特结束了人们对于他能跑多快的猜测。这一次他没有提前拍胸脯庆祝胜利，而是努力跑到终点，并以更加惊人的 9.58 秒的成绩打破了他在北京奥运会上创造的 9.69 秒的世界纪录。由于人们对这次比赛怀有巨大的期待，所以生物力学研究人员启用了激光枪[5]（类似于警察用来抓超速驾驶者的雷达枪），这种高科技仪器使得研究人员能以 100 次/秒的频率测量短跑运动员的位置。在计算了博尔特的瞬时速度后，他们的发现如图 6-14 所示。

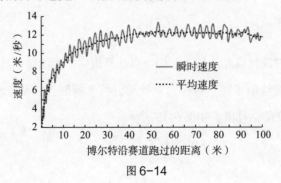

图 6-14

总体趋势上的那些小波动，代表了他在大步奔跑期间不可避免会出现的速度起伏。毕竟，跑步涉及一系列的腾空和落地动作。每当博尔特的一只脚在落地的瞬间"急刹车"，随即再次驱动身体向前和腾空，他的速度就会发生一点儿变化。

虽然这些小波动很有趣，但对数据分析师来说，它们既讨厌又烦人。我们真正想看到的是趋势，而不是波动，因此，早期用光滑曲线拟合数据的方法就很不错，甚至可以说更佳。在收集了所有的高分辨率数据并注意到这些波动之后，研究人员无论如何都要把它们清理干净。他们过滤掉这些波动，是为了揭示更有意义的趋势。

对我来说，这些波动中蕴含着一个重要的教训。我把它视为隐喻或寓言，反映了用微积分为真实现象建模的本质。如果我们设法把测量的分辨率推升得过高，在时空中极其细微地观察任何现象，就会看到光滑度的崩解。在博尔特的速度数据中，小波动取代了平稳的趋势，让图像看起来就像管道清洁器一样有许多分叉。如果我们可以在分子尺度上进行测量，那么任何形式的运动都会出现同样的情况。在这个级别上，运动变成了一点儿也不平稳的抖动，所以微积分无法再（至少不能直接）给我们提供什么信息。然而，如果我们关心的是总体趋势，消除这些小波动可能就足够了。微积分给予我们的关于宇宙中运动和变化本质的巨大洞见，尽管有可能是近似的，但却证明了光滑度的力量。

除此之外，这里还有一个教训：和所有科学领域一样，在建立数学模型时，我们总要对强调什么和忽略什么做出选择。抽象的艺术在于，知道什么是必不可少的，什么是细枝末节的；知道什么是信号，什么是噪声；知道什么是趋势，什么是波动。这是一门艺术，因为诸如此类的选择总是存在着风险，它们与痴心妄想或学术欺诈只有一线之隔。伽利略和开普勒等伟大的科学家都曾想方设法行走在这样的"悬崖峭壁"之上。

毕加索说："艺术是让我们认识真理的谎言。"[6]这句话同样适用于作为自然模型的微积分。17世纪上半叶，微积分开始成为研究运动和变化的一种强有力的抽象工具。17世纪下半叶，同样的艺术选择——揭示真理的谎言——为一场革命铺平了道路。

第 7 章

隐秘的源泉

17世纪下半叶，英国的牛顿[1]和德国的莱布尼茨彻底改变了数学的进程。他们把关于运动和曲线的思想松散地拼凑在一起，创立了微积分。

1673年，当莱布尼茨在这样的背景下引入"微积分"一词时，他的原话是"a calculus"（一个微积分），有时还会更亲切地称它为"my calculus"（我的微积分）。他取的是这个词的一般意义，即一种用于执行计算的规则和算法体系。后来，在莱布尼茨的微积分体系得到高度完善之后，与之相伴的冠词升级为定冠词，这个领域也被正式称为"the calculus"（微积分）。遗憾的是，现在它的冠词和所有格全都消失了，只剩下单调苍白的"calculus"。

撇开冠词不谈，calculus这个词本身就有很多故事。它源自拉丁词根 *calx*，意指一块小石头，这不禁让我想起很久以前人们用鹅卵石来计数和计算的情景。相同词根的英语单词还有calucium（钙）、chalk（粉笔）和caulk（密封剂）等。你的牙医可能会用calculus指代你的牙垢，也就是当你洗牙时口腔治疗师从你的牙齿上刮掉的那些小块的固化牙菌斑。医生也会用这个词来指代胆结石、肾结石和膀胱结石。讽刺的是，牛顿和莱布尼茨这两位微积分先驱都死于给他们造成极大痛苦的结石：牛顿患有膀胱结石，而莱布尼茨患有肾结石。

面积、积分和基本定理

尽管微积分曾与用石头计数有关，但到了牛顿和莱布尼茨的时代，它已经通过代数应用于曲线和他们所做的新奇分析。早在30年前（17世纪40年代），费马和笛卡儿就发现了利用代数找到曲线的最大值、最小值和切线的方法。而曲线的面积，或者更准确地说是曲线所围区域的面积，仍然是一个未知数。

传统上，这个面积问题被称作曲线求积，它困扰和折磨数学家达2 000年之久。人们想出了很多解决特定问题的巧妙技巧，比如，阿基米德在圆的面积和抛物线求积方面取得的成果，以及费马计算曲线 $y = x^n$ 下方面积的方法。但因为缺少一个系统，各个面积问题只能在特别的基础上解决，并且要具体问题具体分析，这意味着数学家每次都不得不从头开始。

曲面体体积问题和弧长问题也遇到了同样的困难。事实上，笛卡儿认为弧长超出了人类的理解范围。他在自己的几何著作中写道："直线和曲线之间的比率[2]是未知的，在我看来，它甚至是人类无法知道的。"所有这些问题——面积、弧长和体积——都需要对无穷多个无穷小的部分进行求和运算，换成现代的说法就是它们都涉及积分。没有人能找到一个适用于所有问题的万能系统。

在牛顿和莱布尼茨创立微积分之后，情况发生了变化。他们各自发现并证明了一个基本定理，它能使这类问题常规化。该定理将面积与斜率联系起来，进而将积分与导数联系在一起，这着实令人惊讶。就像狄更斯小说中的情节转折一样，两个看似毫不相干的人物竟然是最亲近的家人，积分和导数之间也存在着"血缘关系"。

这个基本定理的影响力惊人，几乎一夜之间，面积问题就变得容易解决了。曾让早期学者一筹莫展的难题，现在只需几分钟就可以搞定。正如牛顿在写给朋友的信中所说："并非所有方程都可以用曲线来表示[3]……但我能在不到半刻钟的时间内判断出它是否可以求积。"当意识到这种说法可能会让他的同时代人觉得不可思议时，他继续说道，"这看似一个冒失的断言……但凭借着赋予我灵感的源泉，[4]它对我而言确实是显而易见的，不过我不会向他人证明这一点。"

牛顿的隐密源泉就是微积分基本定理。尽管他和莱布尼茨都不是最早注意到这个定理的人，[5]但他们却由此获得赞誉，因为总的来说，他们率先证明了这个定理，认识到它巨大的效用和重要性，并围绕它构建起算法体系。他们创立的方法现在已经普及开来，积分这头怪兽"被拔除了尖牙"，变成了青少年的家庭作业。

目前，世界各地数百万的高中生和大学生都在刻苦认真地完成他们的微积分习题集，在基本定理的帮助下解决一个又一个积分问题。然而，他们中的许多人却对自己得到的这份礼物视而不见。也许，这是可以理解的，就像那个古老的笑话一样。鱼问它的朋友："你难道不感激水吗？"另一条鱼反问道："水是什么？"学习微积分的学生一直浸淫在基本定理中，所以他们视其为理所当然。

运动使基本定理更直观

通过思考运动物体（比如跑步者或者汽车）行进的距离，我们可以直观地理解微积分基本定理：它讲了些什么，它为什么是正确的，以及它为什么很重要。基本定理不只是一个求解面积的技巧，也是预测我们关心之事的未来（在可能的情况下），以及解开宇宙中的运动和变化之谜的关键。

当牛顿动态地看待面积问题时，他发现了基本定理。他的想法是在这幅图景中引入时间和运动，用他的话说就是让面积流动起来，并不断扩大。

体现他这种想法的最简单例子是一辆以恒定速度行驶的汽车，其中距离等于速度乘以时间。尽管这个例子可能很简单，但它仍然抓住了基本定理的本质，算是一个不错的起点。

假设有一辆汽车以60英里/小时的速度沿公路行驶，我们分别绘制出它的距离–时间图像和速度–时间图像，如图7–1所示。

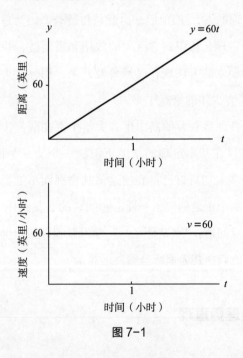

图 7-1

我们先来看距离–时间图像（图7–1上图）。1小时后汽车行驶了60英里，2小时后汽车行驶了120英里，以此类推。总的来说，距离与时间的关系式为$y = 60t$，其中y表示汽车在t小时后行驶的距离。我把$y(t) = 60t$称为距离函数，它的图像是一条斜率为60英里/小时的直线。在我们还不知道速度的情况下，这个斜率可以告诉我们汽车的瞬时速度。在难度较大的问题中，速度可能会波动，不过在这里它是一个简单的常函数，即不管 t 是多少，都有 $v(t) = 60$，它的图像是一条平线（图 7–1 下图）。

我们已经看到速度在距离图像上是如何呈现的（作为直线的斜率），现在我们把这个问题反过来：距离在速度图像上是如何呈现的？换句话说，速度图像是否具有某种视觉或几何特征，能让我们推断出汽车在 t 小时后行驶的距离呢？当然有，汽车行驶的距离是速度曲线（平线）下方累积到时间 t 的面积。

为了说明原因，我们假设汽车行驶了一段时间，比如 1/2 个小时。在这种情况下，汽车行驶的距离为 30 英里，因为距离等于速度乘以时间，即 $60 \times 1/2 = 30$。重点在于，我们通过平线下方 $t = 0$ 和 $t = 1/2$ 小时之间的灰色矩形的面积，也能算出汽车行驶的距离（图 7–2）。

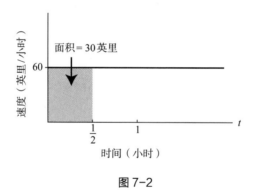

图 7–2

用矩形的高（60 英里/小时）乘以它的底（1/2 小时），得出它的面积为 30 英里，这就是汽车行驶的距离。

同样的推理过程适用于任意时间 t，这样一来，矩形的底就变为 t，它的高仍然是 60，它的面积是 $60t$。事实上，这正是我们想求解的距离，即 $y = 60t$。

所以，至少在这个速度完全恒定且速度曲线是一条平线的例子中，根据速度推断出距离的关键在于计算速度曲线下方的面积。牛顿的见解是，即使速度不是恒定的，面积和距离之间的这个等式也会一直成立。不管物体的运动有多么不规律，它的速度曲线下方累积到时间 t 的面积总会等于它在 t 小时后行驶的距离。这是基本定理的版本之一，它似乎容易得让人难以置信，但事实的确如此。

牛顿之所以会产生这样的见解，是因为他把面积看作一个流动或移动的量，而不是按照当时几何学的惯例，把面积视为对形状的一种静态度量。他把时间引入几何学，并用物理学的眼光去看待它。如果牛顿现在还活着，他可能会把图 7–2 想象成动画，而且相较于快照，它更像翻页书。为了做到这一点，请再看一次图 7–2，不过现在我们要把它想象成电影中的一帧或者翻页书中的一页。当动画在我们的脑海中播放时，我们会看到灰色矩形在做什么呢？它正在向一侧扩张。为什么呢？因为它的底（t）随时间的推移而增加。如果我们可以为每个时刻都制作一帧画面，并像翻动翻页书那样按顺序重新播放它们，动画版的灰色矩形看起来就在向右延伸。它类似于一个正在伸出的活塞，或者一支横放的注射器，正在将灰色液体吸入针筒。

灰色液体代表矩形不断扩大的面积，所以我们认为速度曲线 $v(t)$ 下方的面积是"不断累积"的。在这个例子中，累积到时间 t 的面积是 $A(t) = 60t$，这与汽车行驶的距离 $y(t) = 60t$ 一致。因此，速度曲线下方的累积面积会给出距离随时间变化的情况。这是运动版的基本定理。

恒定的加速度

我们的最终目标是找到牛顿基本定理的通用几何版本，它是用抽象曲线 $y(x)$ 及其下方的累积面积 $A(x)$ 表示的。尽管累积面积的概念是解释这个定理的关键，但我意识到我们需要一些时间来适应这个概念，所以在用它来处理抽象的几何实例之前，我们先将它应用于一个更加具体的运动问题。

假设有一个以恒定加速度运动的物体，这意味着它的速度会越来越快，并且以恒定的速率增加，和汽车起步时踩油门的情况差不多。1 秒钟后，汽车可能以 10 英里／小时的速度行驶；2 秒钟后，速度变为 20 英里／小时；3 秒钟后，速度变为 30 英里／小时，以此类推。在这个假设性的例子中，汽车的速度每过 1 秒就会增加 10 英里／小时，这个速度变化率被定义为汽车的加速度。（为简单起见，我们忽略了一个事实：一辆真实的汽车会有一个它无法超越的最高速度，当你踩下油门时，它的加速度可能也不是严格恒定的。）

在这个理想化的例子中，汽车每个时刻的速度都由线性函数 $v(t) = 10t$ 给出，其中数字 10 表示汽车的加速度。如果加速度是其他常数，比如 a，那么这个公式可以泛化为：

$$v(t) = at$$

我们想知道，对这样一辆车来说，它从时间 0 至 t 行驶的距离是多少？换句话说，它从起点开始行驶的距离是如何随时间增加的？如果你使用中学学过的"距离等于速度乘以时间"的公式来解这道题，结果将会大错特错，因为这个公式只在速度恒定的情况下才有效，但这个例子中的速度并不是恒定的，而是每时每刻都在增加。我们已经告别了死气沉沉的匀速世界，来到了令人兴奋的加速度恒定的世界。

中世纪的学者[6]已经知道上述问题的答案了。牛津大学莫顿学院的哲学家和逻辑学家威廉·海特斯伯里早在 1335 年前后就解决了这个问题，法国的牧师和数学家尼科尔·奥雷斯姆在 1350 年前后进一步形象地分析了这个问题。遗憾的是，他们的成果没有得到广泛的研究，很快就被遗忘了。大约250年后，伽利略通过实验证明了恒定加速度并不是一种纯粹的学术假设。实际上，它是铁球之类的重物在地表附近自由下落或者滚下缓坡时的运动方式。在这两种情况下，球的速度 v 确实与时间 t 成正比，即 $v = at$，这与加速度恒定的运动过程一样。

接下来，已知速度按照 $v = at$ 呈线性增长，那么距离会如何增长呢？基本定理认为，行驶的距离等于速度曲线下方累积到时间 t 的面积。而且，这里的速度曲线是斜线 $v = at$，所以相关的面积很容易计算，它等于图 7–3 中灰色三角形的面积。

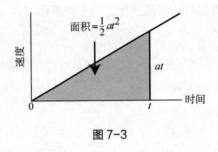

图 7–3

和前一个问题中的灰色矩形一样，这里的灰色三角形的面积也会随着时间的推移而扩大。不同之处在于，矩形只在水平方向上延伸，而三角形则在两个方向上延伸。为了计算灰色三角形面积扩大的速度，我们观察到在任意时刻 t 它的底都是 t，而它的高是物体当前的速度，即 $v = at$。由于三角形的面积是底与高乘积的 1/2，因此累积面积等于 $1/2 \times t \times at = (1/2)at^2$。根据基本定理，速度曲线下方的面积就是物体运动的距离，即

$$y(t) = \frac{1}{2}at^2$$

因此，对一个从静止状态开始均匀加速的物体来说，它运动的距离

与所花费时间的平方成正比。这正是我们在第 3 章看到的伽利略的实验发现，他还用迷人的奇数定律将其表达出来。中世纪的学者也知道这一点。

但在中世纪甚至是伽利略生活的时代，人们还不知道当加速度不恒定时，速度会如何变化。换句话说，假设有一个以任意加速度 $a(t)$ 运动的物体，它的速度 $v(t)$ 会如何变化呢？

就像我在上一章提及的反向问题一样，这个问题也十分棘手。想要正确地理解它，关键是弄清楚已知和未知信息。

加速度的定义是速度的变化率。所以，如果速度函数 $v(t)$ 已知，就很容易找到相应的加速度 $a(t)$，这被称作"解决正向问题"。就像我们运用放大抛物线的方法来计算它的斜率一样，我们可以通过计算速度函数的变化率来解决这个问题。而求解已知函数的变化率只需要利用导数的定义，以及不同函数的多种求导法则。

但反向问题的棘手之处在于，速度函数是未知的。假设速度函数的变化率（它的加速度）已知，我们要尝试计算什么样的速度函数才能满足这个变化率。如何从已知的变化率反向推导出未知的速度函数呢？这就像一个儿童游戏："我想的是一个速度函数，它的变化率是这样那样的，那么我想的速度函数是什么呢？"

当我们试图依据速度推导距离时，也会出现需要进行反向推理的谜题。就像加速度是速度的变化率一样，速度是距离的变化率。正向推理很容易，如果我们知道一个运动物体行进的距离是时间的函数，就不难算出物体的瞬时速度，我们在上一章也做过这样的计算（博尔特参加北京奥运会短跑比赛的例子）。反向推理则很难，如果我告诉你博尔特在比赛中的瞬时速度，你能据此推导出每个时刻他在赛道上的位置吗？一般而言，已知任意一个速度函数 $v(t)$，你能推导出相应的距离函数 $y(t)$ 吗？

牛顿的微积分基本定理为这类非常棘手的反向问题——从已知的变

化率推断出未知的函数——提供了一种解决方案，并且在许多情况下都能将其彻底解决。其中的关键在于，把这类问题重构为一个关于可流动的和不断扩大的面积问题。

用油漆滚筒证明基本定理

微积分基本定理是18世纪数学思想的巅峰。它通过动态的方式回答了一个静态的几何问题，从公元前250年古希腊的阿基米德、250年中国的刘徽、1000年开罗的海什木到1600年布拉格的开普勒，可能都问过这个问题。

我们来看一下图7–4中灰色区域的形状。

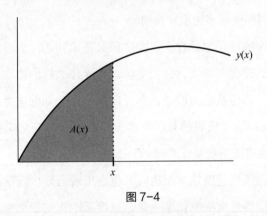

图7–4

假设该形状的顶部曲线可以是几乎所有形状，那么有没有一种方法能算出像它这样的任意形状的确切面积呢？尤其要注意，它不必是经典曲线，它有可能是某个方程在xy平面上定义的一条新奇的曲线。或者，如果这条曲线是由物理学感兴趣的事物来定义的，比如一个粒子的运动轨迹或者一道光线的传播路径，那么我们是否有办法系统地算出它下方的面积呢？这就是面积问题，也是我在前文中提到的微积分的第三个核心问题，还是17世纪中期最紧迫的数学挑战和曲线之谜中的最后一个未解难题。牛顿利用在运动和变化之谜中获得的启发，从一个新的方向走近这个问题。

从历史上看，解决这类问题的唯一方法就是头脑够聪明。你必须找到某种巧妙的方法把一个曲边区域切分成条块，或者把它打成碎片，然后在你的脑海中重新组合这些条块或碎片，或者像阿基米德那样在假想的跷跷板上称出它们的重量。但在1665年前后，牛顿给这个面积问题带来了近2 000年里从未有过的重大进展。尽管他吸收了伊斯兰代数和法国解析几何的见解，但却远远超越了它们。

根据牛顿的新体系，第一步是将这个面积放在xy平面上，并确定其顶部曲线的方程。这需要计算曲线在x轴上方的高度，也就是每次取一个垂直切片（如图7-4中虚线所示）以获得相应的y。这个计算过程可以把曲线转换成一个将y和x联系在一起的方程，以便用代数工具进行处理。早在30年前（17世纪40年代），费马和笛卡儿就充分了解了这一点，并运用这些技巧找到了曲线的切线，这本身就是一个巨大的突破。

但他们忽略了一点，那就是切线本身并没有那么重要。比切线更重要的是它们的斜率，因为正是斜率引出了导数的概念。就像我们在上一章看到的那样，作为曲线斜率的导数非常自然地出现在几何学中。在物理学中，导数也是作为其他变化率出现的，比如速度。因此，导数表明了斜率与速度之间的联系，更广泛地讲，是几何学和运动之间的联系。一旦导数的概念深深地扎根在牛顿的头脑中，它桥接几何学和运动的能力就会使最后的突破成为可能。而且，最终解决面积问题的正是导数。

当牛顿动态地看待面积问题时，所有这些概念——斜率与面积、曲线与函数、速率与导数——之间深藏的联系就从阴影中显现出来。秉持着我们在前两节内容中的研究精神，请你观察图7-4，并想象x以恒定的速度向右滑动。你甚至可以把 x 看作时间，牛顿经常这样做。然后，随着 x 的移动，灰色区域的面积会不断变化。这个面积取决于 x，它应该被视为 x 的函数，所以我们把它写作 $A(x)$。当我们想强调这个面积是 x 的函数（而不是一个固定的数）时，我们就称它为面积累积函数，有时简称为面积函数。

对于这个流动的场景（滑动的 x 和变化的面积），我高中的微积分老师乔夫雷先生打了一个令人难忘的比方。他让我们想象有一个神奇的油漆滚筒，当它平稳地向右滚动时，就会将曲线下方的区域涂成灰色（图 7–5）。

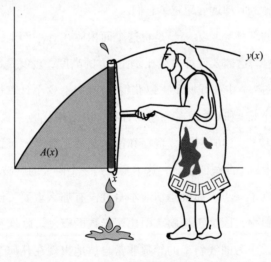

图 7–5

x 处的虚线表示这个假想的油漆滚筒当前的位置。同时，为了确保这个区域被恰当地刷好，滚筒会在垂直方向上魔法般地即时收缩或拉伸，正好触达顶部的曲线和底部的 x 轴，而不会越界。这个滚筒的神奇之处在于，它在滚动的过程中总能根据 $y(x)$ 调整自己的长度，从而干净利落地刷好整个区域。

在设定了这个令人难以置信的场景之后，我们要解决的问题是：当 x

向右移动时，灰色区域的扩张速率是多少？或者说，当滚筒到达 x 处时，它刷油漆的速率是多少？为了回答这个问题，想想在下一个无穷小的时间间隔内会发生什么。答案是：滚筒会向右移动无穷小的距离 dx。而且，当它滚过这个微小的距离时，它在垂直方向上的长度 y 几乎保持不变，因为在这个无限短的滚动过程中它几乎没有时间改变自己的长度（具体细节我们将在下一章再做讨论）。在这个短暂的时间间隔内，滚筒刷出来的是一个长而细的矩形：高为 y，底为无穷小的 dx，面积为无穷小的 $dA = ydx$。将方程两边同时除以 dx，就可以得到面积累积的速率：

$$\frac{dA}{dx} = y$$

这个整洁的公式表明，曲线下方涂刷的总面积会以油漆滚筒当前的长度 y 的速率增大。这是有道理的：滚筒当前的长度越长，它在下一个瞬间刷的油漆就越多，面积累积的速率也越快。

只要稍加努力，我们就可以证明这个定理的几何版等价于我们之前用过的运动版，即速度曲线下方的累积面积等于运动物体行进的距离。但是，还有更急迫的任务在等着我们。我们需要理解这个定理意味着什么，它为什么重要，以及它最终是如何改变世界的。

基本定理的意义

图 7–6 概括了我们前面学过的内容。

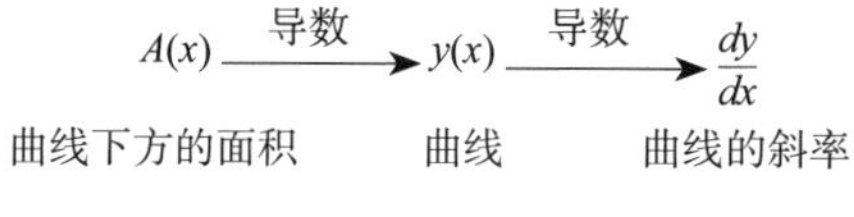

图 7-6

图 7–6 展示了我们感兴趣的三个函数和它们之间的关系。已知的曲线在中间，未知的斜率在右边，未知的面积在左边。正如我们在第 6 章看到的那样，它们都是出现在微积分三大核心问题中的函数。已知曲线 y，我们尝试计算它的斜率和面积。

现在，我希望图 7–6 能解释清楚为什么我要把求曲线斜率的问题称为"正向问题"。为了根据已知的曲线求出未知的斜率，我们沿着向右的箭头前进即可。只要我们计算 y 的导数，就能求出曲线的斜率，这是我们在上一章讨论的正向问题。

我们之前不知道但刚刚从基本定理中了解到，面积 A 和曲线 y 也是通过导数联系在一起的，因为基本定理揭示了 A 的导数就是 y。这是一个惊人的事实。它为我们提供了一种计算任意曲线下方面积的方法，而这个古老的谜题在近 2 000 年的时间里曾让那些最伟大的人头疼不已。现在，这幅图为我们指出了一条通向答案的路径。但在开香槟庆祝之前，我们应该意识到基本定理并未完全给出我们想要的结果。它没有直接告诉我们面积是多少，而是为我们提供了计算方法。

积分学的圣杯

我想明确的一点是，基本定理不能完全解决面积问题。尽管它提供了关于面积变化率的信息，但我们仍要对面积本身进行推导。

用符号表示的话，基本定理告诉我们 $dA/dx = y$，其中 $y(x)$ 是已知函数。我们还需要找到能满足这个方程的 $A(x)$，等一下，这意味着我们突然又遇到了反向问题！事情发生了不同寻常的转变，我们本想解决第 6 章列出的第三个核心问题——面积问题，却遭遇了第二个核心问题——反向问题。我之所以称它为反向问题，是因为如图 7–6 所示，根据 y 推导出

A 意味着我们要沿箭头的反方向，去做函数求导的逆运算。在这种情况下，那个儿童游戏可能会变成："我想的是一个面积函数 $A(x)$，它的导数是 $12x + x^{10} - \sin x$，那么我想的面积函数是什么呢？"

于是，构建能解决 $12x + x^{10} - \sin x$ 等任意曲线 $y(x)$ 的反向问题的方法，就变成了微积分的圣杯。更准确地说，它是积分学的圣杯。一旦解决了反向问题，就可以彻底解决面积问题。换言之，已知任意曲线 $y(x)$，我们可以算出曲线下方的面积 $A(x)$；而通过解决反向问题，我们也可以解决面积问题。这就是我为什么说这两个问题是一出生即被分开的双胞胎，或者同一枚硬币的两面。

反向问题的解决方案还会产生更大的影响，原因如下：根据阿基米德的观点，面积是无穷多个无穷小的矩形条之和。因此，面积是一个积分，它是所有碎片重新拼凑起来的整体，是无穷小变化的累积。就像导数比斜率重要一样，积分也比面积重要。我们将在后面的章节中看到，面积对几何学而言至关重要，而积分对一切来说都至关重要。

处理棘手的反向问题的方法之一是无视它，把它搁在一边，并用更简单的正向问题（已知 A，计算它的变化率 dA/dx；根据基本定理，我们知道这个变化率一定等于我们正在寻找的 y）取代它。相比反向问题，正向问题要容易得多，因为我们知道该从哪里着手去解决它。我们可以从已知的面积函数 $A(x)$ 入手，然后运用标准导数公式计算它的变化率。由此得出的变化率 dA/dx 一定扮演着函数 y 的角色，因为基本定理向我们保证 $dA/dx = y$。至此，我们就有了一对搭档函数 $A(x)$ 和 $y(x)$，它们分别代表面积函数及其关联曲线。我们希望，如果有幸遇到需要我们计算特定曲线 $y(x)$ 下方面积的问题，它对应的面积函数就是它的搭档 $A(x)$。尽管这不是一种系统性方法，而且只在我们运气好的时候起作用，但它至少是一个容易的开端。为了增加成功的概率，我们的第一项任务是制作一张大查询表，以 $[A(x), y(x)]$ 对的形式列出几百个面积函数及其关联曲线。那么，基于这张表的规模和多样性，我们找到解决真正的面积问题所需的搭档函数的概率将大幅增加。一旦找到那对必需的函数，我们就无须做进一步的工作了，因为答案就在那张表里。

比如，在下一章我们将看到 x^3 的导数是 $3x^2$，这个结果是我们通过解决正向问题，即进行简单的求导得出来的。然而，其中的奇妙之处在于，它告诉我们 x^3 可以扮演 $A(x)$ 的角色，而 $3x^2$ 可以扮演 $y(x)$ 的角色。就这样，我们不费吹灰之力地解决了 $3x^2$ 的面积问题。以此类推，我们也可以将 x 的其他幂函数填到表中。如表 7-1 所示，x^4 的导数是 $4x^3$，x^5 的导数是 $5x^4$……一般而言，x^n 的导数是 nx^{n-1}。对幂函数来说，这些都是很容易得到的正向问题的答案。

表 7-1

曲线 $y(x)$	它的面积函数 $A(x)$
$3x^2$	x^3
$4x^3$	x^4
$5x^4$	x^5
$6x^5$	x^6
$7x^6$	x^7
…	…

大学期间，22 岁的牛顿在他的笔记本[7]里绘制过类似的表格，如图 7-7 所示。

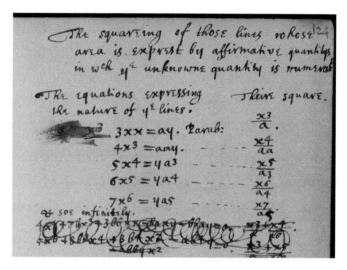

图 7-7

请注意，牛顿的表述方式与我们有些许不同之处。上图中左边一列的曲线是"表达y^e线性质的方程"，其面积函数是"它们的求积法"（因为他把面积问题视为"曲线的求积问题"）。为了确保所有量都具有恰当的维数，他觉得有必要插入任意长度单位a的不同次方，比如，从列表顶部向下数第5行，位于右下角的$A(x)$是x^7/a^5（而不是更简单的x^7）。在牛顿看来，$A(x)$代表面积，因此对长度单位求积是必不可少的。所有这些内容都出现在"一种对那些可求积的曲线进行求积的方法"（宣告了微积分基本定理的诞生）之后的几页里，利用这个定理，牛顿花了更多页的篇幅列出了"曲线"及其"求积术"。在牛顿的操控下，微积分的机器运转起来了。

我们的第二项任务是，找到一种求任意曲线而不只是幂函数面积的方法。这其实是一种幻想，但它听起来太平常了，完全不像一个妙趣横生的幻想。不过，在我看来，这个问题包含了积分学之所以如此具有挑战性的精髓。如果曲线求积问题得到解决，它将引发连锁反应，就像被推倒的多米诺骨牌一样，一个接一个问题都会迎刃而解。而且，我们可以用它来回答笛卡儿眼中的那个超出人类理解范围的问题，即算出任意曲线的弧长。有了它，人们也有可能算出平面上任意一个不规则形状的面积，还可以计算球面、抛物面、瓮、桶及其他通过绕轴旋转曲线所得到的曲面（就像陶钧上的花瓶一样）的表面积、体积和重心。阿基米德和一位18世纪的数学天才思考过的关于曲线形状的经典问题，一下子就变得容易解决了。

不仅如此，某些预测问题也将得到解决。只要解决了曲线求积问题，我们就可以预测出运动物体在遥远未来的位置，比如，即使一颗行星受到的引力与我们宇宙中的引力不同，我们也能预测出某一时刻它在轨道上的位置。我之所以称曲线求积问题为积分学的圣杯，是因为许许多多的其他问题都可归结为这个问题，如果它被解决了，其他问题也会得到解决。

这就是算出任意曲线下方的面积如此重要的原因。由于面积问题与反向问题之间存在着密切的关系，所以它不只是与面积有关。面积问题也不只是关于形状，或者关于距离与速度之间的关系，或者关于其他狭义事物的问题，而是完全通用的。从现代的角度看，面积问题旨在预测以不断变化的速率变化的事物与它随时间的累积程度之间的关系。它与银行账户的波动性流入和累计余额有关；它与世界人口的增长率和地球上的净人口数有关；它与化疗药物在患者血液中不断变化的浓度和随时间的累积暴露剂量有关，因为总暴露量会影响化疗药物的效果和毒性。面积问题之所以重要，是因为未来对我们而言至关重要。

牛顿的新数学方法与不断变化的世界完美契合，因此，他把它命名为"流数术"（fluxion）。他谈到了流量（我们现在认为流量是时间的函数）及其流数（流量的导数或随时间的变化率），并明确了两个核心问题：

问题 1：已知流量，如何求出它们的流数？（这相当于我们在前文中提到的正向问题，也就是求已知曲线的斜率，或者一般来说，求已知函数的变化率或导数的简单问题。这个过程在今天被称为微分。）

问题 2：已知流数，如何求出它们的流量？（这相当于反向问题，也是面积问题的关键所在。它是根据斜率推导曲线，或者一般来说，根据变化率推导未知函数的困难问题。这个过程在今天被称为积分。）

问题 2 比问题 1 难得多，对预测和破解宇宙密码来说也更加重要。正式讨论牛顿在问题 2 上取得了怎样的成就之前，请允许我先阐明它为什么这么难。

局部 vs 整体

积分之所以比微分难得多，原因在于局部和整体之间的区别。局部问题很容易，而整体问题则很难。

微分是一种局部操作。正如前文所说，我们在计算导数的时候，就像在显微镜下观察事物一样。随着我们反复放大视野中的曲线，曲线的弯曲度看上去越来越小。我们看到了曲线的放大版，它是一段微小的斜坡，几乎完全笔直，垂直高度是 Δy，水平距离是 Δx。在放大倍数为无穷的极限情况下，它趋近某条直线，即显微镜中心点的切线，这条极限线的斜率就是该点的导数。显微镜的作用是让我们把注意力集中在我们关心的那段曲线上，而其他一切都会被忽略。正因为如此，我们才说求导是一种局部操作，它舍弃了唯一关注点的无穷小邻域以外的所有细节。

而积分是一种整体操作。我们现在用的不是显微镜,而是望远镜。我们试图眺望远方或者预测未来(尽管在这种情况下我们需要一个占卜用的水晶球),这自然要难得多。所有干预事件都很重要,而且不能被舍弃,或者至少看起来如此。

我会用类比的方式阐明局部和整体、微分与积分之间的这些区别,以及积分如此困难但在科学上却如此重要的原因。这个类比把我们带回到北京奥运会期间博尔特打破100米世界纪录的那场比赛。回想一下,为了求出他的瞬时速度,我们先用一条光滑曲线去拟合显示他在赛道上的位置随时间变化的数据。然后,为了求出他在某个时刻(比如比赛进行到7.2秒时)的速度,我们利用拟合曲线来估计他在一小段时间后(比如7.25秒时)的位置,再用距离的变化量除以时间的变化量,估算出他在那一时刻的速度。这些都是局部计算,它们利用的唯一信息就是他在那个给定时刻前后的几百分之一秒内的运动情况,而他在比赛其余部分的所作所为则无关紧要。这就是我所说的局部的含义。

相比之下,如果我们拿到一份展示博尔特在比赛中的所有瞬时速度的无限长的电子表格,并且要重建他在比赛开始后7.2秒时的位置,那么请你想一想我们需要用到哪些信息。当博尔特离开起跑器时,我们可以利用他的初始速度和距离等于速度乘以时间的公式,去估算某一时刻(比如0.01秒后)他在跑道上的位置。从那个新的位置起,我们可以在接下来的0.01秒内,让他以相应的速度再在赛道上向前跑相应的距离。像这样一点一点地在赛道上不断前进,每次累积0.01秒的信息,我们就可以更新他在整场比赛中的位置。在计算方面,这是一件费力的苦差事,也是整体计算如此困难的原因。我们需要计算每一步,才能得到一个关于遥远未来(在这个例子中是发令枪响后7.2秒时)的期望答案。

但如果我们能以某种方式快进,直达我们关注的那个瞬间,那么这种方法将大有帮助。而且，这正是反向积分问题的解决方案所要实现的效果。它将为我们提供一条穿越时间的捷径或者一个虫洞，从而把整体问题转化成局部问题。这就是解决反向问题好似找到了微积分圣杯的原因。

和许多事情一样，这个问题也是由一个学生率先解决的。

一个孤寂的男孩

1642年的圣诞节，艾萨克·牛顿出生[8]在一间石头农舍里。除了这个日期之外，他的降生再无值得庆祝的理由。据说他是个早产儿，瘦小到能被装进1夸脱（1.136升）的杯子里。牛顿没有父亲，在他出生的3个月前，自耕农老艾萨克·牛顿就去世了，只留下了大麦、家具和一些绵羊。

牛顿3岁时，他的母亲汉娜再婚，把他留给外祖父母照顾。（汉娜的新丈夫巴纳巴斯·史密斯牧师坚持做这样的安排，他是个年龄比汉娜大一倍的有钱人，想要一个年轻的妻子，但不想要一个年幼的儿子。）牛顿憎恨他的继父，并且觉得自己被母亲抛弃了。后来，在他列出的19岁前犯下的罪行清单中，有这样一条："13. 威胁我的父母（史密斯夫妇）要把他们和他们的房子一起烧掉。"下一条更邪恶："14. 希望死亡降临到某些人身上。"然后是："15. 经常打架。16. 有不洁的想法、言行和愿望。"

他是一个烦恼和孤独的小男孩，没有伙伴，只有大把的空闲时间。于是，他独自开展学术调查，在农舍里建造日晷，测量墙上的光影变化。在牛顿10岁的时候，再次成为寡妇的汉娜带着三个孩子（两个女儿和一个儿子）回来了。她把牛顿送到8英里外格兰瑟姆的一所学校，因为距离太远，他无法每天步行往返。于是，牛顿寄宿在药剂师、化学家威廉·克拉克先生家里，并从克拉克那里学习了药物和疗法、沸腾和混合，以及如何用臼和杵研磨。校长亨利·斯托克斯先生给牛顿教授了拉丁语、一点儿神学理论、希腊语、希伯来语、一些农民在勘测耕地时会用到的实用数学方法，还有更深奥的知识，比如阿基米德如何估算圆周率的值。尽管牛顿的学业报告评价他是个懒散、注意力不集中的学生，但当他晚上独自待在房间里时，他会在墙上画阿基米德画过的圆和多边形。

牛顿16岁时，母亲让他离开学校，并强迫他经营家庭农场。他憎恨做农活，便放纵他家的猪闯入邻居的田地，任由篱笆东倒西歪，并被庄园法庭处以罚款。他和母亲及同母异父的妹妹们关系都很糟糕。他常常一个人躺在田地里看书，还在溪流中搭建了水车，研究它们产生的旋涡。

最终，他的母亲做了一件正确的事。在她的哥哥和斯托克斯校长的劝说下，汉娜允许牛顿重返学校。由于在学业上的出色表现，1661年，牛顿作为一名公费生进入了剑桥大学三一学院。不过，公费生的身份也意味着，他不得不依靠做服务员并为有钱的学生服务来赚取生活费，有时他还会吃他们的残羹剩饭。（汉娜可以负担牛顿的生活费，但她没有这样做。）牛顿在大学里几乎没有朋友，在之后的人生中也一直如此。据我们所知，他从未谈恋爱和结婚，也很少开怀大笑。

在大学的头两年，他忙于学习当时仍具有权威性的亚里士多德经院哲学，但后来他的思维活跃起来。在读了一本关于占星术的书后，他对数学产生了好奇心。牛顿发现，如果不知道一些三角学知识，他就无法理解占星术；而如果不知道一些几何知识，他就无法理解三角学。于是，他读了欧几里得的《几何原本》，起初书中的所有结论对他来说都是显而易见的，但读到毕达哥拉斯定理时，他不再这样认为了。

1664年，牛顿获得了奖学金，并潜心钻研数学。他自学了那个时代6本权威的教科书，快速掌握了十进制算术、符号代数、毕达哥拉斯三元组、排列、三次方程、圆锥曲线和无穷小等基础知识。其中有两位作者特别令他着迷，即研究解析几何和切线的笛卡儿，以及研究无穷和求积法的约翰·沃利斯。

玩转幂级数

1664—1665 年的冬天，牛顿在认真阅读沃利斯的《无穷算术》一书时，偶然发现了某个神奇的东西[9]。它是一种求解曲线下方面积的新方法，既简单又具有系统性。

实质上，沃利斯把无穷原则变成了一种算法。传统的无穷原则说的是，为了计算一个复杂的面积，人们可以把它重新想象成较简单面积的无穷级数。尽管牛顿遵循了这个策略，但他对其进行了升级，用符号而不是形状作为基本单元。他没有使用常见的碎片、条块或多边形，而是使用了符号 x 的次方，比如 x^2 和 x^3。今天我们把他的策略称作幂级数法。

牛顿把幂级数视为无穷小数的一种自然推广形式。毕竟，一个无穷小数不过是 10 和 1/10 的幂级数。各个数位上的数字会告诉我们，它们分别包含多少个 10 或 1/10 的次方。比如，$\pi = 3.14\cdots$ 对应下面这个特定的组合：

$$3.14\cdots = 3 \times 10^0 + 1 \times (\frac{1}{10})^1 + 4 \times (\frac{1}{10})^2 + \cdots$$

当然，根据无穷小数的要求，想以这种方式表示任何数，就需要使用无穷多个数字。通过类比，牛顿觉得他可以用无穷多个 x 的次方"配置"出任何曲线或函数。关键是要弄清楚其中包含多少个 x 的不同次方，在研究过程中，他想出了几种找到正确组合的方法。

牛顿是在思考圆的面积问题时偶然想到了幂级数法。通过让这个古老的问题变得更具一般性，他在其中发现了一个前人未曾注意到的结构。他并没有把注意力局限在标准形状上，比如整圆或者1/4圆，而是专注于一种奇异的形状——"圆弓形"的面积，它的宽度为x，其中x是0到1之间的任意数字，1是圆的半径（图7–8）。

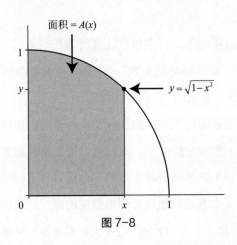

图 7-8

这是牛顿的第一个创举。使用变量x的好处在于，就像转动一个旋钮一样，他可以不断调整这个区域的形状。当x的值很小且接近于0时，就会产生一个细而竖直的圆弓形，看上去好像立在边缘处的细条；增大x会使这个圆弓形变宽为一个块状区域；当x的值为1时，则会得到他熟悉的形状——1/4圆。所以，通过上下转动旋钮，牛顿可以得到介于0和1之间的任意大小的x。

借助实验、模式识别和启发性猜测这个随心所欲的过程（他从沃利斯的书中学到的一种思考方式），牛顿发现圆弓形的面积可以用下面的幂级数来表示：

$$A(x) = x - \frac{1}{6}x^3 - \frac{1}{40}x^5 - \frac{1}{112}x^7 - \frac{5}{1\,152}x^9 - \cdots$$

　　至于这些奇怪的分数来自哪里，或者算式中为什么只有x的奇数次方，这些都是牛顿的"独家秘方"。他构建这个幂级数的论证过程可以概括如下（如果你对他的论证过程不太感兴趣，可以跳过这一段的余下部分）：[10]牛顿在研究圆弓形之初，运用了解析几何的方法。他将圆表示为$x^2 + y^2 = 1$，然后求解y，得到$y = \sqrt{1 - x^2}$。接着，他认为平方根等价于1/2次方，因此$y = (1 - x^2)^{1/2}$，请注意括号右边的1/2次方。由于牛顿和其他人都不知道如何求解对应于1/2次方的圆弓形面积，所以他回避了这个问题（这是他的第二个创举），转而去求解对应于整数次方的圆弓形面积，后一个问题很容易解决，因为牛顿从沃利斯的书中习得了相关方法。于是，牛顿算出了$y = (1 - x^2)^1, (1 - x^2)^2, (1 - x^2)^3\cdots$（它们的括号外都是像1、2和3这样的整数）对应的圆弓形面积。他运用二项式定理将表达式展开后，发现它们都变成了简单幂函数的和，而这些幂函数正是我们在图7-7中看到的那些被他编制成表格的面积函数。之后，他开始寻找圆弓形面积随x变化的模式。根据对应于整数次方的圆弓形面积，牛顿猜出了对应于1/2次方的圆弓形面积（这是他的第三个创举），并用各种方法检验他的答案。这个答案引领他建立了$A(x)$的公式，也就是前文中展示的那个由奇异分数构成的令人惊叹的幂级数。

　　随后，圆弓形对应的幂级数的导数，引领他得到了圆对应的一个同样令人惊叹的级数：

$$y = \sqrt{1 - x^2} = 1 - \frac{1}{2}x^2 - \frac{1}{8}x^4 - \frac{1}{16}x^6 - \frac{5}{128}x^8 - \cdots$$

　　尽管他还会取得更多的研究成果，但到这一步已经相当了不起了。他用无穷多个更简单的部分构建出一个圆，这里的"更简单"是从积分和微分的角度说的。它的所有要素都是x^n形式的幂函数，其中n是整数。

而且，每个幂函数都有易于求解的导数和积分（面积函数）。同样地，x^n 的数值可以用简单的算数方法（重复的乘法运算）来计算，再用加、减、乘、除运算就可以把它们组合成一个级数。不需要取平方根，也无须担心会有其他难以处理的函数。如果牛顿能找到除圆之外的其他曲线对应的这类幂级数，那么它们的积分运算也会变得毫不费力。

就这样，年仅 22 岁的牛顿找到了通往圣杯的路径。通过将曲线转换成幂级数，他系统性地求解出它们的面积。考虑到他罗列在表格里的那些函数对，反向问题对幂函数来说简直是小菜一碟。因此，能用幂级数表示的任何曲线都是易于求解的。牛顿的算法可谓无比强大。

接着，他尝试了另一条曲线，即双曲线 $y = 1/(1 + x)$，并且发现它也可以表示成幂级数的形式：

$$\frac{1}{1 + x} = 1 - x + x^2 - x^3 + x^4 - x^5 + \cdots$$

这个级数又让牛顿得出了双曲线下方从 0 到 x 的弓形（圆弓形的双曲线对应物）面积对应的幂级数。它定义的函数被他称为双曲线对数，我们今天称之为自然对数。

$$\ln(1 + x) = x - \frac{1}{2}x^2 + \frac{1}{3}x^3 - \frac{1}{4}x^4 + \frac{1}{5}x^5 - \frac{1}{6}x^6 + \cdots$$

对数令牛顿兴奋不已的原因有两点。第一，它们可以极大地提高计算速度。第二，它们与牛顿当时正在研究的音乐理论中的一个争议性问题有关：如何在不牺牲传统音阶最令人愉悦的和声的前提下，将一个八度音程划分成完全相等的音步。（用音乐理论的术语来说，牛顿利用对数来评估八度音程的平均律划分与传统的纯律调音的效果有多么接近。）

得益于互联网创造的奇迹和"牛顿项目"历史学家的努力，你现在可以回到1665年，看看年轻的牛顿在做什么。（想免费翻看牛顿大学时期的笔记本，可以登录如下网址：http://cudl.lib.cam.ac.uk/view/MS-ADD-04000/。）让我们越过他的肩膀看一下第223页（原稿第105页的背面），你会发现他正在比较音乐数列和几何数列。放大这一页的底部，你可以看到牛顿是如何把他的计算过程与对数联系起来的。然后翻到第43页（原稿第20页的正面），看看他如何"对双曲线求积"，以及利用幂级数计算1.1的自然对数值并将其精确到50位。

什么样的人能手工计算出50位的对数值呢？他似乎陶醉在幂级数赋予他的全新力量之中。当后来回忆起这种过度计算的行为时，他有点儿难为情地说："我羞于告诉别人我算到了多少位，那时我没有其他事情可做，而且我实在太喜欢幂级数了。"[11]

唯一值得安慰的是，人无完人。当牛顿第一次做这样的计算时，他犯了一个小小的算术错误。他的计算结果中只有前28位数是正确的，但他后来发现并修正了这个错误。

在自然对数方面小试牛刀之后，牛顿又把他的幂级数延伸至三角函数，因为在天文学、测量学和航海中，每当出现圆、周期或三角形时，就会用到三角函数。不过，牛顿并不是第一个"吃螃蟹的人"。早在两个多世纪以前，印度喀拉拉邦的数学家[12]就发现了正弦、余弦和反正切函数的幂级数。16世纪早期，加斯特德维和尼拉坎撒·萨马亚吉在他们的著作中，将这些公式归功于喀拉拉邦数学与天文学院的创立者马德哈瓦。马德哈瓦推导出这些公式并以韵文的形式把它们表达出来，比牛顿早了大约250年。所以，我们说印度人应该预见到了幂级数的存在，这是有一定道理的。小数也发明于印度，而且正如我们看到的那样，牛顿认为他为曲线所做的一切就类似于无穷小数对算术的贡献。

这一切的关键在于，牛顿的幂级数给了他一把对付微积分的瑞士军刀。有了它们，他可以求积分、解代数方程的根和计算非代数函数（比如正弦、余弦和对数）的值。正如他所说，"在它们的帮助下，[13]几乎所有问题都得到了解决。"

混搭大师

在幂级数的相关研究中，牛顿表现得就像一位数学混搭大师，但我并不认为他意识到了这一点。他利用古希腊人的无穷原则来解决几何学中的面积问题，并把印度人的小数、伊斯兰人的代数和法国人的解析几何融入其中。

我们可以从他的方程结构中看出一些"数学舶来品"的痕迹。比如，比较一下阿基米德在抛物线求积法中使用的数字无穷级数 $4/3 = 1 + 1/4 + 1/16 + 1/64 + \cdots$ 和牛顿在双曲线求积法中使用的符号无穷级数 $1/(1+x) = 1 - x + x^2 - x^3 + x^4 - x^5 + \cdots$，如果把 $x = -1/4$ 代入牛顿的级数，它就会变成阿基米德的级数。从这个意义上说，牛顿的级数将阿基米德的级数作为一个特例包括在内。

他们研究成果的相似性还延伸到他们思考的几何问题上。他们都喜欢弓形，阿基米德用他的数字级数求解出抛物线弓形的面积，牛顿则用他的升级版幂级数 $A_{圆}(x) = x - x^3/6 - x^5/40 - x^7/112 - 5x^9/1\ 152 - \cdots$ 求解出圆弓形的面积，并用另一个幂级数 $A_{双曲线}(x) = x - x^2/2 + x^3/3 - x^4/4 + x^5/5 - x^6/6 + \cdots$ 求解出双曲线弓形的面积。

实际上，牛顿的级数要比阿基米德的级数强大无穷倍，因为前者可用于求解不止一个而是无穷多个圆弓形和双曲线弓形的面积。这要归功于抽象符号 x，让牛顿可以毫不费力地不停变换问题。他能够通过左右滑

动 x 来调整弓形的形状，其结果看上去是一个无穷级数，但其实是无穷多个无穷级数，因为每个 x 都分别对应一个无穷级数。这就是幂级数的力量，它们帮助牛顿解决了无穷多个问题。

但我还要说，如果不是站在巨人的肩膀上，牛顿就不可能做到这一切。他统一、综合和归纳了伟大前辈的思想：他继承了阿基米德的无穷原则，他的切线知识来自费马，他使用的小数和变量分别来自印度数学和阿拉伯代数，他用方程表示 xy 平面上曲线的做法来自笛卡儿的著作，他对无穷的随心所欲的玩法、他的实验精神及他对猜想和归纳的开放性态度都来自沃利斯。他把所有这一切混搭在一起，创造出一种新事物——通用的幂级数法，直到今天我们在解决微积分问题时仍会用到它。

私密的微积分

1664—1665 年冬天，也就是牛顿研究幂级数期间，一场可怕的瘟疫正在向北席卷整个欧洲，它如同海浪般从地中海一直蔓延到荷兰。黑死病（腺鼠疫）传入伦敦后，一周之内就夺走了数百人的生命，之后又杀死了数千人。1665 年夏天，剑桥大学出于防护的目的暂时关闭了校园，牛顿因此回到了他在林肯郡的家庭农舍。

在接下来的两年里，他变成了世界上最棒的数学家。但是，发明现代微积分还不足以占据他的整个大脑。他发现了引力平方反比律并将其应用于月球，他发明了反射望远镜，他通过实验证明白光是由彩虹的 7 种颜色组成的。那时牛顿还不到 25 岁，他后来回忆道，"在那些日子里，我处于发明的全盛期，[14] 对数学和哲学的关注程度超过此后的任何时间。"

1667 年，在瘟疫渐渐平息后，牛顿回到剑桥大学继续他一个人的研究。到 1671 年，他已经把微积分的各个部分统一成一个无缝整体。他建立了幂级数法，他利用关于运动的思想极大地改进了既有的切线理论，他发现和证明了解决面积问题的基本定理，他编制了曲线及其面积函数的表格，并将所有这些成果"焊接"成一台精细调谐的系统性计算机器。

但在三一学院之外，牛顿名不见经传。而这正是他想要的，他独自保守着隐秘源泉的秘密。他深居简出，猜疑心重，对批评意见极为敏感，讨厌和他人争论，尤其是那些不了解他的人。正如他后来说的那样，他不喜欢被"那些对数学一无所知的人激怒"[15]。

牛顿之所以如此小心谨慎，还有另一个原因：他知道自己的研究可能会在逻辑方面遭到攻击。他利用的是代数方法，而不是几何学工具，他对无穷（微积分的原罪）也采取了漫不经心的态度。约翰·沃利斯的著作对学生时代的牛顿产生了巨大的影响，前者也曾因为触犯同样的禁忌而遭到残酷的批评。政治哲学家和二流数学家托马斯·霍布斯[16]曾严厉抨击沃利斯的《无穷算术》是"符号的疥疮"[17]（因为对代数的依赖）和"无耻的著作"[18]（因为对无穷的使用）。牛顿不得不承认，他的研究只是分析，而不是综合；它的用处只在于发现，而不是证明。他贬称自己的无穷法"不值得公开发表"[19]，多年后又说"尽管似是而非的代数[20]非常适用于取得新的发现，但却完全不适合编撰成书，并留传给后代"。

出于这些及其他原因，牛顿隐藏了他的研究成果，但他仍渴望因此获得认可。尼古拉斯·墨卡托在1668年出版了一本关于对数的小书，这让牛顿感到既痛苦又烦恼，因为这本书中讲到的自然对数的无穷级数，他早在3年前就发现了。被人抢先一步的震惊和失望，促使牛顿在1669年写了一本关于幂级数的小册子，并在少数几位值得信赖的追随者中间私下传阅。这本小册子的完整标题是《运用无穷多项方程的分析学》（*On Analysis by Equations Unlimited in Their Number of Terms*），它的内容远不只是对数。1671年，牛顿将它扩充为关于微积分的重要论著《流数术与无穷级数》(*A Treatise of the Methods of Series and Fluxions*)，不过这本著作在他的有生之年并未公开发表，牛顿对它严加保管，仅供他自己使用。《运用无穷多项方程的分析学》于1711年出版，《流数术与无穷级数》则一直拖到1736年（那时牛顿已经去世）才出版，牛顿的遗产还包括5 000页未发表的数学手稿。

所以，世人是经过了一段时间才知道艾萨克·牛顿这个人物的。然而，在剑桥大学的院墙之内，他是一个众所周知的天才。1669年，剑桥大学的首位卢卡斯教授、牛顿的导师之一伊萨克·巴罗主动让贤，力荐牛顿接任卢卡斯数学教授席位。

这对牛顿来说是一份理想的工作，他生平第一次有了稳定的收入来源。这个职位几乎不需要承担教学任务，他没有研究生可带，他给本科生讲授的课程也少有人来上。学生们根本听不懂牛顿的课，他们也不知道这个穿着红袍、银发齐肩、面色阴郁、身形瘦削、如僧侣般的怪人是怎么一回事。

牛顿在完成《流数术与无穷级数》的写作后，尽管他的思维依旧十分活跃，但微积分不再是他的主要兴趣所在。他开始深入研究《圣经》中的预言、年代学、光学和炼金术，用棱镜把光分解成各种颜色，用水银做实验，嗅闻和偶尔品尝化学物质，并夜以继日地尝试用锡炉把铅变成黄金。就像阿基米德一样，他为此废寝忘食。他正在寻找宇宙的秘密，没有耐心去做那些让他分心的事情。

然而，1676年的一天，一封来自巴黎的信让牛顿无法再心无旁骛。寄信者名叫莱布尼茨，他在信中提出了几个关于幂级数的问题。

第 8 章

思维的虚构产物

莱布尼茨怎么会听闻牛顿尚未发表的研究成果呢？这并不难，关于牛顿取得的种种发现的消息已经传播好几年了。1669年，伊萨克·巴罗为了提拔他的年轻门生，曾给一位名叫约翰·柯林斯的数学爱好者和剧院经理，寄去了一份未署名的《运用无穷多项方程的分析学》副本，柯林斯一直是英国和欧洲大陆的数学家通信网络中的关键联络人。他被这份文稿中的结论惊呆了，便询问巴罗它的作者是谁。得到牛顿的允许后，巴罗揭开了谜底："我很高兴我朋友的论文能让你如此满意。他名叫牛顿，[1]在我们学院工作，尽管他很年轻……但他在这些方面有着非凡的天赋和能力。"

柯林斯从来就不是一个守口如瓶的人。他用《运用无穷多项方程的分析学》中的片段取笑他的通信对象，用牛顿的研究成果博得对方的称赞，却从不解释它们来自哪里。1675年，他向一位名叫格奥尔格·玻尔的丹麦数学家展示了牛顿的反正弦函数和正弦函数的幂级数，随后玻尔又把这些内容告诉了莱布尼茨。于是，莱布尼茨向英国皇家学会的秘书亨利·奥登伯格（出生于德国，致力于推动科学发展，颇具交际能力）提出了一项请求："在我看来，他（玻尔）给我们带来了颇具独创性的研究成果，后一个级数更是具备某种罕见的优雅性。尊敬的阁下，如果你能把证明过程寄给我，[2]我将感激不尽。"

亨利·奥登伯格把莱布尼茨的请求转达给牛顿，这引起了牛顿的不快。寄证明过程?! 牛顿通过奥登伯格回复了莱布尼茨，并且把《运用无穷多项方程的分析学》中的所有"武器装备"——一页又一页晦涩难懂、令人生畏的公式——都拿了出来。在牛顿的核心圈子之外，从未有人见过这样的数学。此外，牛顿还强调这些材料已经过时了，"我写得相当简短，是因为我早就开始反感这些理论了，[3] 近5年来唯恐避之不及。"

莱布尼茨并没有气馁，他继续回信向牛顿打探，希望获得更多的信息。他在这个领域还是个新手，身为外交官、逻辑学家、语言学家和哲学家的他，直到最近才对高等数学产生了兴趣。他花时间向欧洲数学界的领军人物克里斯蒂安·惠更斯学习，以便快速掌握最新的发展动态。仅用了3年时间，莱布尼茨的数学造诣就超过了欧洲大陆上的所有人。他现在要做的就是弄清楚牛顿知道什么，以及隐瞒了什么。

为了从牛顿那里探听到信息，莱布尼茨尝试了一种不同的方法，即有意犯一些能给牛顿留下深刻印象的错误。他拿出自己的研究成果——特别是让他引以为傲的无穷级数——呈送给牛顿，这表面上是一份礼物，但其实是一个信号，暗示他有资格分享牛顿的秘密。

两个月后，1676年10月24日，牛顿通过奥登伯格回复了莱布尼茨。他以恭维话作为开场白，声称莱布尼茨"非常出色"[4]，并夸赞了莱布尼茨的无穷级数，说它"让我们对你取得的伟大成就充满期待"[5]。这些溢美之词是出自牛顿的真心吗？显然不是，因为他的下一句话就充满了尖酸的讽刺："实现同一目标的不同方法[6]给我带来了更大的快乐，我知道有3种方法可以得出那样的级数，所以我对新方法的出现几乎不抱任何期望。"牛顿的言外之意是，"感谢你告诉我这件事，而我已经知道如何用3种方法做到它了。"

在这封信的余下部分，牛顿戏弄了莱布尼茨。他展示了自己求解无穷级数的一些方法，并以适用于小学生的教学方式来解释它们。不过，这对后人来说是一件幸事，因为牛顿在信里把这些方法描述得非常清晰，有助于我们准确地理解他的思想。

但当谈到他最宝贵的"财产"（他的第二本关于微积分的小册子《流数术与无穷级数》中的革命性方法，其中包括基本定理，当时尚未公开发表）时，牛顿温和的解释戛然而止。"事实上，这些运算的基础显而易见；但由于我现在不能继续做解释了，所以我宁愿把它们像这样隐藏起来[7]：6accdae13eff7i3l9n4o4qrr4s8t12vx。在此基础上，我也尽力简化了与曲线求积相关的理论，并得出了某些一般性定理。"

牛顿利用这串加密代码把他最珍视的秘密摆在莱布尼茨面前，实际上是要告诉莱布尼茨，"我知道你不知道的事情，即使你后来发现了它，这串密码文也能证明我是第一个知道它的人。"

然而，牛顿没有意识到的是，莱布尼茨已经独立地发现了这个秘密。

眨眼之间

1672—1676 年，莱布尼茨创立了他自己的微积分。和牛顿一样，他发现和证明了基本定理，认识到它的重要性，并围绕它建立了一个算法体系。莱布尼茨写道，在基本定理的帮助下，他能够在"眨眼之间"[8]推导出当时已知的关于求积法和切线的几乎所有定理，除了牛顿仍在隐藏的那些。

1676 年，莱布尼茨给牛顿写了两封信，想打探和询问证明过程，尽管他知道自己有些死缠烂打，但还是忍不住这样做。他曾对一位朋友说："我觉得自己背负着一个巨大的缺点，[9]那就是缺乏优雅的举止，以至于经常毁掉他人对我的第一印象。"

莱布尼茨身形瘦削，弯腰驼背，面色苍白，[10]尽管他外表平平，但智力超群。在包括笛卡儿、伽利略、牛顿和巴赫在内的世纪天才中，他是最全能的一位[11]。

虽然莱布尼茨发现微积分的时间比牛顿晚了10年，但人们通常认为他是微积分的共同发明者，原因有以下几点。莱布尼茨率先以一种优美和易于理解的形式公布了微积分，并用一种精心设计的简洁符号来表达它，我们至今仍在使用这种符号。而且，他吸引了一些热衷于传播微积分的追随者，他们写出了有影响力的教科书，并在诸多细节上发展了这门学科。后来，当莱布尼茨被指控从牛顿那里剽窃了微积分时，他的追随者极力为他辩护，并以同样的热情还击牛顿。

在发现微积分方面，莱布尼茨使用的方法[12]比牛顿的方法更基本，在某种程度上也更直观。它还解释了为什么关于导数的研究一直被称作微分学，为什么求导运算被称作微分。这是因为在莱布尼茨的方法中，微分的概念是微积分真正的核心；而导数是次要的，是事后添加的东西，或者说是后来的一种改进。

但今天，我们常常忘记微分的重要性。现代教科书会贬低、重新定义或者粉饰它们，只因为它们是无穷小量。这样一来，它们就被视为自相矛盾、离经叛道和恐怖骇人的东西，所以很多书为了万无一失，便把无穷小量像电影《惊魂记》里诺曼·贝茨的母亲那样"锁在阁楼里"。但它们其实没什么可怕的，真的。

让我们去看看"阁楼里的母亲"吧。

无穷小量

无穷小量是一种模糊的东西，它应该是你能想到的最小却不为0的数。更简洁地说，无穷小量小于一切，但又大于0。

更加矛盾的是，无穷小量的大小不同。一个无穷小量的无穷小部分还要小得多，我们称之为二阶无穷小量。

正如存在无穷小的数一样，也存在无穷小的长度和无穷小的时间。无穷小的长度尽管不是一个点（它比点大），但却比你能想象到的任何长度都小。同样，无穷小的时间间隔尽管不是一瞬间，也不是一个时间点，但却比你能想象到的任何持续时间都短。

无穷小量的概念是作为一种讨论极限的方式出现的。还记得在第 1 章的例子中，我们观察了一系列正多边形，先是等边三角形和正方形，然后是五边形、六边形和其他边数越来越多的正多边形。我们注意到，边的数量越多，边长就越短，多边形看上去也越像圆。尽管我们很想说圆就是边长无穷小的无穷多边形，但还是忍住了，因为这种想法似乎会变成无稽之谈。

我们也发现，如果选择圆周上的任意一点并在显微镜下观察它，那么随着放大倍数的增加，包含该点在内的任意微小的弧看起来都会越来越直。在放大无穷倍的极限情况下，那段微小的弧看上去就是笔直的。从这个意义上说，把圆看作由无穷多条线段组成的形状，进而把它视为边长无穷小的无穷多边形，似乎大有帮助。

虽然牛顿和莱布尼茨都利用了无穷小量，但牛顿后来又否认了它们，改为支持流数（一阶无穷小量的比率，它们像导数一样是有限的和可接受的）。莱布尼茨则对无穷小量持一种更加务实的态度[13]，他并不在意它们是否真实存在，而只将其视为重构关于极限的论证过程的有效方式。莱布尼茨还把无穷小量当作解放想象力的有效簿记工具，从而使研究工作更富成效。就像他向一位同行解释的那样："从哲学角度讲，我对无穷小量和无穷大量一视同仁。我认为它们都是思维的虚构产物[14]，以及适用于微积分的简洁讲述方式。"

今天的数学家是怎么想的呢？无穷小量确实存在吗？这取决于你对

"确实"一词的理解。物理学家告诉我们，无穷小量并不存在于现实世界中（但话说回来，无穷小量也不存在于其他数学领域中）。在理想的数学世界里，尽管无穷小量在实数系中不存在，但它们的确存在于某些扩充了实数系的非标准数系中。对莱布尼茨及其追随者来说，无穷小量是以迟早会派上用场的思维虚构产物的形式存在的，这也将成为我们看待无穷小量的方式。

2.001 的立方

为了理解无穷小量是多么富有启发性，我们不妨从非常具体的例子入手。思考一下这个算术问题：2的立方（$2 \times 2 \times 2$）是多少？答案当然是8。那么，$2.001 \times 2.001 \times 2.001$ 是多少？其结果肯定略大于8，但到底大多少呢？

在这里，我们要寻找的是一种思维方式，而不是一个数值解。一般性的问题是，当我们改变一个问题的输入（在这个例子中，就是把2变为2.001）时，输出会改变多少呢？（在这里，答案从8变为8加上某个我们想要了解其结构的东西）。

既然很难忍住不偷看，那么干脆看看计算器会告诉我们什么吧。输入2.001，然后按下 x^3 键，得到：

$$(2.001)^3 = 8.012\ 006\ 001$$

我们需要注意的结构是这个数的小数部分，它实际上是由3个大小完全不同的部分组成的：

$$0.012\ 006\ 001 = 0.012 + 0.000\ 006 + 0.000\ 000\ 001$$

我们可以把它想象成"小"的部分加上"超小"的部分再加上"超超小"的部分，并运用代数方法来理解这个结构。假设一个量 x（在这个例子中是 2）略微变化为 $x + \Delta x$（在这个例子中是 2.001）。符号 Δx 表示 x 的差分，指 x 的微小变化量（在这个例子中 $\Delta x = 0.001$）。当我们问 $(2.001)^3$ 是多少时，我们实际上问的是 $(x+\Delta x)^3$ 等于多少。经过乘法运算（或者运用杨辉三角形和二项式定理），我们发现：

$$(x + \Delta x)^3 = x^3 + 3x^2\Delta x + 3x(\Delta x)^2 + (\Delta x)^3$$

把 $x = 2$ 代入后，这个方程变为：

$$(2 + \Delta x)^3 = 2^3 + 3(2)^2(\Delta x) + 3(2)(\Delta x)^2 + (\Delta x)^3$$
$$= 8 + 12\Delta x + 6(\Delta x)^2 + (\Delta x)^3$$

现在我们就能明白，为什么除了 8 以外的数位是由 3 个大小不同的部分组成的。小但却占据主导地位的部分是 $12\Delta x = 12 \times 0.001 = 0.012$，而 $6(\Delta x)^2$ 和 $(\Delta x)^3$ 则分别对应超小部分 0.000 006 和超超小部分 0.000 000 001。某个部分中 Δx 的指数越大，其数值就越小。每多乘以一次微小的因子 Δx，都会让一个小的部分变得更小，这就是各个部分大小不同的原因。

这个例子虽然不起眼，却恰恰展示出微积分背后的核心观点。在很多关于原因与结果、剂量与反应、输入与输出，或者其他类型的自变量 x 和因变量 y 之间关系的问题中，输入的一个小的变化量（Δx）都会使输出产生一个小的变化量（Δy）。这个小变化量通常是以我们可利用的结构化方式组织起来的，也就是说，输出的变化量包含不同层级的部分。按照大小，它们可以被分级成小的、超小的甚至更小的部分。这种分级方式会让我们专注于小但却占据主导地位的变化量，而忽略超小甚至更小的其他变化量。虽然这个变化量很小，但和其他变化量相比却是巨大的（比如，与 0.000 006 和 0.000 000 01 相比，0.012 是巨大的）。这就是微积分背后的核心观点。

微分

　　除了对正确答案贡献最大的那一部分，其他部分全部忽略不计，这种思维方式似乎只能得到近似的结果。如果输入的变化量是有限的（就像我们在前文中给2加上的0.001），那么事实的确如此。但如果输入的变化量是无穷小的，这种思维方式反而会使结果变得精确；我们不会犯丝毫的差错，因为最大的那个部分变成了全部。而且，正如我们在本书里看到的那样，无穷小的变化量恰恰是我们理解斜率、瞬时速度和曲线下方面积所需要的东西。

　　为了理解这种思维方式的实际效果，让我们回到前文的例子中，计算一个略大于2的数的立方。只不过我们现在要把2变为 $2 + dx$，其中 dx 表示无穷小的差分 Δx，这个概念本质上没什么意义，所以不用想太多，关键是学会如何利用它使微积分运算变得轻而易举。

　　特别是前文中将 $(2 + \Delta x)^3$ 展开为 $8 + 12\Delta x + 6(\Delta x)^2 + (\Delta x)^3$ 的计算过程，现在我们可以把它缩减得更简单：

$$(2 + dx)^3 = 8 + 12\, dx$$

　　那么，像 $6(dx)^2 + (dx)^3$ 这样的其他项去哪里了？答案是：我们舍弃了它们。作为超小和超超小的无穷小量，它们与 $12dx$ 相比是完全微不足道的，因此可以忽略不计。但是，我们为什么要保留 $12dx$ 呢，它和8相比不也是微不足道的吗？尽管事实的确如此，但如果我们把它也舍弃了，就无法考虑任何变化量了，答案将一直是8。所以秘诀在于，想要研究无穷小的变化量，就必须保留涉及 dx 的一次方的项，而忽略其他项。

　　对于这种利用 dx 之类的无穷小量的思维方式，我们可以从极限的角度重新加以表述，使其变得十分合理和严密，这就是现代教科书的处理方式。但是，使用无穷小量的方法更简单也更快，在这种背景下，它们对应的术语是微分。之所以取这样的名字，是因为我们把它们看作 Δx 和 Δy 的差，这些差趋于极限值 0。就像我们在显微镜下观察抛物线时看到的那样，随着放大倍数的增加，曲线变得越来越直。

微分求导法

让我向你们展示一下，如果改用微分来表达，某些概念会变得多么简单。比如，当一条曲线被视为 xy 平面内的图像时，它的斜率是多少？我们从抛物线的相关研究（第 6 章）中了解到，曲线的斜率是 y 的导数，即当 Δx 趋于 0 时 $\Delta y/\Delta x$ 的极限。但从微分的角度看，斜率又是什么呢？答案很简单：dy/dx，这就好像曲线是由很短的线段组成的一样（图 8-1）。

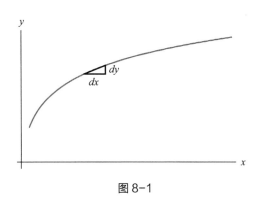

图 8-1

如果我们把 dy 看作一个无穷小的垂直高度，把 dx 看作一个无穷小的水平距离，那么斜率一如既往地等于垂直高度除以水平距离，即 dy/dx。

为了将其应用于一条特定的曲线（比如 $y = x^3$，也就是我们在计算略大于 2 的数的立方时思考过的例子），我们用以下方法计算 dy：

$$y + dy = (x + dx)^3$$

和前文中一样，我们将方程右边展开为：

$$(x + dx)^3 = x^3 + 3x^2 dx + 3x(dx)^2 + (dx)^3$$

不过，按照秘诀，我们现在要舍弃 $(dx)^2$ 项和 $(dx)^3$ 项，因为它们并不是最大的部分。这样就有：

$$y + dy = (x + dx)^3 = x^3 + 3x^2 dx$$

又因为 $y = x^3$，我们简化上面的方程得到：

$$dy = 3x^2 dx$$

两边同时除以 dx，得出相应的斜率：

$$\frac{dy}{dx} = 3x^2$$

当 $x = 2$ 时，斜率为 $3 \times (2)^2 = 12$，跟我们在前文中看到的结果一样。这也是我们把 2 变为 2.001 后得到 $(2.001)^3 \approx 8.012$ 的原因，它意味着，x 相较于 2 的无穷小变化量（被称作 dx）被转化为 y 相较于 8 的无穷小变化量（被称作 dy），而且后者是前者的 12 倍（$dy = 12dx$）。

顺便说一下，类似的推理过程表明，对于任意正整数 n，$y = x^n$ 的导数都是我们在前文中提过的 $dy/dx = nx^{n-1}$。稍做研究的话，我们就可以把这个结果推广至 n 为负数、小数和无理数的情况。

无穷小量和微分的巨大优势在于，它们提供了捷径，使计算变得更加简单。就像早些时候代数对几何学的影响一样，它们解放了人们的头脑，激发出更具创造性的想法。这也是莱布尼茨喜欢微分的原因，他在写给导师惠更斯的信中说，"我的微积分[15]几乎毫不犹豫地把目前关于这个学科的大部分发现都给了我。其中最令我欢喜的一点是，它在阿基米德几何方面赋予我们超越古人的优势，就像韦达和笛卡儿在欧几里得或阿波罗尼奥斯几何方面赋予我们的优势一样，使我们无须仅凭想象力去做研究。"

无穷小量唯一的缺陷在于，它们并不存在，至少在实数系中如此。哦，还有一件事：它们是自相矛盾的，即使真的存在，也没有任何意义。莱布尼茨的追随者之一约翰·伯努利意识到，尽管 dx 不为 0，但无穷小量也必须满足像 $x + dx = x$ 这样无意义的方程。好吧，你不可能拥有一切。一旦我们学会如何利用无穷小量，它们就会给出正确的答案。对我们而言，它们带来的好处可以大大弥补它们可能会造成的精神痛苦。就像毕加索眼中的艺术一样，它们也是能让我们了悟真相的"谎言"。

为了进一步证明无穷小量的力量，莱布尼茨又利用它们推导出斯涅尔的光折射正弦定律。第 4 章介绍过，当光从一种介质传播到另一种介质中（比如从空气进入水）时，它会发生弯曲，其遵循的数学定律在几个世纪里被多次发现。尽管费马运用他的最短时间原理解释了这个问题，但他的核心目的其实是解决这个原理暗含的优化问题。莱布尼茨利用他的微分学轻松地推导出正弦定律，[16]并且自豪地指出："其他学识渊博的人[17]大费周章得出的结论，精通微积分的人却好像拥有魔法一样只做了几步推导就搞定了。"

通过微分推导出基本定理

莱布尼茨微分学的另一项成就在于，它让基本定理变得一目了然。回想一下，基本定理与面积累积函数 $A(x)$ 有关，这个函数给出了曲线 $y = f(x)$

下方从0到x区间内的面积。基本定理认为，当我们向右滑动x时，曲线下方的面积会以f(x)的速率增大。因此，f(x)是A(x)的导数（图8-2）。

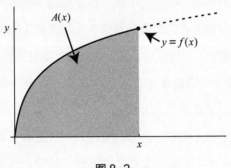

图 8-2

为了弄清楚这个结果从何而来，假设我们给x增加一个无穷小量使它变为x + dx，那么面积A(x)会改变多少呢？根据定义，它的变化量应该是dA。因此，新的面积等于原来的面积加上面积的变化量，即A + dA。

一旦我们直观地展示出dA，基本定理就会立刻不证自明。如图8-3所示，无穷小的面积变化量dA是x和x + dx之间的无限细长的竖条面积。这个竖条是一个高为y、底为dx的矩形，所以它的面积等于高乘以底，即ydx，如果你喜欢，也可以写成f(x)dx。

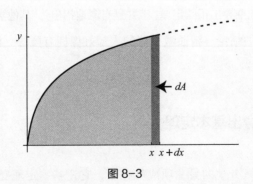

图 8-3

实际上，只有在放大无穷倍的情况下，这个竖条才会是一个矩形。在现实中，对宽度为任意有限值 Δx 的竖条来说，面积的变化量 ΔA 由两个部分组成。占主导地位的部分是一个面积为 $y\Delta x$ 的矩形，还有一个小得多的部分是矩形上方的类似三角形的微小的曲边"帽子"（图8-4）。

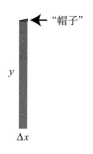

图 8-4

这是另一个体现无穷小的世界比现实世界更美好的例子。在现实世界中，我们必须考虑这个"帽子"的面积，但它估算起来并不容易，因为它取决于"帽子"顶部曲线的具体情况。但当矩形的宽度趋于0并且"变成" dx 时，相较于矩形的面积，"帽子"的面积就可以忽略不计。因为前者是小的部分，而后者是超小的部分。

所以，结果是：$dA = ydx = f(x)dx$。嘭！这就是微积分基本定理。或者，我们也可以把它写成今天更受欢迎的形式（在这个被误导的时代，微分已经被导数取代了）：

$$\frac{dA}{dx} = y = f(x)$$

这正是我们在第7章利用油漆滚筒证明的结论。

还有最后一件事，当曲线下方的面积被视为无穷多个无穷小的矩形条的面积之和时，我们就可以把它写成：

$$A(x) = \int_0^x f(x)dx$$

其中，那个像天鹅颈一样的符号实际上是一个拉伸的"S"，它提醒我们正在进行的是求和运算。它是积分学特有的一种求和运算，通过求无穷多个无穷小的矩形条面积之和，把它们整合成单一的连贯区域。这个表示整合的符号被称为积分号，莱布尼茨在1677年的一篇手稿中引入该符号，并在1686年进行了公开发表。积分号是微积分中最容易辨识的标志，它底部的0和顶部的x表示矩形在x轴上所处区间的端点，这些端点被称作积分限。

莱布尼茨是如何发现微分和基本定理的？

牛顿和莱布尼茨通过两条不同的途径各自得出了微积分基本定理。牛顿的方法是思考运动与流动问题，也就是数学连续性的一面。而莱布尼茨的方法正相反，尽管他是一个未受过正规训练的数学家，但他年轻时花了些时间思考离散数学问题，比如整数与计数、组合与排列，以及分数与特定类型的和。

在遇到克里斯蒂安·惠更斯后，莱布尼茨开始涉足更深的领域。当时，他正在巴黎执行一项外交任务，但他被惠更斯讲述的那些最新的数学成果迷住了，并且渴望了解得更多。凭借在教学方面惊人的先见之明（或者说是运气），惠更斯提出了一个将引领他的学生（莱布尼茨）发现基本定理的问题，[18] 即如何求解下面这个无穷级数的和。

$$\frac{1}{1 \times 2} + \frac{1}{2 \times 3} + \frac{1}{3 \times 4} + \frac{1}{n(n+1)} + \cdots = ?$$

为了找到这个问题的切入点，我们先从它的热身版算起。假设需要求和的不是无穷多项而是99项，那么算式变为：

$$S = \frac{1}{1 \times 2} + \frac{1}{2 \times 3} + \frac{1}{3 \times 4} + \frac{1}{n(n+1)} + \cdots + \frac{1}{99 \times 100}$$

如果你看不出其中的技巧，它就是一个冗长而直接的计算过程。只要有足够的耐心（或者一台计算机），我们就可以逐一地加总这99项。但这样做是抓不住重点的，关键在于找到一种简洁的解法。简洁的解法在数学中颇具价值，原因不仅在于它们美观，还在于它们强大有力，常常被用来阐明其他问题。在这个例子中，莱布尼茨发现的简洁解法很快就指引他得出了基本定理。

莱布尼茨利用一个绝妙的技巧解决了惠更斯的问题。第一次见到它的时候，我仿佛看到一位魔术师从帽子里变出了一只活蹦乱跳的兔子。如果你想获得同样的体验，那么你可以跳过我接下来做的类比分析；但如果你想了解魔术背后的奥秘，下面就是揭秘时刻了。

假设一个人正在爬一段很长且不太规则的楼梯，如图8-5所示。

图 8-5

如果攀登者想测量从楼梯底部到顶部的垂直高度，他如何才能做到呢？当然，他可以把每个台阶的垂直高度全部加起来，这种毫无创意的方法和前文中提到的把99项逐一加起来求S的做法是一样的。这样做虽然没什么问题，但因为楼梯太不规则了，所以算起来会很麻烦。而且，如果这段楼梯有数百万个台阶，那么把它们的垂直高度全部加起来将是一项不可能完成的任务。所以，一定还有更好的方法。

更好的方法就是使用高度计，高度计是测量海拔高度的装置。如果图8-5中的攀登者有一个高度计，他就可以用楼梯顶部的高度减去楼梯底部的高度来解决这个问题，也就是说，总的垂直高度等于这两个高度之差。不管楼梯有多么不规则，这个方法都行之有效。

这个技巧的成功取决于一个事实，那就是高度计的读数与台阶的垂直高度密切相关。任何一个台阶的垂直高度都是高度计的连续两次读数之差，换句话说，单一台阶的高度等于它的顶部高度减去它的底部高度。

现在你可能会想，高度计和那个把一长串复杂且不规则的数字加起来的数学题有什么关系呢？好吧，如果我们能以某种方式找到高度计的类似物，并用它来解决复杂且不规则的求和问题，那么事情将会变得像用高度计的最高读数减去最低读数一样简单。这基本上就是莱布尼茨所做的事情，他找到了适用于S的"高度计"，并把求和算式中的每一项都改写成高度计的连续两次读数之差的形式，从而算出了S。之后，莱布尼茨又把高度计推广到其他问题上，最终在它的引领下发现了微积分基本定理。

记住这个类比，我们再来检视一下S：

$$S = \frac{1}{1 \times 2} + \frac{1}{2 \times 3} + \frac{1}{3 \times 4} + \frac{1}{n(n+1)} + \cdots + \frac{1}{99 \times 100}$$

我们要把这个算式的每一项都改写成两个数字之差的形式，这就好比每个台阶的垂直高度等于它的顶部高度减去底部高度。第一个"台阶"

可改写为：

$$\frac{1}{1 \times 2} = \frac{2-1}{1 \times 2} = \frac{1}{1} - \frac{1}{2}$$

诚然，我们现在还不清楚接下来会发生什么，但请耐心等待。我们很快就会看到，将分数1/(1×2)改写成两个连续单位分数1/1和1/2之差的形式，是多么有用。（单位分数指分子为1的分数，这些连续的单位分数将发挥高度计的连续两次读数的作用。）而且，如果上面的算法不够清晰，你可以尝试按从右到左的顺序来简化方程。在最右边，我们用一个单位分数（1/1）减去另一个单位分数（1/2）；在中间，我们对它们进行通分；在最左边，我们简化了分子。

同样地，我们可以把S中的其他项都改写成连续单位分数之差的形式：

$$\frac{1}{2 \times 3} = \frac{3-2}{2 \times 3} = \frac{1}{2} - \frac{1}{3}$$

$$\frac{1}{3 \times 4} = \frac{4-3}{3 \times 4} = \frac{1}{3} - \frac{1}{4}$$

…

当我们把所有这些连续单位分数之差加总时，S就会变为：

$$S = \left(\frac{1}{1} - \frac{1}{2}\right) + \left(\frac{1}{2} - \frac{1}{3}\right) + \left(\frac{1}{3} - \frac{1}{4}\right) + \cdots + \left(\frac{1}{98} - \frac{1}{99}\right) + \left(\frac{1}{99} - \frac{1}{100}\right)$$

现在，仔细观察这个求和算式的结构，我们可以看到几乎所有的单位分数都出现了两次，一次带负号，一次带正号。比如，1/2先被减去，随后又被加上，净效应是含有1/2的项相互抵消。1/3亦如此，它出现了两次，并且相互抵消。事实上，包括1/99在内的几乎所有其他单位分数都是这样，除了第一个单位分数（1/1）和最后一个单位分数（1/100）。由于它们处在求和算式的两端，没有可相互抵消的搭档。在烟雾消散后，它们是仅存的单位分数。所以，结果是：

$$S = \frac{1}{1} - \frac{1}{100}$$

从楼梯类比的角度看，这个结果完全讲得通，因为所有台阶的垂直高度之和就等于楼梯的顶部高度减去它的底部高度。

顺便说一下，S可以简化为99/100，这正是99项分数求和问题的答案。莱布尼茨意识到，他可以用同样的技巧计算任意多项分数的和。如果求和算式包含N项而不是99项，那么结果将是：

$$S = \frac{1}{1} - \frac{1}{N+1}$$

这样一来，惠更斯的无穷级数求和问题的答案就变得很清楚了：当N趋于无穷时，$1/(N+1)$会趋于0，S则会趋于1。所以，极限值1就是惠更斯谜题的答案。

莱布尼茨能求出这个无穷级数和的关键在于，它有一个非常特殊的结构，可以改写成连续差（在这个例子中是连续单位分数差）之和的形式。这种差结构引发了我们在前文中看到的大规模抵消现象，具有这种性质的和现在被称作"伸缩和"，因为它们会让人想起海盗电影中老式的可折叠望远镜，也就是那种可随意伸缩的小型望远镜。原始的求和算式好比拉伸的望远镜，但由于它的差结构，该算式可以缩短成一个紧凑得多的结果。而仅剩的未压缩项在"望远镜"的两端，因为它们没有可相互抵消的搭档。

莱布尼茨自然想知道，他能否在其他问题上使用这种伸缩技巧。考虑到该技巧的强大力量，这确实是一个值得探索的想法。面对一长串待求和的数，如果他能把每个数都改写成连续数（待定）之差的形式，这种伸缩技巧将再次行之有效。

这让莱布尼茨想到了面积。毕竟，估算 xy 平面上的一条曲线下方的面积，就相当于对一长串的数（很多竖直的细矩形条的面积）求和。

我们可以从图8-6中看出他这个想法背后的理念。虽然该图中只有8个矩形，但你应该试着去想象一幅类似的图，其中有数百万乃至几十亿个细矩形条，或者更好的是，有无穷多个无限细的矩形条。遗憾的是，这种图很难绘制或者直观地展现出来。所以，我暂且以8个短粗的矩形为例。

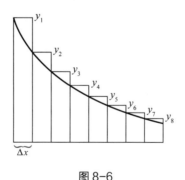

图 8-6

为简单起见，假设这8个矩形的底均为 Δx，高分别是 $y_1, y_2, \cdots y_8$。那么，这些近似矩形的总面积是：

$$y_1\Delta x + y_2\Delta x + \cdots + y_8\Delta x$$

如果我们想让这8个数字顺利地伸缩，就要通过某种方式找到神奇

的数字 $A_0, A_1, A_2, \cdots, A_8$，并使它们的差分别等于这 8 个矩形的面积。

$$y_1\Delta x = A_1 - A_0$$

$$y_2\Delta x = A_2 - A_1$$

$$y_3\Delta x = A_3 - A_2$$

$$\cdots$$

$$y_8\Delta x = A_8 - A_7$$

于是，8 个矩形的总面积就会伸缩为：

$$y_1\Delta x + y_2\Delta x + \cdots + y_8\Delta x = (A_1 - A_0) + (A_2 - A_1) + \cdots + (A_8 - A_7)$$
$$= A_8 - A_0$$

现在考虑一下无限细的矩形条的极限情况：它们的底 Δx 变为微分 dx；它们各不相同的高度 $y_1, y_2, \cdots, y_8$ 变为函数 $y(x)$，这个函数将给出位于变量 x 处的矩形高度；无穷多个矩形的面积之和变为积分 $\int y(x)dx$；伸缩和由之前的 $A_8 - A_0$ 变为现在的 $A(b) - A(a)$，其中 a 和 b 是所要计算面积左右两端的 x 值。那么，这个无穷小版的伸缩过程可以得出曲线下方的精确面积为：

$$\int_a^b y(x)dx = A(b) - A(a)$$

我们怎样才能找到使这一切成为可能的神奇函数 $A(x)$ 呢？可以看看像 $y_1\Delta x = A_1 - A_0$ 这样的方程，随着矩形变得无限细，它们就会变成：

$$y(x)dx = dA$$

为了用导数而不是微分的形式来表示相同的结果，我们在方程两边同时除以 dx，得到：

$$\frac{dA}{dx} = y(x)$$

这就是我们寻找可使伸缩过程发生的神奇数字 $A_0, A_1, A_2, \cdots, A_8$ 的类似物的方法。在矩形条无限细的极限情况下，它们由未知函数 $A(x)$ 给出，而 $A(x)$ 的导数是已知曲线 $y(x)$。

这一切就是莱布尼茨版本的反向问题和微积分基本定理。正如他说的那样，"求图形面积的运算过程[19]可以简化为：已知一个级数，去求和；或者已知一个级数，去找另一个级数，后者的连续数之差与前者的各项一致。"就这样，差与伸缩和引导莱布尼茨创立了微分和积分，并得出了基本定理，正如流数术与扩张的面积引领牛顿到达同一个隐秘源泉一样。

在微积分的帮助下对抗HIV

尽管微分是思维的虚构产物，但自从莱布尼茨发明微分以来，它们就以非虚构的方式深刻地影响着我们的世界、社会和生活。接下来我们通过一个现代的例子，看看微分在帮助人们理解和防治HIV方面起到的支持作用。

从20世纪80年代起，一种神秘的疾病每年在美国导致几万人死亡，在全世界造成数十万人死亡。尽管没有人知道它是什么、来自哪里或者由什么引发，但它的影响却显而易见。它会严重削弱患者的免疫系统，使他们变得易受罕见癌症、肺炎和机会性感染的侵害。这种疾病的致死过程缓慢、痛苦，还会损毁患者的容貌。医生称其为获得性免疫缺陷综合征或者艾滋病（AIDS），它让患者和医生都备感绝望，因为根本看不到治愈的希望。

　　基础研究表明，引发艾滋病的罪魁祸首是反转录病毒。它的致病机制非常阴险：病毒攻击并感染被称作辅助性T细胞的白细胞，这类细胞是免疫系统的关键组成部分。一旦进入T细胞，病毒就会操纵细胞的遗传机制，并利用它们制造更多的病毒。然后，这些新的病毒颗粒从细胞中逃脱，"免费搭乘"血流及其他体液，去寻找和感染更多的T细胞。人体免疫系统对这种侵袭做出的反应是，试图将血液中的病毒颗粒清除出去，并尽可能地消灭感染了病毒的T细胞。在这个过程中，免疫系统也杀死了自身的一个重要组成部分。

　　第一种获批用于治疗艾滋病的抗反转录病毒药物出现于1987年。尽管它们通过干扰操纵过程减慢了HIV的感染速度，但并不像预期的那样有效，而且病毒常会对它们产生抗性。1994年出现了另一类药物——蛋白酶抑制剂，这类药物通过干扰新产生的病毒颗粒，阻止它们成熟和使它们不具备传染性来抑制HIV。虽然蛋白酶抑制剂也无法治愈艾滋病，但对患者而言它们已经是天赐之物了。

　　蛋白酶抑制剂问世后不久，由何大一博士（曾就读于加州理工学院物理学专业，应该对微积分很熟悉）领导的研究团队和数学免疫学家艾伦·佩雷尔森合作开展的一项研究，改变了医生对HIV的看法，也彻底改变了他们的治疗方式。在何大一与佩雷尔森的这项研究之前，人们认为未经治疗的HIV感染通常会经历3个阶段：[20] 历时几周的急性初期，最长可达10年的慢性和无症状期，艾滋病末期。

　　在第一阶段，也就是一个人感染HIV后不久，他会表现出发烧、皮疹和头痛等流感样症状，血流中的辅助性T细胞（也被称为CD4细胞）的数量骤降。T细胞的正常数量是每立方毫米血液中约有1 000个，而在HIV感染初期T细胞数量会降至几百个。由于T细胞能帮助身体对抗感染，所以它们的损耗会严重削弱免疫系统。与此同时，血液中的病毒颗粒数量（病毒载量）猛增，之后随着免疫系统开始对抗HIV感染而下降。于是，流感样症状消失，患者感觉好多了。

在第一阶段结束后，病毒载量令人疑惑不解地稳定在一个可以维持多年的水平上，医生将这个水平称为"调定点"。一个未经治疗的患者可能会存活10年，除了持续性的病毒载量和缓慢下降的低T细胞数量外，没有任何HIV相关症状和实验室结果。但最终无症状期结束，艾滋病发病，这一阶段的特征是T细胞数量进一步减少而病毒载量激增。未经治疗的患者一旦病情发展成完全型艾滋病，机会性感染、癌症和其他并发症通常会导致他们在两三年内死亡。

解开这个谜团的关键，就在于HIV感染长达10年的无症状期。这是怎么回事呢？HIV是潜伏在人体内吗？我们已经知道有些病毒会在人体内潜伏，比如，生殖器疱疹病毒能潜伏在神经节中以躲避免疫系统的攻击；水痘病毒能在神经细胞中潜藏多年，有时还会引发带状疱疹。而对于HIV感染，我们不知道它为什么会有潜伏期，但何大一和佩雷尔森的研究[21]让这个问题的答案浮出了水面。

在1995年的一项研究中，出于探测而非治疗的目的，他们给患者服用了蛋白酶抑制剂。这推动患者的身体偏离了调定点，也让何大一和佩雷尔森有史以来第一次跟踪到免疫系统对抗HIV的动态过程。他们发现，在服用蛋白酶抑制剂后，所有患者血流中的病毒颗粒数量都呈指数下降。血流中的病毒颗粒每两天就会被免疫系统清除掉一半，这样的衰减率令人难以置信。

佩雷尔森和何大一利用微分学为这种指数式衰减建模，并从中提取出其惊人的效果。他们用未知函数$V(t)$表示血液中不断变化的病毒浓度，其中t表示施用蛋白酶抑制剂后经过的时间。然后，他们假设在无穷小的时间间隔（dt）内，病毒浓度会发生多大的改变（dV）。他们的数据表明，每天血液中都有恒定比例的病毒被清除，当据此外推无穷小的时间间隔（dt）内的情况时，这个比例也许会保持不变。由于dV/V是病毒浓度的比例变化，所以他们的模型可以表示成下面的方程：

$$\frac{dV}{V} = -c\,dt$$

其中，比例常数c是清除率，它衡量的是身体清除病毒的速度有多快。

上面的方程是一个典型的微分方程，它把微分dV与V及经过时间的微分dt联系在一起。通过运用基本定理对方程两边积分，佩雷尔森和何大一解出了$V(t)$，并发现它满足：

$$\ln[V(t)/V_0] = -ct$$

其中，V_0是初始病毒载量，$\ln$表示自然对数（牛顿和墨卡托在17世纪60年代研究过这种对数函数）。求这个函数的反函数可得：

$$V(t) = V_0 e^{-ct}$$

其中，e是自然对数的底，这证明了模型中的病毒载量的确呈指数式衰减。最终，通过用指数式衰减曲线去拟合他们的实验数据，何大一和佩雷尔森估算出之前未知的清除率c的值。

而对那些喜欢导数胜过微分的人来说，该模型的方程可以改写为：

$$\frac{dV}{dt} = -cV$$

在这里，dV/dt是V的导数，它衡量的是病毒浓度增长或下降的速度有多快。导数为正值表示增长，导数为负值则表示下降。由于浓度V是正值，所以 $-cV$ 必定为负值，导数也必定为负值，这意味着病毒浓度必然下降，就像我们在实验中看到的一样。此外，dV/dt 与 V 之间的正比关系意味着，V 越接近 0，病毒浓度的下降速度就越慢。直观地说，V 缓慢下降的情况就好比你先往水槽里灌满水再向外排水，水槽里剩下的水越少，水的排出速度就越慢，因为将水向下推的压力越来越小。在这个类比中，病毒数量就像水一样，而免疫系统清除病毒的过程则像水槽向外排水一样。

在为蛋白酶抑制剂的效果建模后，何大一和佩雷尔森对他们的方程进行了修正，以便描述在施用药物前病毒载量的情况。他们认为方程会变成：

$$\frac{dV}{dt} = P - cV$$

在这个方程中，P 指在未受抑制的情况下新病毒颗粒的产生速度，它是当时的另一个重要的未知量。何大一和佩雷尔森设想在施用蛋白酶抑制剂之前，被感染的细胞每时每刻都在释放新的感染性病毒颗粒，然后它们又会感染其他细胞，以此类推。这种燎原之势正是 HIV 具有巨大毁灭性的原因。

但在无症状期，病毒的产生和它们被免疫系统清除之间显然存在着一种平衡状态。在调定点，病毒的产生速度和被清除速度同样快，这为病毒载量为何能多年保持不变提供了新的见解。用水槽里的水来类比的话，这种情况就像你同时打开水龙头和排水口一样。当流出量等于流入量时，水槽里的水将会达到稳态水平。

在调定点，病毒浓度不变，所以它的导数必定为 0，即 $dV/dt = 0$。于是，稳态病毒载量 V_0 满足：

$$P = cV_0$$

何大一和佩雷尔森利用上面这个简单的方程，估算出一个极其重要的数字，那就是免疫系统每天清除的病毒颗粒数量为10亿个，而在此之前人们没有办法测量它。

这个数字出人意料，也着实惊人。它表明，在看似平静的10年无症状期内，患者体内持续发生着一场大规模的战争。每一天，免疫系统都会清除10亿个病毒颗粒，而被感染的细胞则会释放出10亿个新的病毒颗粒。免疫系统全力以赴地和病毒展开了激烈的较量，战争似乎进入了胶着状态。

1996年，何大一、佩雷尔森和他们的同事展开了一项后续研究，旨在更好地处理他们在1995年发现却未能解决的问题。这次他们收集了在施用蛋白酶抑制剂后的更短时间间隔内的病毒载量数据，因为他们想获得更多关于药物吸收、分布和渗透进入靶细胞时发生的初始滞后现象的信息。在用药后，研究团队每两小时测量一次患者的病毒载量，直到第6个小时；然后每6小时测量一次，直到第2天；之后每天测量一次，直到第7天。在数学方面，佩雷尔森对微分方程模型进行了改进，将滞后现象纳入其中，并追踪了另一个重要变量——被感染的T细胞数量——的动态变化过程。

当研究人员重新做了实验，用数据去拟合模型的预测结果，并再次估算模型参数时，他们得到了比以前更加令人震惊的结果：每天产生而后又从血流中被清除的病毒颗粒多达100亿个。而且，他们发现被感染的T细胞的寿命只有两天左右。虽然T细胞损耗是HIV感染和艾滋病的主要特征，但它们短得惊人的寿命却使这个谜题变得更加扑朔迷离。

有关HIV的惊人复制速度的发现，改变了医生治疗HIV阳性患者的方式。在何大一和佩雷尔森开展相关研究之前，内科医生要等到 HIV 结束所谓的休眠后，才会给患者开抗病毒药物。他们的想法是，在患者的免疫系统真正需要帮助之前保存实力，因为病毒常会对药物产生抗性，到那时就无计可施了。所以人们普遍认为，等到患者的病情发展后再进行治疗是更明智的做法。

　　然而，何大一和佩雷尔森的研究完全颠覆了这种观念：HIV 并不存在休眠状态，而是每时每刻都在和人体进行着激烈的战斗，因此从关键的感染初期起，免疫系统就需要尽快得到它能获得的一切帮助。现在我们很清楚为什么没有一种药物能长期起效，因为病毒的复制和突变速度都十分迅速，以至于它们总能找到逃避几乎所有治疗药物的方法。

　　必须联合使用多少种药物才能打垮和抑制 HIV，佩雷尔森运用数学工具对这个问题进行了定量估计。通过将 HIV 的测定突变率、基因组大小，以及最新估算出的每天产生的病毒颗粒数量等因素考虑在内，他用数学方法证明了在其基因组内的所有碱基上，HIV 每天会多次发生各种可能的突变。即使是单一的突变也有可能产生抗药性，因此单一药物疗法成功的希望十分渺茫。尽管同时使用两种药物的起效概率较高，但佩雷尔森的计算显示，在所有可能的双重突变中，有相当一部分也会每天发生。不过，联合使用三种药物的话，HIV 就很难取胜了。计算结果表明，HIV 能够同时发生必要的三重突变以逃避三联疗法[22]的概率大约是千万分之一。

　　何大一及其同事在临床研究中对 HIV 感染者进行了三联鸡尾酒疗法测试，并取得了相当显著的效果。在两周内，患者血液中的病毒水平下降为原来的 1% 左右；在接下来的一个月内，则检测不到病毒了。

　　这并不是说 HIV 被根除了。不久后的研究显示，如果患者暂停治疗，病毒就会气势汹汹地卷土重来。问题在于，HIV 可以隐藏在人体各处。

它能藏匿于药物无法轻易渗透的庇护所，或者藏身于HIV潜伏感染的细胞中并停止复制，这是一种躲避治疗的狡猾方法。在任何时候，这些休眠细胞都有可能苏醒并开始制造新病毒。这就是为什么对HIV阳性患者来说坚持服用药物很重要，即使他们的病毒载量很低或检测不到。

尽管三联疗法不能治愈HIV，但却把它变成了一种可以控制的慢性病，至少对那些有条件治疗的人来说是这样的。它给这种令人绝望的疾病带来了治愈的希望。

1996年，何大一博士被评选为《时代周刊》的年度风云人物[23]。2017年，艾伦·佩雷尔森因为"给理论免疫学带来了真知灼见并挽救了生命的深远贡献"，获得了美国物理学会的马克斯·德尔布吕克奖[24]。目前，他仍在利用微积分和微分方程进行病毒动态分析。佩雷尔森最新的研究与丙型肝炎[25]有关，这种病毒在全世界影响了约1.7亿人，是肝炎肝硬化和肝癌的主要致病因素，每年导致35万人死亡。2014年，在佩雷尔森的数学方法的帮助下，丙型肝炎的新疗法被研发出来，就像每天服用一次药片一样安全简单。令人难以置信的是，新疗法治愈了几乎所有的丙型肝炎患者。

第 9 章

宇宙的逻辑

微积分在17世纪下半叶经历了一场蜕变，变得如此系统、深刻和强大，以至于许多历史学家都说微积分是在那时候"发明"的。根据这个观点，在牛顿和莱布尼茨之前的是"原始微积分"，在他们之后的才是微积分。我本人并不这样认为，对我而言，自阿基米德利用无穷开始，就一直是微积分。

不管叫它什么，微积分在1664—1676年发生了颠覆性变化，也在这个过程中改变了世界。在科学领域，它促使人类开始阅读伽利略梦寐以求的自然之书。在技术领域，它发动了工业革命，并开启了信息时代。在哲学和政治领域，它在现代的人权、社会和法律概念上留下了印记。

我不会说微积分是在17世纪后期被发明的，而会把那个时期的变化描述为一种进化上的突破，类似于生物进化过程中的某个关键事件。在生命进化的早期阶段，生物都比较简单。它们是单细胞生物，类似于今天的细菌。那个单细胞生物时代持续了大约35亿年，占据地球历史的绝大部分。但在大约5亿年前，多样性惊人的多细胞生物突然出现，生物学家称之为寒武纪大爆发。在仅仅几千万年的时间（进化历程的一瞬间）里，很多主要的动物门类突然涌现出来。同样，微积分是数学领域的"寒武纪大爆发"[1]。它一旦到来，数学领域的惊人多样性就开始"进化"产生。它们的"谱系"可以从以微积分为基础的名称中识别出来，比如微分几何、积分方程和解析数论。这些高级的数学分支就像多细胞生物的众多分支和物种一样，在这个类比中，数学领域的"微生物"指的是最早的课题：数字、形状和字问题（word problem）。和单细胞生物一样，它们也占据着数学历史的绝大部分。但在350年前微积分的"寒武纪大爆发"之后，新的数学"生命形式"开始繁荣兴盛，并且改变了它们周围的"景观"。

在很大程度上，生命的进化是一个在前体的基础上朝着更高级和更复杂的方向前进的故事，微积分也是这样。但是，这个故事的方向是什么？微积分的进化有方向吗？或者，就像有些人对生物进化的描述那样，它也是无方向和随机的吗？

在纯粹数学领域，微积分的进化是一个关于"杂交"和获益的故事。数学中较为古老的部分在与微积分"杂交"后变得活跃，比如，在引入以微积分为基础的工具（积分、无穷级数和、幂级数等）后，关于数字及其模式的古老研究重新焕发出活力，由此产生的混合领域被称为解析数论。同样，微分几何利用微积分阐明了平滑表面的结构，并揭示出它们拥有"近亲"的事实（尽管它们对此一无所知），也就是那些存在于四维及更高维空间里的难以想象的曲线形状。就这样，微积分的"寒武纪大爆发"使数学变得更抽象和更强大，也让它变得更像一个家族。微积分揭开了将数学的各个部分联系在一起的隐藏关系网。

在应用数学领域，微积分的进化是一个关于我们对变化的理解不断扩展的故事。我们已经看到，微积分始于对曲线（方向的变化）的研究，继而是对运动（位置的变化）的研究。在"寒武纪大爆发"特别是微分方程兴起之后，微积分更广泛地应用于对变化的研究。如今，微分方程可以帮助我们预测流行病将如何传播，飓风将在哪里登陆，以及购买股票期权需要付多少钱。在人类努力探索的每个领域，微分方程已经成为描述我们周围和内部事物（从亚原子域到宇宙最远端）如何变化的通用框架了。

自然的逻辑

微分方程的早期成就改变了西方文化的进程。1687 年，牛顿构建了一个全新的世界体系[2]，展示了理性的力量并引发了启蒙运动[3]。他发现了一个小的方程组（他的运动和引力定律），它们可以解释伽利略、开普勒在地球上的落体和太阳系的行星轨道中发现的神秘规律。这样一来，他就消除了地球与其他天体之间的区别。在牛顿之后，只存在一个宇宙，同样的定律总是适用于所有地方。

在他的三卷本权威著作《自然哲学的数学原理》（通常简称为《原理》）中，牛顿将他的理论应用于更多地方：地球的形状（自转的离心力导致它的腰部略微隆起），潮汐的节律，彗星的偏心轨道，以及月亮的运动（这是一个非常难的问题，以至于牛顿向他的朋友埃德蒙·哈雷抱怨道，它"令我头痛，[4]常常让我夜不能寐，我不会再去想它了"）。

今天，大学生在学习物理学时，他们会先接触经典力学（牛顿力学），然后了解到它已经被爱因斯坦的相对论及普朗克、爱因斯坦、玻尔、薛定谔、海森伯和狄拉克的量子理论取代了。当然，这在很大程度上是真的。新理论推翻了关于空间与时间、质量与能量以及决定论本身的牛顿式概念，就量子理论而言，它对自然的描述更具概率论和统计学的特征。

但是，微积分所起的作用并未改变。和在量子力学中一样，自然律在相对论中仍然以微积分的语言写就，并以微分方程的形式表述。对我来说，这是牛顿最伟大的遗产，他证明了自然是合乎逻辑的。自然界中的因果关系和几何学中的证明一样，都是利用逻辑推理的方式由一个真理得出另一个真理，只不过前者是世界上的一个事件引发另一个事件，后者则是我们头脑中的一个想法产生另一个想法。

自然与数学之间的这种神秘联系可回溯至毕达哥拉斯的梦想。毕达哥拉斯学派发现了音乐和谐性与数之间的联系，并由此宣称"万物皆数"。对宇宙的运行而言，数很重要，形状也很重要，在伽利略梦寐以求的自然之书中，字词就是几何图形。尽管数和形状可能同等重要，但它们并不是这出戏剧的真正驱动者。在宇宙大戏中，数和形状好像演员，它们被一种看不见的存在——微分方程的逻辑——默默操控着。

牛顿是利用这个宇宙逻辑并围绕它建立体系的第一人。在他之前这是不可能做到的，因为必要的概念还未诞生。阿基米德对微分方程一无所知，伽利略、开普勒、笛卡儿和费马也不了解它。莱布尼茨虽然知道微分方程，但他的理解却不如牛顿那般科学，对数学的精通程度也比不上牛顿。所以，宇宙的神秘逻辑只被赐予了牛顿一人。

他的理论核心就是他的运动微分方程：

$$F = ma$$

这是历史上最重要的方程之一。它描述的是，作用于一个运动物体的力 F 等于该物体的质量 m 与它的加速度 a 的乘积。它之所以是一个微分方程，是因为加速度是一个导数（物体速度的变化率），或者用莱布尼茨的话说，它是两个微分之比：

$$a = \frac{dv}{dt}$$

在这里，dv 表示物体的速度 v 在无穷小的时间间隔 dt 内的无穷小的变化量。所以，如果已知作用于物体的力 F 和它的质量 m，我们就可以利用方程 $F = ma$ 并通过 $a = F/m$ 算出它的加速度。加速度决定了物体的运动方式，它可以告诉我们物体的速度在下一个瞬间将会如何变化，物体的速度又可以告诉我们物体的位置将会如何变化。就这样，$F = ma$ 成了先知，它能预测物体未来的行为。

思考一下你能想到的最简单也是最荒凉的情景：一个孤立的物体独处于一个空空如也的宇宙中。它会如何移动呢？好吧，由于周围没有东西推动或者拉动它，作用于该物体的力 $F = 0$。又由于 m 不为 0（假设物体是有质量的），根据牛顿定律可得 $F/m = a = 0$，这意味着 dv/dt 也等于 0。但是，$dv/dt = 0$ 意味着在无穷小的时间间隔 dt 内，这个孤立物体的速度没有改变，在下一个或之后的时间间隔内也不会改变。最终的结果是，当 $F = 0$ 时物体的速度永远保持不变。这就是伽利略的惯性定律：在没有外力作用的情况下，静止的物体会一直保持静止状态，运动的物体则会一直保持运动状态，而且速度和方向永远不会改变。我们刚刚推导出的惯性定律，就是牛顿运动定律 $F = ma$ 的更深层次的逻辑结论。

早在上大学期间，牛顿似乎就知道了加速度与力成正比。他从伽利略的研究中了解到，如果一个物体没有受到外力作用，它要么保持静止，要么继续做匀速直线运动。他由此意识到，力并不是产生运动的必要条件，而是在运动中产生变化的必要条件，正是力使得物体加速、减速或者偏离直线路径。

比起更早的亚里士多德思想，这个见解是一个重大的进步。亚里士多德并不理解惯性，他认为只有力才能让物体保持运动。公平地说，在由摩擦力支配的情况下确实如此。如果你试图让桌子在地板上滑动，你就必须一直推它；一旦你不推了，桌子就会停止移动。但对划过太空的行星或者掉到地上的苹果来说，摩擦力的影响要小得多。在这些情况下，摩擦力微乎其微，在不遗失现象本质的情况下它可以忽略不计。

在牛顿的宇宙图景中，占支配地位的力是引力，而不是摩擦力。考虑到牛顿和引力在大众心目中的密切联系，这似乎是理所当然的。绝大多数人在想到牛顿时，都会立刻记起他们儿时学过的知识，即牛顿是在被苹果砸到头的时候[5]发现引力的。剧透警告：事实并非如此。发现引力的人不是牛顿，人们早已知道重物会下落。但没人知道引力的作用范围有多大，它的尽头是天空吗？

牛顿预感到引力可能会延伸到月球或更远的地方。他认为月球的运行轨迹是一个永不停歇地向着地球下落的过程，但与下落的苹果不同，下落的月球不会掉到地上，因为它同时也在惯性的作用下进行着侧向运动。就像伽利略从塔顶上扔下的铁球那样，月球在下落的同时向侧面滑动，形成一条弯曲的路径，只不过它向侧面滑动的速度很快，以至于月球永远无法到达在它的下方沿曲线轨道运行的地球表面。随着月球的轨道偏离直线，它开始加速（这并不是说它的速度改变了，而是它的运动方向改变了）。拉动它偏离直线路径的是地球引力持续不断的拖拽，由此产生的加速度被称为向心加速度，它倾向于将物体拉向中心（在这个例子中是地心）。

牛顿从开普勒第三定律推断出，引力随着距离的增大而减弱，这解释了为什么越遥远的行星绕太阳旋转一周的时间越长。他的计算表明，如果太阳拉动行星的力与让苹果落到地上及让月球保持轨道运动的力是同一种，这个力的大小就会与距离的平方成反比。因此，如果地球和月球之间的距离能以某种方式加倍，它们之间的引力就会减弱为原来的1/4（1/2的平方），而不是1/2。如果它们之间的距离变为原来的3倍，引力就会减弱为原来的1/9，而不是1/3。不可否认的是，牛顿的计算中包含一些可疑的假设，尤其是引力在相距遥远的情况下也能即时起作用（超距作用与即时性）的假设，就像浩瀚的太空无关紧要一样。尽管他不知道这是如何做到的，但平方反比定律仍然让他着迷不已。

为了对它进行定量检验，他根据已知的月球到地球的距离（约为地球半径的60倍）和已知的月球公转周期（约27天），估算出月球绕地球旋转的向心加速度。然后，他对月球的加速度与伽利略通过斜面实验测得的地球上落体的加速度进行了比较。牛顿发现这两个加速度相差一个因子，而且令人兴奋的是，这个因子接近3 600，即60的平方。这正是他的平方反比定律的预测结果：月球到地心的距离大约是苹果从树上掉到地上距离的60倍，因此月球的加速度应该是苹果加速度的1/3 600左右。后来牛顿回忆说，他"比较过使月球保持轨道运动[6]所需的力与地球表面的引力，并发现两者非常接近"。

那时，认为引力的拉动作用可能会延伸到月球的想法是疯狂的。还记得在亚里士多德学说中，月亮之下的一切都被视为易腐朽和不完美的，而在月亮照不到的地方，一切则是完美、不朽和永恒的。牛顿打破了这种范式，他把天和地统一起来，并且证明描述它们的物理学定律是一样的。

在发现平方反比定律的大约20年后，牛顿从对炼金术和圣经年代学的兴趣中暂时抽身出来，重新审视引力作用下的运动问题。他遭到了来自伦敦皇家学会的同事和竞争对手的挑衅，他们要求牛顿解决一个比他以前考虑过的问题难得多，而且他们也不知道如何解决的问题：如果来自太阳的吸引力按照平方反比定律减弱，那么行星会如何运动呢？据说，当他的朋友埃德蒙·哈雷提出这个问题时，牛顿立刻回答说"沿椭圆轨道运动"[7]。"但是，"大吃一惊的哈雷问道，"你是怎么知道的？""因为我已经算过了。"牛顿说。当哈雷催促他解释推理过程时，牛顿开始重建他以前的相关研究。活力猛烈迸发，创造力也几乎和他在黑死病肆虐期间同样旺盛，就是在这样的状态下牛顿写作了《原理》一书。

通过将他的运动和引力定律假设成公理，并以微积分作为演绎工具，牛顿证明了开普勒的三大定律都符合逻辑必然性[8]。伽利略的惯性定律、单摆的等时性、球滚下斜坡的奇数规则和抛体的抛物线拱也一样，它们都是平方反比定律和 $F = ma$ 的推论。这种诉诸演绎推理的做法让牛顿的同事大为震惊，也在哲学基础上撼动了他们。他们中的许多人都是经验主义者，认为逻辑只适用于数学本身，而自然必须通过实验和观察来研究。"自然拥有数学内核，自然现象可以从引力和运动定律等经验性公理通过逻辑推导得出"，牛顿的这些想法让他们目瞪口呆。

二体问题

哈雷向牛顿提出的问题难度极大，需要将局部信息转化为整体信息，这正是我们在第7章讨论过的积分学与预测的核心难点。

想一想，在预测两个天体之间的引力相互作用时会涉及什么。为了简化这个问题，我们假设其中的一个——太阳——质量无穷大且静止不动，而另一个——轨道上的行星——绕太阳运动。最初，行星与太阳之间有一定的距离，它位于一个给定的位置上，并以给定的速度沿着给定的方向运动。在下一个瞬间，行星的速度把它带到下一个位置上，这里与它前一刻所在的位置之间只有无穷小的距离。由于行星现在的位置略有不同，所以它感受到的来自太阳的引力在方向和量值上也略有不同。这个新的力（可利用平方反比定律算出）又会拉动行星，使它的运行速度和方向在下一个无穷小的时间增量里发生无穷小的改变（可利用 $F = ma$ 算出）。以此类推，这个过程将无休止地持续下去。最终，所有这些无穷小的局部步骤都必须以某种方式整合在一起，共同构成这颗行星的整体运行轨道。

因此，用积分的方法求解二体问题就是一次利用无穷原则的练习。阿基米德和其他人把无穷原则应用于曲线之谜，而牛顿是第一个将它应用于运动之谜的人。尽管二体问题看似解决无望，但牛顿在微积分基本定理的帮助下搞定了它。他并没有在头脑中逐一推算行星在每个瞬间的位置，而是像施展魔法一般用微积分推动它快速跃进。牛顿的公式可以预测出行星在未来任意时刻的位置和运动速度。

无穷原则和微积分基本定理在牛顿的研究中还发挥了另一种新颖的作用。在第一次向二体问题发起"攻击"的时候，他把行星和太阳都理想化为点状粒子。他能否按照真实的情况将它们建模为巨大的球体，同时解决二体问题呢？如果他能做到，他的计算结果会有所改变吗？

这是当时微积分发展过程中遇到的另一类异常困难的计算。想想看，要计算太阳（一个巨大的球体）对地球（虽然比太阳小但仍然是一个巨大的球体）的净拉力，需要考虑什么因素。太阳的每个原子都牵拉着地球的每个原子，难点在于，所有这些原子彼此间的距离不同。太阳背面的原子比正面的原子距离地球更远，因此前者对地球原子施加的引力更弱。此外，太阳左右两侧的原子分别朝着相反的方向拉动地球，其引力的强度取决于它们各自与地球之间的距离。所有这些影响因素都必须考虑在内。就这个问题而言，把各个部分重新整合在一起的难度比所有人做过的积分计算都大。如今在解决该问题时，我们运用的是一种比较复杂的方法——三重积分。

牛顿设法解决了这个问题，并且发现了十分优美、简洁以至于到了今天仍令人难以置信的方法：假设球形太阳的所有质量都集中在它的中心，地球也是一样。他的计算结果表明，无论采用哪种方法，地球的轨道都是一样的。换句话说，他可以在不产生任何误差的情况下，用无穷小的点来代替巨大的球体。谎言居然揭露了真相！

不过，牛顿的计算中还有许多其他的近似处理，它们的影响更严重，带来的问题也更多。为简单起见，他完全忽略了其他所有行星施加的引力。此外，他继续假设引力作用是即时的。尽管他知道这两种近似处理不可能做到准确无误，但不这样做的话他就无法取得进展。牛顿还坦承他无法解释引力到底是什么，或者它为什么会遵循他给出的数学描述，他知道批评者会因此质疑他的整个研究。为了使自己的研究结果尽可能地令人信服，牛顿用可靠的几何语言（当时被视为严谨性和确定性的黄金标准）来表述它们。但这种几何语言不是传统的欧几里得几何，而是古典几何和微积分的一种奇特的结合体——披着几何学外衣的微积分。

无论如何，牛顿还是尽最大努力给了它一个古典的外表。《原理》是老式的欧几里得风格。他循着古典几何的格式，从公理和假设（他的运动和引力定律）出发，并把它们当作毋庸置疑的基石。在公理和假设的基础之上，他通过逻辑推理构建起一个包含引理、命题、定理和证明的体系，它们犹如一根可回溯至公理的完整链条环环相扣。就像欧几里得给世人留下了不朽的13卷本著作《几何原本》一样，牛顿给世人留下了他的三卷本著作《原理》，而且没有故作谦虚地把第三卷命名为《论宇宙的体系》。

他的体系将自然描述为一种机制。在之后的几年里，它常被比作钟表装置：它的齿轮在旋转，它的弹簧在伸缩，它的所有部件都在有序运转，创造出一个因果关系的奇迹。牛顿利用微积分基本定理，并借助幂级数、创造力和运气，往往能准确地解出他的微分方程。就像在解决行星围绕太阳旋转的二体问题时所做的那样，他并未逐一计算每个瞬间的数据，而是快速跃进，明确预测出他的钟表装置在无限远的未来所处的状态。

在牛顿之后的几个世纪里，许多数学家、物理学家和天文学家都对他的体系进行了改进。该体系的可信程度非常高，以至于当某颗行星的运动与它的预测不一致时，天文学家便会认为他们遗漏了什么重要的东西。海王星[9]就是这样在1846年被发现的。天王星的不规则轨道表明，在它之外存在着一颗未知行星，那个看不见的"邻居"正在通过引力扰动天王星。微积分预测出这颗缺失行星的位置，当天文学家进行观测时，它的的确确就在那里。

牛顿力学与《隐藏人物》

到20世纪中叶，物理学似乎终于从牛顿力学中走了出来，量子理论和相对论淘汰了这头老黄牛。尽管如此，得益于美国和苏联之间的太空竞赛，它仍然享受了最后的欢呼。

20世纪60年代初，电影《隐藏人物》中的女英雄、非裔美国数学家凯瑟琳·约翰逊[10]利用二体问题，让第一位绕地球飞行的美国宇航员约翰·格伦安全返航。约翰逊在许多方面都取得了新进展。在她的分析中，两个引力体分别是宇宙飞船和地球，而不是牛顿研究的行星和太阳。她利用微积分预测了宇宙飞船围绕在其下方自转的地球飞行时所处的位置，并算出了可使它成功重返大气层的轨道。要做到这一切，约翰逊必须考虑牛顿略去的复杂因素，其中最重要的一点是：地球并不是完美的球体，它在赤道处略微隆起，两极则呈扁平状。把控好细节是一件生死攸关的事情。太空舱必须以正确的角度重返大气层，否则就会起火燃烧。它也必须降落在海上的正确地点，如果它的降落位置距离指定地点太远，在人们找到格伦之前他可能已经淹死在太空舱里了。

1962年2月20日，约翰·格伦上校完成了绕地球飞行三周的任务后，在约翰逊的精确计算的指导下重返大气层，并安全降落在北大西洋。他是美国的英雄，几年后当选参议员。但很少有人知道，在格伦创造历史的那一天，直到凯瑟琳·约翰逊本人检查了所有攸关生死的计算之后，他才同意执行这次飞行任务。换言之，格伦把自己的生命托付给了约翰逊。

凯瑟琳·约翰逊是NASA的一名计算人员，当时的计算工作都是由女性而非机器完成的。当她帮助艾伦·谢泼德成为第一位进入太空的美国人时，她见证了美国航天事业的起步；而当她计算第一次登月的轨道时，她也见证了美国航天事业的衰落。几十年来，她的工作一直不为公众所知。但值得庆幸的是，她的开创性贡献（和她的鼓舞人心的人生故事）如今已得到广泛认可。2015年，97岁高龄的她获得了奥巴马总统颁发的总统自由勋章。一年后，NASA以她的名字命名了一座大楼。在落成典礼上，NASA官员提醒观众说："尽管全世界有数百万人观看了谢泼德的太空飞行，但当时他们并不知道，让他进入太空并安全返航的那些计算是由我们今天的贵宾凯瑟琳·约翰逊完成的。"[11]

牛顿微积分与《独立宣言》

牛顿绘制了世界由数学主宰的图景，它产生的深刻影响远远超出了科学领域。在人文领域，它在威廉·布莱克、约翰·济慈和威廉·华兹华斯等诗人的浪漫主义诗作中起到了陪衬作用。1817年，在一次喧闹的晚宴上，华兹华斯和济慈等人一致认为牛顿破坏了彩虹的诗意，因为牛顿把彩虹还原为棱镜光谱。他们兴高采烈地[12]举杯祝酒："为了牛顿的健康和对数学的困惑。"

牛顿在哲学界受到了更热情的欢迎，他的思想影响了伏尔泰、大卫·休谟、约翰·洛克和其他启蒙思想家，他们被理性的力量和牛顿的钟表宇宙体系（受因果关系驱动）的解释性成功所吸引。牛顿的经验演绎法以事实为基础，以微积分为动力，扫除了早期哲学家（我正在看着你呢，亚里士多德）的先验形而上学方法。在科学领域之外，牛顿的思想还在从决定论和自由到自然律和人权等所有启蒙观念上留下了印记。

以牛顿对托马斯·杰斐逊[13]的影响为例，杰斐逊是建筑师、发明家、农场主、美国的第三任总统和《独立宣言》的起草者。牛顿思想的回声贯穿《独立宣言》的始终，它开头的句子"我们认为这些真理不证自明"就表明了这种修辞结构。杰斐逊效仿欧几里得在《几何原本》和牛顿在《原理》中的做法，也从公理（与他的主题相关的不证自明的真理）着手。然后，凭借逻辑的力量，他从这些公理中推导出一系列不可回避的命题，其中最重要的一个就是殖民地有权脱离英国的统治。《独立宣言》通过诉诸"自然律和自然之神"来证明美国独立的正当性。（顺便说一句，请注意杰斐逊的排序中隐含的后牛顿自然神论：神排在自然律之后，仅作为"自然之神"扮演一个配角。）这个论点以"促使（殖民地）脱离英国王室统治的原因"作为支撑，这些原因起到牛顿力学中力的作用，促使钟表运动，并决定随之而来的必然结果，在这个例子中就是美国独立战争。

如果这一切看起来有些牵强，那么请记住杰斐逊尊崇牛顿。在一次以死亡为主题的宗教敬拜活动中，他得到了一件牛顿死亡面具的复制品。总统任期届满后，杰斐逊在 1812 年 1 月 21 日写信给老朋友约翰·亚当斯，讲述了他远离政治的愉悦感："我不再看报纸，[14]而改为阅读塔西佗、修昔底德、牛顿和欧几里得的著作，我发现自己更快乐了。"

杰斐逊把对牛顿原理的迷恋带到了他感兴趣的农业上，他想弄清楚犁壁[15]的最佳形状。（犁壁是耕犁的弯曲部分，作用是将犁铧耕开的土壤翻转过来。）杰斐逊把这个问题界定为一个效率问题：犁壁应该如何弯曲，才能使它受到的来自土层的阻力最小？犁壁表面的前部必须是水平的，只有这样它才能去到被耕开的地下面并抬升土壤；然后它应该逐渐弯曲，直到它的后部变得垂直于地面，这样它就可以把土壤翻过来并推到旁边。

杰斐逊请他的一位数学家朋友来解决这个优化问题。在许多方面，它都会让人联想到牛顿在《原理》中提出的"什么形状的固体在水中运动时受到的阻力最小"的问题。在该理论的指导下，杰斐逊在一台耕犁上安装了他自己设计的木质犁壁。

1798年，杰斐逊评价道："5年的经验让我有资格说，它在实践中的表现验证了它在理论上的承诺[16]。"这里的"它"指的是造福农业的牛顿微积分。

连续体与离散集

在大多数情况下，牛顿只是将微积分应用于一个或两个物体，比如一个摇摆的钟摆、一枚飞行的炮弹和一颗绕太阳旋转的行星。他从过去的惨痛教训中领悟到，求解三个或更多物体的微分方程是一场噩梦。太阳、地球和月亮之间的引力相互作用问题，已经让他头痛不已了。所以，分析整个太阳系是根本不可能的，这远远超出牛顿运用微积分所能解决问题的范畴。正如他在一篇未发表的论文中说的那样："除非我弄错了，[17]否则同时考虑运动的众多原因将超出人类的智力范围。"

但令人惊讶的是，随着物体数量的增加，一直到无穷多个粒子，微分方程又变得易于求解了……只要这些粒子形成连续介质，而不是离散集。我们来回顾一下两者的区别：一组粒子的离散集就像一堆散落在地板各处的弹珠。它们的离散性体现在，你可以触碰到一颗弹珠，然后在空间中移动你的手指，才能触碰到另一颗弹珠，以此类推。简言之，弹珠之间是有空隙的。相比之下，对于连续介质，比如一根吉他弦，当沿着弦长的方向移动时你的手指无须抬离它。吉他弦上的所有粒子似乎都结合在一起，当然，这不是真的。因为吉他弦和其他所有实物一样，在原子尺度上也是离散的、颗粒状的。但在我们头脑中，吉他弦更应该被视为一个连续体，这个有用的假想把我们从考虑数万亿个粒子的苦差事中解放出来。

正是通过解决连续介质如何移动和变化的谜题（比如，吉他弦如何振动从而演奏出温暖人心的音乐，或者热量如何从温暖的区域流动到寒冷的区域），微积分才在改变世界的道路上又迈出了一大步。然而，微积分必须先改变自身，它需要扩充微分方程是什么和微分方程可以描述什么的概念。

常微分方程与偏微分方程

当艾萨克·牛顿解释行星的椭圆轨道时，当凯瑟琳·约翰逊计算约翰·格伦的太空舱轨道时，他们求解的都是常微分方程[18]，这类微分方程只取决于一个自变量。

比如，在牛顿解决二体问题的方程中，行星的位置是一个时间函数。根据 $F = ma$，它的位置每时每刻都在改变。这个常微分方程决定了在下一个无穷小的时间增量中，行星位置会发生多大的改变。在这个例子中，行星的位置是因变量，因为它取决于时间（自变量）。同样，在艾伦·佩雷尔森的HIV动态模型中，时间也是自变量。该模型模拟的是在施用抗反转录病毒药物后，患者血液中的病毒颗粒浓度下降的过程。这个问题也涉及时间带来的变化，即病毒颗粒浓度每时每刻是如何变化的。在这里，病毒颗粒浓度扮演着因变量的角色，而自变量仍然是时间。

更一般地说，常微分方程描述的是，某个因素的无穷小的变化（比如无穷小的时间增量）如何引起其他因素（比如行星的位置和病毒颗粒的浓度）的无穷小的变化。这样的方程之所以被称为"常"微分方程，是因为它们只有一个自变量。

奇怪的是，因变量的数量无关紧要。只要有且仅有一个自变量，这个微分方程就可以被视为常微分方程。比如，想要确定一艘在三维空间中移动的宇宙飞船的位置，就需要有3个数字：x、y和z。它们通过在左右、上下和前后方向上定位宇宙飞船，标示出它在某一时刻的位置，进而告诉我们它离任意参考点（被称为原点）有多远。随着宇宙飞船的移动，它的x、y和z坐标每时每刻都在变化，因此它们都是时间函数。为了强调它们的时间依赖性，我们可以把它们写作$x(t)$、$y(t)$和$z(t)$。

常微分方程完全适用于包含一个或更多物体的离散系统，它们可以描述一艘宇宙飞船重返大气层的运动，一个钟摆来回摇摆的运动，或者一颗行星绕太阳旋转的运动。关键在于，我们必须把每个物体都理想化为一个点状对象，或者一个没有空间范围的无穷小点。这样一来，我们就可以认为它存在于坐标是x、y、z的点上。同样的方法也适用于有许多点状颗粒的情况，比如，一大群微型宇宙飞船，一串由弹簧连接起来的钟摆，一个由8颗行星和无数颗小行星组成的太阳系。所有这些系统都可以用常微分方程来描述。

在牛顿之后的几个世纪里，数学家和物理学家开发出很多求解常微分方程的巧妙方法，以便对它们描述的现实世界系统的未来做出预测。这些数学方法包括：牛顿的幂级数概念的扩展，莱布尼茨的微分概念，为调用微积分基本定理进行的巧妙变换，等等。这是一个巨大的产业，并且延续至今。

　　但所有系统不都是离散的，或至少不都适合被视为离散系统，就像我们在吉他弦的例子中看到的那样。因此，并非所有系统都可以用常微分方程来描述。为了理解其中的原因，我们来看看餐桌上的一碗汤的冷却过程。

　　在某种程度上，一碗汤是一堆离散的分子，它们都在杂乱无章地四处跳跃。但我们不可能看见、测量或量化它们的运动，所以没有人会考虑用常微分方程为一碗汤的冷却过程建模。这不仅是因为有太多的粒子需要处理，还因为它们的运动过于不规则、随意和不可知。

　　一种更实际的描述汤冷却过程的方法是，把汤看作连续体。尽管这不符合真实情况，但却很有效。在连续体近似方法中，我们假设汤存在于汤碗的三维体积内的每一点。某个给定点 (x, y, z) 的温度 T 取决于时间 t，这个信息可以用函数 $T(x, y, z, t)$ 来表达。我们很快就会看到，有些微分方程可以描述这个函数的空间和时间变化。但这类微分方程不是常微分方程，因为它们取决于不止一个自变量。事实上，它们取决于 4 个自变量：x，y，z 和 t。这是一种新的微分方程——偏微分方程[19]，之所以这样命名，是因为它们的每个自变量在引发变化的过程中都发挥着各自的作用。

　　偏微分方程比常微分方程丰富得多，它们描述了连续系统的运动同时随空间和时间发生的变化，或者连续系统在两个或更多维度的空间中运动的变化情况。除了一碗逐渐冷却的汤之外，吊床下垂的形状也可以用这样的方程来描述，污染物在湖泊中的扩散或者战斗机机翼上方的气流亦如此。

　　偏微分方程极其难解，在它们面前，已经很难解的常微分方程看起来简直是小儿科。不过，偏微分方程也极其重要。每当我们飞上天空时，我们的生死就取决于它们。

偏微分方程与波音 787 客机

现代飞机翱翔在天空中，这是微积分创造的一个奇迹。但情况并非一直如此，在航空业发展初期那个相对落后的年代，第一批飞行器是通过模仿鸟类和风筝，以及凭借工程学知识和坚持不懈的试错发明出来的。比如，莱特兄弟利用他们的自行车知识，设计出既可以在飞行过程中控制飞机，又能克服它们的内在不稳定性的三轴系统。

然而，随着航空器变得越来越先进，运用更精湛的手段去设计它们也变得越发必要。风洞让工程师可以在航空器不离开地面的情况下测试它们的空气动力学性能。设计者建造的真机缩比模型，可以使工程师在无须建造昂贵的全尺寸模型的情况下，对航空器的适航性进行测试。

第二次世界大战后，航空工程师将计算机添加到他们的设计"武器库"中。这种曾用于密码破译、炮位计算和天气预报的真空管"巨兽"，被航空工程师用来辅助建造现代喷气式飞机，求解在设计过程中必然会出现的复杂偏微分方程。

其中涉及的数学计算可能难度极大，部分原因在于飞机的几何结构十分复杂。飞机不像球体、风筝或轻木滑翔机，它的形状要复杂得多，包含机翼、机身、发动机、尾翼、襟翼和起落装置，这些组成部分都能使高速掠过飞机的气流发生偏转。而且，高速气流一旦发生偏转，就会对使它偏转的物体施加一个力（曾坐车飞驰在高速公路上并把手伸出车窗的人应该知道这一点）。如果一架飞机的机翼形状适当，高速气流就会把它抬升起来。如果这架飞机在跑道上以足够快的速度运动，向上的力就会把飞机抬离地面并使其保持在空中。升力是一种垂直于气流运动方向的力，而另一种力——阻力的作用方向则平行于气流的运动方向。阻力类似于摩擦力，它会阻碍飞机运动并使其减速，导致飞机发动机的运转更费力并消耗更多燃料。计算升力和阻力的大小属于极其困难的微积分问题，远超人类解决实际的飞机形状问题的能力范围。然而，这类问题必须解决，它们对于飞机的设计至关重要。

以波音787梦想客机[20]为例。2011年，波音公司（全球最大的航空航天公司）推出了可运载200~300人进行长途飞行的新一代中型喷气式飞机——787梦想客机，它是为取代767客机而设计的。波音公司宣称，相比767客机，787客机的噪声水平降低了60%，而燃油效率提高了20%。787客机最具创新性的特征之一是，它的机身和机翼都使用了碳纤维增强聚合物。这些太空时代的复合材料比喷气式飞机的传统制造材料铝、钢和钛更轻，强度也更大。由于它们比金属轻，所以既有助于节省燃料，也能让飞机飞得更快。

不过，787客机最具创新性的地方或许体现在，它的设计中凝聚的数学与计算方面的远见卓识远超以往的任何机型。微积分和计算机为波音公司节省了大量时间，因为模拟一架新样机比制造一架新样机快得多。它们也为波音公司节省了大量资金，因为相比在过去几十年里价格不断飙升的风洞试验，计算机模拟要便宜得多。波音公司的首席使能技术与研究工程师道格拉斯·鲍尔在一次采访中指出，在20世纪80年代767客机的设计过程中，波音公司建造并测试了77种样机机翼。25年后，通过运用超级计算机来模拟787客机的机翼，他们只需要建造和测试其中的7种。

偏微分方程在这个过程中发挥了诸多方面的作用。比如，除了计算升力和阻力之外，波音公司的应用数学家还用微积分预测了飞机以600英里的时速飞行时机翼会如何弯曲。当机翼受到升力时，升力会导致机翼向上弯曲和扭曲。工程师试图避免的一种现象是被称为气动弹性颤振[21]的危险效应，它类似于微风吹过百叶窗帘时发生的颤振，但情况更加棘手。在最好的情况下，机翼的这种不受欢迎的振动会造成旅途的颠簸和不适。而在最坏的情况下，这种振动会形成一个正反馈回路：当机翼颤振时，它们会改变周围的气流，并使自身颤振得更厉害。众所周知，气动弹性颤振会损坏试验飞机的机翼，导致结构失效和坠毁（洛克希德公司的 F-117 夜鹰隐形战斗机在一次飞行表演期间就发生了这种事故）。如果严重的颤振现象发生在商业航班上，可能会置数百名乘客的生命于危险之中。

控制气动弹性颤振的方程与我们在前文中讨论面部手术时提及的方程密切相关。在那里，塑形师秉承阿基米德的思想，将患者的软组织和颅骨近似分解为几十万个宝石形状的多面体和多边形。本着同样的理念，波音公司的数学家将机翼近似分解为几十万个微型立方体、棱柱体和四面体，这些较为简单的形状扮演着基本构建单元的角色。就像在面部手术的建模阶段一样，他们先要为每个构建单元的刚度和弹性赋值，然后这些构建单元会受到邻近构建单元施加的推力和拉力。弹性理论的偏微分方程可以预测出每个构建单元会对这些力做出怎样的反应，最终在超级计算机的帮助下，所有这些反应被组合起来，用于预测机翼的总体振动情况。

同样，偏微分方程也可用于优化飞机发动机内的燃烧过程，这是一个尤为复杂的建模问题。它涉及三个不同学科的相互作用：化学（燃料在高温下会经历数百次化学反应），热流（当化学能被转化为使涡轮叶片快速旋转的机械能时，热量会在发动机内进行重新分配），流体流动（热气会在燃烧室内形成涡流，考虑到湍流的存在，预测热气的行为是一个极其困难的问题）。波音公司的研发团队一如既往地采用了阿基米德方法：先把大问题切分成若干小问题，解决所有小问题后再把它们拼合在一起。这是实践版的无穷原则，也是微积分所依赖的分治策略。尽管无穷原则在这里得到了超级计算机和一种被称为有限元分析的数值方法的帮助，但它的核心仍然是内置于微分方程的微积分。

无处不在的偏微分方程

微积分在现代科学中的应用主要体现在偏微分方程的建立、求解和解释上。麦克斯韦方程组是偏微分方程，关于弹性、声学、热流、流体流动和气体动力学的定律也是偏微分方程。这样的例子还有很多，用于为金融期权定价的布莱克-斯科尔斯模型[22]，以及用于描述电脉冲沿神经纤维的传导过程的霍奇金-赫胥黎模型[23]，它们都是偏微分方程。

即使在现代物理学的前沿，偏微分方程依然为其提供了数学基础架构。以爱因斯坦的广义相对论[24]为例，它将引力重新设想为四维时空弯曲的表现。经典的隐喻让我们把时空想象成一个好似蹦床表面的有弹性、可变形的结构，尽管通常情况下这个结构是紧绷的，但如果放上去某个重物（比如把一个大而重的保龄球放在它的中心），它就会在重量的作用下发生弯曲。同理，太阳等大质量天体也会使其周围的时空结构发生弯曲。现在想象某个更小的东西，比如一个小弹珠（代表一颗行星），在蹦床的弯曲表面上滚动。因为蹦床表面在保龄球的重量作用下产生凹陷，它会使弹珠的运动轨迹发生偏移。弹珠不再做直线运动，而是沿着弯曲表面的轮廓反复绕保龄球旋转。爱因斯坦说，这就是行星绕太阳运行的原因。它们并未感受到力，而只是在弯曲时空中沿阻力最小的路径运动。

尽管这个理论令人难以理解，但它的数学核心就是偏微分方程。微观世界的理论——量子力学——同样如此，它的控制方程——薛定谔方程[25]——也是一个偏微分方程。我们在下一章将更深入地研究这类方程，了解它们是什么，它们从何而来，以及它们为何对我们的日常生活来说至关重要。我们将会看到，偏微分方程不仅可以描述餐桌上那碗汤的冷却过程，还能解释微波炉加热它的过程。

第 10 章
波、微波炉和脑成像

在19世纪初之前，热量一直是个谜。它到底是什么呢？它是像水一样的液体吗？它看起来确实在流动，但你却不能把它握在手里或者看见它。尽管你可以通过跟踪某个高温物体冷却过程中的温度变化来间接测量它，却没人知道在该物体内部发生了什么。

热量的秘密是由一个经常感到寒冷的人揭开的。傅里叶[1] 10岁时就成了孤儿，十几岁时体弱多病，患有消化不良和哮喘。成年之后，他认为热量对健康来说至关重要。即使在夏天，他也会待在过热的房间里，并裹上一件厚大衣。在他的科学生涯的各个方面，傅里叶都专注和痴迷于热。他发明了全球变暖的概念，也是第一个解释温室效应会如何调节地球平均温度的人。

1807年，傅里叶利用微积分解开了热流[2]之谜。他提出了一个偏微分方程，可用于预测物体（比如一根炽热的铁棒）在冷却过程中温度的变化情况。傅里叶吃惊地发现，无论冷却过程开始时铁棒各处的温度有多么不均匀，这个偏微分方程都能轻松搞定。

想象一下，有一根又长又细的圆柱形铁棒在铁匠的锻炉里被不均匀地加热，它的周身散布着一些热点和冷点。为简单起见，我们假设铁棒外面有一个完全隔热的套筒，这样热量就不会散失了。在这种情况下，热流动的唯一途径是沿着铁棒的长度方向从热点扩散到冷点。傅里叶假定（并通过实验证实），铁棒上某一点的温度变化率正比于该点的温度与其两侧相邻点的平均温度之间的失配。我所说的相邻点是指，位于我们关注的那一点两侧的无限接近的两个点。

在这些理想化的条件下，热流的物理过程变得简单了。如果一个点比其相邻点冷，它就会升温；如果一个点比其相邻点热，它就会降温。失配越大，温度平衡的速度就越快。如果一个点的温度恰好等于其相邻点的平均温度，一切就平衡了，热量不再流动，这个点的温度在下一个瞬间也会保持不变。

通过比较一个点的瞬时温度与其相邻点的瞬时温度，傅里叶建立了一个偏微分方程，即我们现在所说的热传导方程。它包含两个自变量的导数：一个是时间（t）的无穷小变化量，另一个是铁棒上位置（x）的无穷小变化量。

傅里叶为自己设置的这个问题的难点在于，热点和冷点的初始排布有可能是杂乱无章的。为了解决这个一般性问题，傅里叶提出了一个看上去过度乐观，甚至有些鲁莽的方案。他声称可以用一个等效的简单正弦波之和来代替任意一种初始温度分布模式。

正弦波是他的构建单元，他之所以选择正弦波，是因为它们能使问题变得更加简单。他知道，如果温度分布一开始是正弦波模式，那么随着铁棒的冷却，它仍会保持这种模式（图10-1）。

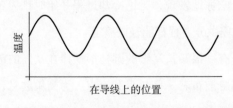

图 10-1

关键在于，正弦波不会四处移动，它们就待在那里。的确，当它们的热点降温而冷点升温时，正弦波会减弱。但这种衰减很容易处理，它仅表示随着时间的推移温度变化趋于平缓。如图 10-2 所示，初始温度分布模式（虚线正弦波）会逐渐减弱，看起来就像实线正弦波一样。

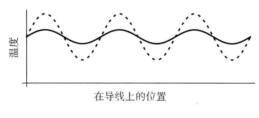

温度

在导线上的位置

图 10-2

重要的是，当正弦波减弱时，它们是静止不动的。也就是说，它们是驻波。

如果傅里叶能找到将原始温度模式分解成正弦波的方法，他就能分别解决每个正弦波的热流问题。他已经知道问题的答案了：每个正弦波都会发生指数式衰减，其衰减速度取决于它有多少个波峰和波谷。波峰越多的正弦波衰减得越快，因为它们的热点和冷点更紧致地挤在一起，这使得它们之间的热交换更迅速，从而更快地达到热平衡。在了解了每个正弦波的衰减情况后，傅里叶要做的就是把它们重新组合起来，去解决原始问题。

这一切的难点在于，傅里叶不经意间调用了正弦波的无穷级数。他又一次把无穷这个"石巨人"召唤到微积分中，而且傅里叶的做法比他的前辈更加不顾一切。他没有使用三角形碎片或三角形数的无穷级数和，而是漫不经心地采用了波的无穷级数和。这不禁让人联想到牛顿对幂函数 x^n 的无穷级数和的处理方式，只不过牛顿从未声称他可以描述包括不连续跳跃或急转弯等可怕特征的任意复杂的曲线。而傅里叶偏偏宣称，包含转弯和跳跃的曲线并不能吓倒他。此外，傅里叶的正弦波是从微分方程本身自然产生的，从某种意义上说，它们是微分方程的固有振动模态或固有驻波模式，是为热流量身打造的。牛顿并未将幂函数当作构建单元，而傅里叶将正弦波视作构建单元，认为它们与热流问题有机地匹配在一起。

尽管傅里叶大胆使用正弦波作为构建单元的做法引发了争议，并且带来了棘手的严密性问题（数学家花了一个世纪的时间才解决它），但在我们的时代，傅里叶的伟大思想在计算机语音合成器和用于医疗成像的MRI扫描等技术中都发挥了重要作用。

弦理论

正弦波也出现在音乐中，它们是吉他、小提琴和钢琴琴弦的固有振动模态。通过将牛顿力学和莱布尼茨的微积分应用于一根绷紧的弦的理想模型，我们可以推导出这种振动的偏微分方程。在这个模型中，弦被视为无穷小粒子的连续阵列，这些粒子并肩码放，相邻粒子通过弹力连接在一起。在任意时刻 t，弦内的每个粒子都会根据它受到的力做相应的运动，这些力是在相邻粒子彼此拉拽的过程中由弦的张力产生的。在这些力已知的前提条件下，每个粒子都会根据牛顿定律 $F = ma$ 做运动，而且这个过程发生在弦的每一点 x 上。由此建立的微分方程同时取决于 x 和 t，它是偏微分方程的又一个例子。该方程被称为波动方程[3]，果不其然，它预测出振动弦的典型运动是波。

就像在热流问题中一样，某些正弦波被证明有效，这是因为它们在振动时能自我再生。如果弦的两端被固定住，这些正弦波就无法传播，而只是待在原地进行振动。如果一根理想的弦受到的空气阻力和内摩擦力可以忽略不计，并且以正弦波模式开始振动，那么它将一直这样振动下去，振动频率也永远不会改变（图10-3）。出于所有这些原因，正弦波是解决这个问题的理想构建单元。

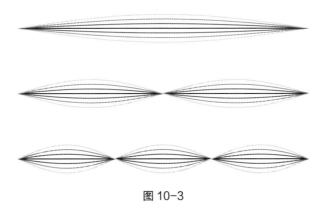

图 10-3

其他振型同样可以由无穷多个正弦波加总而成。比如，在18世纪使用的羽管键琴中，一根弦在被松开前，往往会被用作琴拨的羽毛管拉成一个三角形（图10-4）。

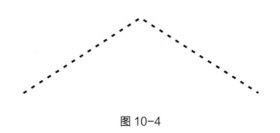

图 10-4

尽管三角波有一个尖角，但它也可以表示成完全光滑的正弦波的无穷级数和形式。换句话说，我们不用尖角也能制造出尖角。在图10-5中，我通过3次越来越如实的逼近，用正弦波构建出一个近似三角波，如图中最下面的虚线所示。

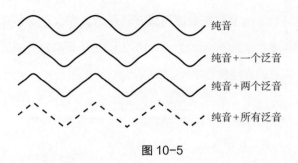

纯音
纯音+一个泛音
纯音+两个泛音
纯音+所有泛音

图 10-5

第一次逼近的结果是一个具有最优可能振幅的正弦波（"最优"的意思是，它能让三角波的总平方误差最小化）。第二次逼近的结果是两个正弦波的最优和。第三次逼近的结果是三个正弦波的最优和。最优正弦波的振幅遵循傅里叶发现的一个公式：

$$三角波 = \sin x - \frac{1}{9}\sin 3x + \frac{1}{25}\sin 5x - \frac{1}{49}\sin 7x + \cdots$$

这个无穷级数和被称为三角波的傅里叶级数。请注意其中独特的数值模式：在正弦波中只出现了奇数频率，比如 1, 3, 5, 7…，而且它们对应的振幅是正负号交替的奇数平方的倒数。遗憾的是，我无法用三言两语解释清楚这个公式为何有效；我们必须刻苦研究很多具体的微积分，才能弄明白公式中的那些神奇的振幅从何而来。但关键在于，傅里叶知道如何把它们计算出来。有了这个公式，他就能用简单得多的正弦波合成三角波或者其他任意复杂的曲线。

傅里叶的伟大思想是音乐合成器的基础，我们以一个音符（比如中央 C 上方的 A）为例说明其中的原因。为了发出准确的音高，我们可以敲击一个振动频率被设定为 440 个周期/秒的音叉。音叉由一个把手和两个金属叉组成，当用橡胶锤敲击音叉时，金属叉每秒钟会来回振动 440 次。金属叉的振动会扰动附近的空气：向外振动时，它们会压缩空气；

而向内振动时，它们会使周围的空气变得稀薄。空气分子的来回晃动又会产生正弦压力扰动，我们的耳朵将其当作一个纯音——单调沉闷的 A 音，它缺乏音乐家所说的音色。然而，我们可以用小提琴或钢琴弹奏出同样的 A 音，它听起来却生动又温暖。尽管小提琴或钢琴也在以 440 个周期/秒的基本频率振动，但由于搭配了不同的泛音，它们发出的声音与音叉（及其他乐器）不同。泛音就是三角波公式中像 $\sin3x$ 和 $\sin5x$ 这样的波对应的音乐术语，它通过加入多倍的基本频率为音符增色。除了频率为 440 个周期/秒的正弦波外，合成三角波中还包括一个正弦波泛音，它的频率是正弦波的 3 倍（$3 \times 440 = 1\,320$ 个周期/秒）。这个泛音不像基本的 $\sin x$ 模态那么强，它的相对振幅只是基本模态的 1/9，其他奇数模态则更弱。从音乐角度说，振幅决定了泛音的响度，小提琴声音的丰富度与它的柔和泛音和响亮泛音的特定组合方式有关。

　　傅里叶思想的统一力量在于，任何乐器的声音都可以用无穷多个音叉合成。我们要做的只是在恰当的时间用恰当的力度去敲击音叉，尽管我们只用了单调沉闷的正弦波，却不可思议地演奏出小提琴、钢琴乃至小号或双簧管的声音。这就是第一批电子合成器的基本工作原理：通过组合大量的正弦波，它们可以再现任何乐器的声音。

　　高中时期我上过一节电子音乐课，从中感受到了正弦波的作用。那是在滞胀的 20 世纪 70 年代，当时的电子音乐是在一个看似老式交换机的大盒子产生的。我的同学和我先把电缆插入各种插口，再来回转动旋钮，就会听到正弦波、方波和三角波的声音。我还记得，正弦波的声音干净而宽广，就像长笛一样；方波的声音听起来尖利刺耳，就像火警警报一样；三角波的声音听起来则喧闹嘈杂。转动其中一个旋钮，我们可以改变波的频率，升降它的音高。转动另一个旋钮，我们可以改变波的振幅，使它听起来更响亮或更柔和。同时插入几根电缆，我们可以把波及其泛音以不同的形式组合在一起，这是我们对抽象的傅里叶理论的感官体验。我们在示波器上看到波的形状的同时，也能听到它们的声音。如今你可以在互联网上尝试这一切，搜索"三角波的声音"之类的内容，就能找到交互式演示程序。它们会让你觉得自己仿佛回到了1974年，正坐在我的教室里享受着玩转波的乐趣。

更重要的是，在利用微积分预测粒子连续介质的运动和变化方式上，傅里叶迈出了第一步。除牛顿对离散粒子运动的研究之外，这是又一个巨大的进步。在接下来的几个世纪里，科学家继续用傅里叶的方法去预测其他连续介质的行为，比如波音787客机机翼的颤振、患者接受面部手术后的外貌、流经动脉的血流或者地震后大地发出的隆隆声。如今，这些技术在科学和工程学领域无处不在，它们被用来分析各种波现象，包括：热核爆炸产生的冲击波，通信的无线电波，在肠内促使营养物质吸收并推动废物朝着正确方向移动的消化波；大脑中与癫痫和帕金森震颤相关的病理性电波，公路上的交通拥挤波（就像令人恼火的幽灵堵塞现象一样，交通在没有明显原因的情况下整体减速）。傅里叶思想及其分支可以帮助我们从数学角度理解所有这些波现象，对它们做出解释和预测（有时要借助公式，有时则要通过大规模的计算机模拟），在某些情况下还可以控制或消除它们。

为什么是正弦波？

在结束关于正弦波的讨论并转向其二维和三维对应物之前，我们有必要阐明它们的特别之处。毕竟，其他类型的曲线也可以用作构建单元，有时它们的效果甚至比正弦波还要好。比如，为了捕捉指纹脊线之类的局部特征，子波得到了美国联邦调查局的认可。在地震分析、艺术品修复与鉴别、面部识别等领域,子波在诸多图像处理与信号处理任务中的表现常常优于正弦波。

为什么正弦波非常适合做波动方程、热传导方程和其他偏微分方程的解呢?因为正弦波的优点在于,它们可以与导数"相处得十分融洽"。具体来说,一个正弦波的导数是另一个正弦波,两者之间存在1/4个周期的位移。这是一个了不起的特性,而其他类型的波并不具备。通常,当我们求任意一条曲线的导数时,它会因为微分而变得扭曲,所以求导前后它的形状是不一样的。对大多数曲线来说,求导都是一种痛苦的经历,但对正弦波来说则不然。在求导之后,正弦波会抖落身上的灰尘,表现得泰然自若,和求导之前没什么两样。它遭受的唯一伤害(其实根本算不上伤害)是时间上的变化,即它会比求导之前提早1/4个周期达到峰值。

我们在第4章研究过一个不太完美的此类案例——2018年纽约市昼长的每天变化情况,并将其与昼长变化率的每天变化情况进行了比较。我们看到这两条曲线都近似于正弦曲线,只不过表示昼长变化率的正弦波比表示昼长的正弦波提早了3个月。简言之,2018年昼长最长的一天是6月21日,而昼长加长率最快的一天是3个月前的3月20日,这就是我们期望从正弦曲线中看到的情况。如果昼长数据是完美的正弦波,而且我们观察的不是每天的变化而是每个瞬间的变化,那么它的瞬时变化率("导数"波)本身就是完美的正弦波,并且正好提早了1/4个周期。在第4章我们也看到了这1/4个周期的位移为何会发生,它源于正弦波与匀速圆周运动之间的深层联系。

1/4个周期的位移是一个十分有趣的结果。它表明,如果我们对正弦波求导两次,它就会提早1/4个周期再加上1/4个周期,所以它总共提早了1/2个周期。这意味着之前的波峰现在变成了波谷,反之亦然;正弦波完全颠倒了。在数学上，这个过程可以用下面的公式来表达：

$$\frac{d}{dx}\left(\frac{d}{dx}\sin x\right) = -\sin x$$

其中，莱布尼茨的微分符号 d/dx 表示"对右边的表达式求导"。这个公式表明，对 $\sin x$ 求导两次就相当于让它乘以 -1。用一次简单的乘法运算代替两次求导，是一种神奇的简化方式。求导两次是十分烦琐的微积分运算，而乘以 -1 是中学水平的算术。

不过你可能想问，为什么有人要对某个东西求导两次呢？因为自然一直是这样做的，更确切地说，我们的自然模型一直是这样做的。比如，在牛顿的运动定律 $F = ma$ 中，加速度 a 就涉及两次求导。想知道其中的原因，你需要记住加速度是速度的导数，而速度又是距离的导数。因此，加速度是距离的导数的导数，或者更简单地说，加速度是距离的二阶导数。二阶导数在物理学和工程学领域随处可见，除牛顿方程之外，它们还在热传导方程和波动方程中扮演着重要角色。

这就是正弦波非常适合于这些方程的原因。对正弦波来说，两次求导的结果仅相当于乘以 -1。实际上，当我们只关注正弦波时，让热传导方程和波动方程变得难以分析的微积分就不再是问题了。微积分会被剔除并代之以乘法，这让与正弦波有关的振动弦问题和热流问题变得更容易解决。如果一条曲线可以由正弦波构成，那么它将继承正弦波的优点。唯一的困难在于，构建一条曲线需要将无穷多个正弦波叠加在一起，但这不过是一个小小的代价。

这就是从微积分的角度看正弦波之所以特别的原因。物理学家也有他们自己的观点，同样值得我们了解。对物理学家来说，正弦波（在振动和热流问题的语境中）的非凡之处在于，它们会形成驻波。驻波不会沿着弦或铁棒移动，而会待在原地；尽管它们会上下振动，但从不传播。更引人注目的是，驻波会以单一频率振动，这在波的世界里非常少见。大多数波都是诸多频率的组合，比如，白光是由彩虹的所有颜色的光混合而成的。从这个方面看，驻波是纯粹的波，而不是混合波。

振动模态的可视化：克拉德尼图形

无论是吉他温暖的声音还是小提琴忧伤的声音，都与乐器的面板和主体的振动有关，声波会在这些部位的木材及空腔中产生振动和共鸣。这些振动模式决定了乐器的品质和声音。斯特拉迪瓦里小提琴之所以如此特别，原因之一就在于它们的木材和空气的振动模式独一无二，并且能引发听众的情感共鸣。某些小提琴的声音听起来比其他小提琴要好，尽管我们尚未完全弄明白其中的原因，但答案一定也与它们的振动模式有关。

1787年，德国物理学家和乐器制造商恩斯特·克拉德尼发表了一篇文章，展示了一种能让这些振动模式可视化的巧妙方法。不过，他没有使用像吉他或小提琴那样复杂形状的乐器，而是选择了一种简单得多的乐器——一块薄金属板，通过拉动小提琴弓摩擦金属板的边缘来演奏。这样一来，他就可以让金属板振动并发声（这类似于你用手指摩擦一个半满酒杯的边缘让它发声）。为了让振动可视化，演奏前克拉德尼在金属板上撒了一层薄沙。当他在金属板边缘拉动琴弓时，沙子会从振动最强烈的地方弹开，并落在完全不振动的地方，由此得到的曲线现在被称为克拉德尼图形[4]（图10-6）。

图 10-6

你可能在科学博物馆里见过关于克拉德尼图形形成过程的动态演示。一块表面覆盖着沙子的金属板被放置在扬声器之上,然后在电子信号发生器的驱动下产生振动。随着你对扬声器的声音频率做出调整,金属板会被激发出不同的共振模式。每当扬声器被调至一个新的共振频率,沙子就会重新排列成一种不同的驻波图样。金属板将自身划分成振动方向相反的相邻区域,分界线是金属板上保持不动的节点曲线。

金属板的某些部分没有发生振动,这种现象看似很奇怪,但它其实没什么可惊讶的,我们在弦的正弦波中也可以看到这种现象。弦上不动的那些点就是振动的节点,金属板上也有类似的节点,只不过它们不是孤立的点。相反,它们会连接在一起形成节点线和节点曲线,克拉德尼的实验中呈现出来的正是这些曲线。当时人们都觉得难以置信,以至于克拉德尼被叫去当着拿破仑皇帝本人的面展示这些曲线。接受过些许数学和工程学教育的拿破仑对此非常感兴趣,他发起了一场竞赛,鼓励欧洲那些伟大的数学家去尝试解释克拉德尼图形的原理。

当时解决这个问题所必需的数学知识还不存在,欧洲的杰出数学家约瑟夫-路易斯·拉格朗日觉得它是一个"超纲问题",没人能解决它。事实上,只有一个人尝试过,她就是索菲·热尔曼[5]。

最值得尊崇的勇气

索菲·热尔曼年少时自学了微积分。她出生于一个富裕家庭，自从在父亲的书房里读了一本关于阿基米德的书起，热尔曼就对数学痴迷不已。当父母发现她酷爱数学并且熬夜研究数学时，他们拿走了她的蜡烛，熄灭了她的炉火，还没收了她的睡袍。但热尔曼并未就此放弃，她把自己裹在被子里，点着偷来的蜡烛学习数学。最后，她的家人让步了，支持她继续学下去。

跟她那个时代的所有女性一样，热尔曼不被允许上大学，所以她只能自学。有些时候她会以一位离校生"安东尼–奥古斯特·勒布朗先生"的名义，从附近的巴黎综合理工大学获取课程讲义。由于不知道勒布朗先生已经离校，学校管理人员继续为他印刷讲义和习题集。热尔曼还以勒布朗先生的名义交作业，直到学校的一位老师——伟大的拉格朗日——注意到以往学业表现糟糕的勒布朗先生的成绩有了显著进步。拉格朗日要求和勒布朗见面，由此发现了热尔曼的真实身份，又惊又喜的拉格朗日收下了这个女学生。

热尔曼的早期成就与数论有关，她为该领域尚未解决的最难问题之一——费马大定理的证明——做出了重要贡献。当她觉得自己取得了突破时，热尔曼再次用安东尼·勒布朗这个化名给世界上最伟大的数论家（和历史上最伟大的数学家之一）卡尔·弗里德里希·高斯写了一封信。高斯很欣赏这位神秘通信者的才华，此后的三年间他们一直保持着亲切友好的书信交流。但 1806 年的一天，形势恶化，高斯的生命受到了威胁。拿破仑军队侵入普鲁士，高斯的家乡不伦瑞克被占领。热尔曼利用家庭关系网，给她在法国军队担任将军的朋友寄去了一封信，请求他保护高斯的安全。当高斯得知是在索菲·热尔曼小姐的帮助下，他的生命才受到了保护时，他既心怀感激又困惑不解，因为他并不认识这位女性。在随后的一封信中，热尔曼坦承了她的真实身份。当高斯知道自己一直在和一位女性通信时，他大吃一惊。鉴于她的见解之深刻，以及她必须忍受的所有偏见和障碍，高斯告诉热尔曼，"毫无疑问，你拥有最值得尊崇的勇气[6]、卓越的才智和出类拔萃的天赋。"

在听说了旨在解开克拉德尼图形之谜的竞赛之后，热尔曼勇敢地接受了这项挑战。而且，她是唯一敢于尝试从零开始建立必要理论的人。她的解决方案涉及创建一个新的力学分支，也就是针对薄而扁平的二维金属板的弹性理论，它超越了早期的针对一维弦和波束的简单理论。她将这个理论建立在力、位移和曲率的原理之上，并用微积分方法构思和解决奇妙的克拉德尼图形的相关偏微分方程。但由于热尔曼的受教育程度不足，并且缺乏正规的训练，评审人员发现她的方案存在缺陷。他们认为克拉德尼图形之谜尚未被完全解开，于是把这项竞赛延长了两年，之后又延长了两年。经过第三次尝试，热尔曼终于赢得了巴黎科学院的大奖，并成为有史以来第一位获此殊荣的女性。

微波炉

克拉德尼图形实现了二维平面上的驻波可视化。在日常生活中，每当我们使用微波炉[7]的时候，都要依赖于克拉德尼图形的三维对应物。微波炉内部是一个三维空间，在你按下启动按钮后，炉内会充满驻波模式的微波。虽然你用肉眼看不到这些电磁振动，但你可以通过模仿克拉德尼的做法，使它们间接实现可视化。

取一个微波炉用的盘子，在上面铺薄薄的一层加工奶酪丝（或者其他易于平放和融化的东西，比如薄薄的一层巧克力或者迷你棉花糖）。在把这个盘子放进微波炉之前，你一定要先取出里面的转盘。这一点很重要，因为只有让这盘奶酪（或者你使用的任何东西）保持静止，你才能发现热点。取出转盘，把盘子放进去，关上门，打开微波炉。让它运行大约30秒（时间不能再长了），然后取出盘子。这时你会看到盘中有些地方的奶酪已经完全融化了，它们就是热点。这些热点对应着微波模式的腹点，也就是振动最剧烈的地方。它们类似于正弦波的波峰和波谷，或者克拉德尼图形中那些没有沙子的地方（因为剧烈的振动已经把沙子甩开了）。

对于一台运行频率为2.45千兆赫（波每秒钟来回振动24.5亿次）的标准微波炉，你会发现两个相邻融化点之间的距离大约是6厘米。请记住，这只是从波峰到波谷的距离，即半波长。想得出整波长，就要将这个距离乘以2。因此，微波炉内驻波模式的波长约为12厘米。

顺便说一下，你还可以用你的微波炉计算光速。将微波炉的振动频率（通常标示在微波炉的门框上）乘以你在实验中测得的波长，应该就可以得出光速或者非常接近光速的结果。以我刚才给出的数字为例：频率为24.5亿个周期/秒，波长为12厘米（每个周期）。将它们相乘，得到294亿厘米/秒，这个数值与公认的300亿厘米/秒的光速非常接近。对如此粗略的测量来说，能得出这样的结果已经很不错了。

为什么微波炉最初被称作雷达灶？

"二战"快结束时，美国雷神公司试图为它的磁控管（用于雷达的大功率真空管）寻找新的"用武之地"。磁控管是哨子的电子类似物，就像哨子发出声波一样，磁控管会发出电磁波。这些波在空中遇到飞机后会发生反射，我们可以据此探测飞机的飞行距离和速度。如今，雷达被用来追踪一切事物的运动，从轮船、飞驰的汽车到快速球、网球发球和天气模式等。

　　战争结束后，到了1946年，雷神公司还是不知道该如何处理它制造出来的所有磁控管。一天，一位名叫珀西·斯宾塞的工程师在使用磁控管时，发现他口袋里的一个花生巧克力棒变成了一团黏糊糊的东西，他由此意识到磁控管发出的微波可以高效地加热食物。为了进一步探究这个想法，斯宾塞尝试让磁控管指向一个鸡蛋，鸡蛋变得很热并发生爆炸；他还证明了磁控管可用于制作爆米花。雷达和微波之间的这种联系就是最早的微波炉被称为雷达灶的原因，直到20世纪60年代末，它们才成为热卖商品。最早的微波炉尺寸很大，约有6英尺高，价格也极其昂贵，相当于今天的几万美元。不过，微波炉的尺寸最终变得足够小，价格也足够便宜，普通家庭完全负担得起。如今，在工业化国家，至少有90%的家庭拥有微波炉。

　　雷达与微波炉的故事是证明科学内联性的一个证据，它涉及的学科包括：物理学、电气工程学、材料科学、化学和古老的偶发性发明。微积分也在其中发挥了重要作用，提供了描述波的语言和分析波的工具。波动方程最初是作为音乐与振动弦的关联产物被发现的，最终被麦克斯韦用来预测电磁波的存在。自此，真空管、晶体管、计算机、雷达和微波炉相继出现。在这个过程中，傅里叶方法起到了不可或缺的作用。我们接下来将会看到，该方法在寻找高能电磁波的新用途方面发挥了作用。这种波是在20世纪初被偶然发现的，由于无法确定它们是什么，人们便遵循数学上表示未知数的惯例，把它们命名为X射线。

CT与脑成像

　　微波擅长烹饪，而X射线擅长"看透"我们的身体，使骨折、颅骨骨折和脊柱弯曲的非侵入性诊断成为可能。遗憾的是，传统的黑白胶片捕捉的X射线对组织密度的细微变化不太敏感，这限制了它们在软组织和器官检查方面的有效性。CT扫描[8]是一种更先进的医学成像技术，它的灵敏度是传统X射线胶片的数百倍，使医学精密度发生了革命性变化。

CT扫描中的C代表computerized（电子计算机化的），T代表tomography（断层成像），指的是通过把某个物体切成薄片，使其实现可视化的过程。CT扫描利用X射线，一次一个切片地为某个器官或组织成像。当一位患者置身于CT扫描仪中时，X射线会从许多不同的角度穿过他的身体，另一侧的探测器则负责做记录。从所有信息（所有不同角度的视图）中，我们有可能更清楚地重构X射线穿过地方的图像。换句话说，CT不只是"看见"的问题，它还是关于推理、演绎和计算的问题。事实上，CT的最出色和最具革命性的部分，就是它对复杂数学的运用。在微积分、傅里叶分析、信号处理和计算机的帮助下，CT软件可以推断出X射线穿过的组织、器官或骨骼的性质，并生成这些身体部位的详细图像。

想知道微积分在其中是如何发挥作用的，我们先要了解CT解决了什么问题，以及它是如何解决这些问题的。

想象一下，发射一束X射线，让它穿过一个脑组织切片。X射线在行进过程中会遇到灰质、白质，可能还有脑肿瘤、血块等。根据类型的不同，这些组织会或多或少地吸收X射线的能量。CT的目标就是绘制出整个切片的吸收图样，并在其中显示出肿瘤或血块的可能位置。CT不能直接看见大脑，它看见的只是大脑中的X射线吸收图样。

数学就是这样发挥作用的。当X射线穿过大脑切片中的一个给定点时，它们的强度会损失一些，就像普通光穿过太阳镜后变得不那么明亮一样。这里的复杂之处在于，在X射线的行进路径上有一系列不同的脑组织，它们好像一连串太阳镜，一个排在另一个前面，不透明度各不相同。而且，我们不知道各种脑组织的不透明度，这正是我们试图解决的问题！

因为不同脑组织的吸收性质各异，当X射线穿过大脑并击中另一侧的X射线探测器时，它们的强度在此过程中经历了不同程度的衰减。为了计算所有这些减小量的净效应，我们必须弄清楚X射线在穿过脑组织的过程中，每行进无穷小的一步，它们的强度减小了多少，然后把所有结果恰当地组合起来。换言之，这个计算过程相当于积分。

积分学出现在这里，我们不应该对此感到惊讶，因为它是让这个非常复杂的问题变得更容易处理的最优方式。像往常一样，我们求助于无穷原则：先想象将X射线的行进路径切分成无穷多个无穷小步，然后弄清楚每走一步它们的强度衰减了多少，最后将所有答案重新组合在一起，计算出X射线沿特定路径行进的净衰减量。

遗憾的是，完成这一系列操作后，我们只获得了一条信息，即X射线沿特定路径行进的总衰减量。它不能告诉我们关于大脑切片的整体情况，甚至不能告诉我们关于X射线的特定行进路径的情况。它告诉我们的只是X射线沿这条路径行进的净衰减量，而不是点对点的衰减模式。

让我尝试用类比法来阐明这个难题：想一想，两个数字相加等于6的所有不同方法。正如数字6可以由1＋5或2＋4或3＋3得到一样，相同的X射线净衰减量也可以由许多不同序列的局部衰减得到。比如，行进路径起点的衰减量大，而终点的衰减量小；或者情况正相反；或者自始至终衰减量都是恒定的中等水平。仅凭一次测量，我们无法区分出这些可能性。

然而，一旦我们认识到这个难题，立即就会知道该如何解决它。我们需要沿许多个不同的方向发射X射线，这是CT扫描技术的核心。从多个方向发射X射线，让它们经同一个点穿入组织，并在很多个不同的点上重复这个测量过程，通过这种方法，我们原则上可以绘制出大脑各处的衰减因子的图像。尽管这与直接查看大脑不是一回事，但效果几乎同样好，因为它提供了大脑的哪个区域出现了哪类组织的相关信息。

接下来面临的数学方面的挑战是，将所有测量结果重组成一幅关于大脑切片的连贯的二维图像。这正是需要用到傅里叶分析的地方，它帮助一位名叫阿兰·科马克[9]的南非物理学家解决了重组问题。之所以要用傅里叶分析，是因为这个问题中隐藏着一个圆，即所有路径（X射线从侧面被射入二维切片可能采取的所有方向）形成的圆。

记住，圆总是与正弦波有关，而正弦波又是傅里叶级数的构建单元。通过用傅里叶级数表示重组问题，科马克把二维的重组问题归结成更简单的一维问题，无须再考虑0~360度范围内的所有可能角度。然后，他凭借高超的积分技巧，成功地解决了这个一维重组问题。最后，他根据一整圈路径的测量结果，推断出内部组织的性质，并推导出吸收图谱。这简直就像看到了大脑本身一样。

1979年，由于在计算机辅助断层成像方面做出的贡献，科马克与高弗雷·豪斯费尔德共同获得了诺贝尔生理学或医学奖。然而，他们俩都不是医生。20世纪50年代末，科马克建立了基于傅里叶分析的CT扫描数学理论。20世纪70年代初，英国电气工程师豪斯费尔德与放射科医生合作发明了CT扫描仪。

CT扫描仪的发明再次证明了数学的不合常理的有效性。在这个例子中，使CT扫描成为可能的思想早在半个多世纪以前就产生了，并且与医学毫无关联。

这个故事的下半部分始于20世纪60年代末，当时豪斯费尔德已经在猪脑上测试了他发明的扫描仪样机。他不顾一切地想找一位临床放射科医生，帮他把这项成果应用于人类患者，但医生们纷纷拒绝与他见面。他们都认为豪斯费尔德是个疯子，因为他们知道X射线不可能让软组织可视化。比如，尽管传统的头部X射线片能清晰地显示出头骨，但大脑看起来就像一片毫无特点的云。不管豪斯菲尔德说什么，这些医生都固执地认为肿瘤、出血和血块是不可见的。

最终，有一位放射科医生同意听他把话说完。然而，这场谈话进行得并不顺利。在会面结束时，那位疑虑重重的放射科医生递给豪斯费尔德一个玻璃罐子，里面装着一个长有肿瘤的人脑，要求豪斯费尔德用他的扫描仪给它拍张X射线片。豪斯费尔德很快就带回了这个大脑的图像，上面不仅准确指出了肿瘤的位置，还确定了出血区域。

这位放射科医生惊呆了，消息一经传开，很快其他放射科医生也认可了豪斯费尔德的发明。1972年，豪斯费尔德发表了他的第一批CT扫描图像，震惊了医学界。忽然之间，放射科医生就可以用X射线看见肿瘤、囊肿、灰质、白质和充满液体的脑室了。

讽刺的是，由于波理论和傅里叶分析都源于对音乐的研究，所以在CT技术发展的关键时刻，音乐再次被证明是不可或缺之物。豪斯费尔德于20世纪60年代中期产生了这个突破性的想法，当时他在一家名叫EMI（"电子与音乐工业"，今天叫作"百代唱片"）的公司任职。他最早从事的是雷达和制导武器方面的研究工作，之后他把注意力转移到研发英国第一台全晶体管计算机上。在他大获成功之后，EMI公司决定支持豪斯费尔德去做他想做的任何项目。那时，EMI公司资金充裕，有冒险的经济实力。签下来自利物浦的披头士乐队[10]之后，EMI公司的利润增长了一倍。

豪斯费尔德向公司管理层提出了用X射线为器官成像的想法，EMI公司雄厚的资金实力帮助他迈出了第一步。他自己想出了用于解决重组问题的数学方法，却浑然不知科马克早在10年前就已经解决了这个问题。同样地，科马克也不知道一位名叫约翰·拉东的纯粹数学家先于他40年解决了这个问题，只是后者没考虑过它有何应用。对纯粹数学理解的追求给予了CT扫描所需的工具，并且比它的发明提早了半个世纪。

在诺贝尔奖获奖演说中，科马克提到他和他的同事托德·昆图研究过拉东的成果，并试图将它们推广到三维乃至四维区域。这对他的听众来说一定很难理解，既然我们生活在一个三维世界里，为什么还会有人想要研究四维大脑呢？科马克解释说：[11]

> 这些成果有什么用呢？答案是：我不知道。它们几乎肯定会在偏微分方程理论中产生一些定理，而且有的定理可能会在MRI或超声成像中得到应用。但这尚不确定，也无关紧要。昆图和我正在研究这些课题，因为它们本身就是有趣的数学问题，这才是科学的真谛。

第 11 章

微积分的未来

本章的标题可能会让那些认为微积分是明日黄花的人感到惊讶。它怎么会有未来呢？它现在已经结束了，不是吗？在数学圈，你常会吃惊地听到类似的话。根据这种说法，得益于牛顿和莱布尼茨取得的突破，微积分轰轰烈烈地开始发展。他们的发现在18世纪激发了人们淘金热般的心态，有趣且近乎疯狂的探索活动成为这一时期的标志性特征，无穷这个"石巨人"也像脱缰的野马般肆意狂奔。数学家由此收获了惊人的成果，但谬论和混乱也随之而来。所以，19世纪的那几代数学家表现得更加严谨。他们把"石巨人"赶回了笼中，消除了微积分中的无穷大和无穷小，巩固了这个学科的基础，最终阐明了极限、导数、积分和实数的真正含义。到20世纪前后，他们的清理工作画上了句号。

在我看来，这种关于微积分的看法太狭隘了。微积分不只是牛顿、莱布尼茨及其继任者的研究成果，它开始的时间还要早得多，如今依然在壮大。对我来说，微积分可以由它的信条来定义：在解决关于任意连续体的难题时，先把它切分成无穷多个部分，然后一一求解，最后通过把各个部分的答案组合起来去解决原始的难题。我把这个信条称作无穷原则。

无穷原则从一开始就存在：它在阿基米德关于曲线形状的著作中，它在科学革命中，它在牛顿的世界体系中，如今它在我们的家中、工作中和汽车里。它让GPS、手机、激光和微波炉的发明成为可能。美国联邦调查局用它压缩了数百万份指纹文件，阿兰·科马克用它创建了CT扫描理论，他们都通过重组简单部分（子波之于指纹文件，正弦波之于CT理论）的方法解决了难题。从这个角度看，微积分是用于研究任何事物——任何模式，任何曲线，任何运动，任何自然过程、系统或现象——的想法与方法的庞杂集合，这些事物的变化平稳而连续，符合无穷原则。该定义的范畴远远超出了牛顿和莱布尼茨的微积分，并囊括了它的子孙后代：多变量微积分，常微分方程，偏微分方程，傅里叶分析，复分析，以及高等数学中涉及极限、导数和积分的所有其他分支。由此可见，微积分还没有完结，它和以前一样求知若渴。

但我属于少数派，实际上，只有我一个人持这种观点。我数学系的同事并不认为上述一切都是微积分，他们的理由很充分：这太荒谬了。课程体系中有一半的课不得不重新命名，除了微积分1、微积分2和微积分3以外，还有微积分4直到微积分38，让人不明所以。于是，我们给微积分的每个分支都取了不同的名字，并模糊了它们之间的连续性。我们把微积分切分成可供使用的最小部分，这种做法虽然有些讽刺，但或许很恰当，因为微积分本身的信条就是把连续的事物切分成多个部分，使它们变得更易于理解。需要明确的一点是，我并不反对所有不同的课程名称。我想说的是，这种切分可能会误导我们，让我们忘记那些课程本就是微积分的一部分。我写作本书的目标是，将微积分作为一个整体呈现在你们面前，让你们感受它的美、统一和壮观。

那么，微积分会拥有什么样的未来呢？就像人们说的那样，预测总是很难，尤其是对未来的预测。但我认为，我们可以大胆地假设，未来几年围绕微积分可能有几个重要趋势，包括：

- 微积分在社会科学、音乐、艺术和人文领域的新应用；
- 微积分在医学和生物学领域的持续应用；
- 应对金融、经济和天气固有的随机性；
- 微积分为大数据服务，反之亦然；
- 非线性、混沌和复杂系统的持续挑战；
- 微积分与计算机（包括人工智能）之间不断演化的合作关系；
- 将微积分推广至量子领域。

我们需要探讨的内容有很多，与其对这里提到的每个主题都说上几句，不如专注于其中几个问题。在简要地介绍DNA（脱氧核糖核酸）的微分几何（曲线之谜与生命的奥秘在此相遇）之后，我们将研究一些能让你获得哲学启发的案例，其中包括混沌、复杂性理论，以及计算机和人工智能的崛起带来的洞察力及预测方面的挑战。然而，为了弄明白这些案例，我们需要回顾一下非线性动力学的基本原理，这有助于我们更好地理解接下来将要面临的挑战。

DNA的缠绕数

传统上，微积分一直应用于像物理学、天文学和化学这样的"硬"科学。但近几十年来，它进入了生物学和医学领域，在流行病学、种群生物学、神经科学和医学成像等方面发挥着作用。在本书中，我们已经看到了不少数学生物学的例子，比如，利用微积分预测面部手术的结果，为HIV与免疫系统的战斗过程建模，等等。但所有这些例子都与变化之谜（关于微积分的最新困扰）的某个方面有关。相比之下，下面这个例子来自古老的曲线之谜，一个关于DNA的三维路径的谜题为它赋予了新的生命。

　　这个谜题与DNA在细胞中的"打包"方式有关，DNA是一种超长分子，包含了一个人成长发育所需的全部遗传信息。在你的大约10万亿个细胞中，每个都含有约2米长的DNA。如果将它们首尾相连，那么DNA可以在地球和太阳之间往返几十次。不过，怀疑论者可能会辩称，这种比较并不像听上去那么令人印象深刻，它只是反映了我们每个人都有很多细胞。而与DNA所在细胞的细胞核比大小，或许更能说明问题。一个典型的细胞核的直径约为5微米①，它是细胞内DNA长度的40万分之一，这个压缩系数相当于把20英里长的绳子塞到一个网球里。

　　此外，DNA也不能被随意地塞入细胞核。它绝对不能缠绕在一起，而必须以有序的方式打包，这样DNA才能被酶读取，并被翻译成细胞维持生命活动所需的蛋白质。有序的打包方式还有一个重要作用，那就是当细胞分裂时DNA可以被整齐地复制。

　　进化用线轴解决了打包问题，当我们需要存放一根很长的线时也会采取相同的方法。细胞中的DNA缠绕在分子线轴上，这些线轴由一种叫作组蛋白的特殊蛋白质组成。为了实现进一步压缩，线轴会像项链上的珠子一样首尾相连，然后这条"项链"会盘绕成绳索状纤维，这些纤维本身又会盘绕成染色体。最终，通过重重盘绕，DNA被压缩成足以放入狭窄细胞核的大小。

　　但线轴并不是大自然解决打包问题的原始解决方案。地球上最早的生物是没有细胞核和染色体的单细胞生物，就像今天的细菌和病毒一样，它们也没有线轴。在这种情况下，遗传物质是通过一种基于几何学和弹性的机制来压缩的。想象一下，你拉紧一条橡皮筋，用手指夹住它的一

---

① 1微米 = 10^{-6}米。——编者注

端，并从另一端扭转它。刚开始，橡皮筋的每次转动都会产生一个扭结。扭结不断增加，当累积的扭转超过临界值时，橡皮筋不再保持绷直状态，而会突然弯曲并盘绕在自己身上，仿佛在痛苦地扭动。最终，橡皮筋聚成一团，实现了压缩。DNA也是这样做的。

这种现象被称为超螺旋化，它普遍存在于DNA的环状结构中。尽管我们倾向于把DNA描绘成两端开放的直螺旋，但在许多情况下，它会自我闭合成一个环。当这种现象发生时，就好比解开你的安全带，把它扭曲几圈再扣上一样。此后安全带的扭曲次数就不变了——它被锁定了。在不解开安全带的前提下，如果你试图在某一处扭曲它，其他地方就会形成反向扭曲来抵消这种操作。其中，有某个守恒定律在起作用。当你把花园用的软管盘绕成好几圈堆在地上时，也会发生同样的事情。而当你试图把软管直直地拉出来时，它会在你的手里扭曲。就这样，盘绕转变成扭曲。这种转换也可以反向进行，即从扭曲变为缠绕，就像橡皮筋在扭曲时发生了缠绕一样。原始生物的DNA正是利用了这种缠绕作用，某些酶可以切割DNA，扭曲它，再把它闭合起来。当DNA为了降低其能量而放松扭曲时，守恒定律就会迫使它的超螺旋化程度增强，让它变得更紧凑。这样一来，DNA分子的最终路径不再位于一个平面内，而是在三维空间中缠绕。

20世纪70年代初，美国数学家布洛克·富勒率先做出了关于DNA的三维缠绕现象的数学描述。他发明了一个叫作DNA缠绕数[1]的量，用积分和导数推导出它的公式，证明了关于它的某些定理，从而明确了针对螺旋和缠绕的守恒定律。此后，关于DNA的几何学和拓扑学[2]研究成为一个蓬勃发展的产业。数学家已经利用纽结理论和缠结微积分[3]阐明了某些酶的作用机制，这些酶可以扭曲或切割DNA，或者将结与链引入DNA。由于这些酶改变了DNA的拓扑结构，因此被称为拓扑异构酶。它们可以弄断和再连接DNA链，对细胞的分裂和生长起到至关重要的作用。经证实，它们是癌症化学治疗药物的有效靶点。[4]尽管其作用机制尚不清楚，但人们认为，这些药物（被称为拓扑异构酶抑制剂）通过阻断拓扑异构酶的作用，可以选择性地损坏癌细胞的DNA，导致癌细胞自杀。这对患者来说是好消息，对肿瘤来说则是坏消息。

在将微积分应用于超螺旋DNA时，双螺旋被建模为一条连续曲线。微积分一如既往地喜欢处理连续对象，但事实上，DNA是一群离散的原子，它没有什么地方是真正连续的。但是，为了得到好的逼近，DNA可被看作像理想的橡皮筋一样的连续曲线。这样做的好处是，微积分的两个副产品——弹性理论和微分几何学——可用于计算当DNA受到来自蛋白质、环境及与自身相互作用的力时，它会如何变形。

更重要的一点是，微积分延续了它一贯的创造性，将离散对象当作连续体来处理，从而揭示它们的行为。这种模拟尽管是近似的，但却很有用。无论如何，这都是我们唯一的选择。没有连续性假设，就无法使用无穷原则。没有无穷原则，就不会有微积分，也不会有微分几何和弹性理论。

我希望，未来我们将看到更多将微积分和连续数学应用于天生离散的生物学"角色"的例子，比如基因、细胞、蛋白质和生物学"大戏"中的其他"演员"。我们能从连续体近似方法中获取的洞见实在太多了，以至于不能不用它。除非我们开发出一种新的微积分形式，它可以像传统微积分适用于连续系统那样适用于离散系统，否则无穷原则将在生物的数学建模方面继续指导我们。

决定论及其局限性

接下来我们要谈论的两个话题是：非线性动力学的兴起和计算机对

微积分的影响。我之所以选择这两个问题，是因为它们的哲学内涵十分有趣。它们可能会永远地改变预测的本质，并开启微积分（更一般地说是科学）的新时代，到那个时候，人类的洞察力或许会开始衰退，但科学本身仍将继续前行。为了阐明我的这句有些许末日警告意味的话是什么意思，我们需要理解预测到底为什么可行，它的经典含义是什么，以及我们的经典观念在过去几十年里，是如何被非线性、混沌和复杂系统研究所取得的发现修正的。

19 世纪早期，法国数学家和天文学家皮埃尔–西蒙·拉普拉斯[5]把牛顿的机械宇宙决定论推至它的逻辑极限。拉普拉斯设想了一个全知全能的智慧生物——拉普拉斯妖，它可以追踪宇宙中所有原子的所有位置，还有作用于它们的所有力。"如果这个智慧生物也能对这些数据进行分析，"他写道，"那就没有什么是不确定的了，[6]未来也会像过去一样呈现在它眼前。"

随着 20 世纪的临近，这种对机械宇宙的极端表述在科学和哲学上似乎都开始站不住脚了。其中一个原因来自微积分，为此我们要感谢索菲·柯瓦列夫斯卡娅[7]。柯瓦列夫斯卡娅出生于 1850 年，在莫斯科的一个贵族家庭长大。11 岁时她发现自己被微积分包围了，她卧室的一面墙上贴满了她父亲年少时记下的微积分课程笔记。柯瓦列夫斯卡娅后来写道，她"在那面神秘的墙旁度过了童年时光，尝试通过理解其中的每一句话，找出页与页之间的正确顺序"。后来，她成为历史上第一位获得数学博士学位的女性。

尽管柯瓦列夫斯卡娅很早就表现出数学方面的天赋，但俄罗斯的法律不准许她上大学。她选择了一段形式婚姻，尽管这在随后的几年里令她心痛，但至少允准她去德国，她卓越的天分给那里的几位教授留下了深刻印象。然而，即使在德国，柯瓦列夫斯卡娅也无法光明正大地去上课，只能私下跟着分析家卡尔·魏尔斯特拉斯学习。在魏尔斯特拉斯的推荐下，柯瓦列夫斯卡娅因为解决了分析学、动力学和偏微分方程方面的几个突出问题而被授予博士学位。她最终成为斯德哥尔摩大学的一名教授，执教8年后死于流感，终年41岁。2009年，诺贝尔文学奖得主艾丽丝·门罗发表了一篇关于柯瓦列夫斯卡娅的短篇小说《幸福过了头》。

柯瓦列夫斯卡娅的关于决定论局限性的见解，源于她对刚体动力学的研究。刚体是针对不能弯曲或变形的物体的一种数学抽象，它的所有点都刚性地连接在一起。陀螺就是一种刚体，它非常坚固，由无穷多个点组成，所以陀螺是比牛顿研究的单点状粒子更复杂的机械对象。在天文学和空间科学中，刚体的运动对于描述从土卫七（土星的一个土豆状的小卫星）的混沌翻滚[8]到太空舱或卫星的规律旋转等现象都具有重要意义。

在研究刚体动力学时，柯瓦列夫斯卡娅得出了两个重要结果。一个重要的结果是，她全面分析和解决了陀螺的运动问题，这与牛顿解决二体问题具有同等重要的意义。尽管另外两个这样的"可积陀螺"早已为人所知，但她研究的这个更加精妙和令人吃惊。

另一个重要的结果是，她证明了不可能存在其他可解陀螺。她发现的正是最后一个，而余下的陀螺都是不可解的，这意味着它们的动力学问题也不可能用牛顿式公式来解决。这不是一个智力不足的问题，而只是证明了根本没有能描述所有陀螺运动的特定类型的公式（时间的亚纯函数）。就这样，她限定了微积分的适用范围。一个陀螺即可挑战拉普拉斯妖，从原则上说，找到关于宇宙命运的公式也无望了。

非线性

索菲·柯瓦列夫斯卡娅发现的不可解性与陀螺方程的一个结构特性

有关，即该方程是非线性的。我们在这里无须关注非线性的技术意义，就目的而言，我们只需要感受线性系统与非线性系统之间的区别，这一点通过思考日常生活中的一些例子即可实现。

为了说明线性系统是什么样子，我们假设有两个人纯粹出于玩乐的目的，同时上秤称他们的体重。两个人的总重量是他们各自的体重之和，这是因为秤是一种线性装置。他们的体重既不会相互影响，也不会导致任何需要注意的棘手情况。比如，他们的身体不会以某种方式互相串通，使总重量变轻，或者互相妨碍，使总重量变重。所以，它们只是相加。在像秤这样的线性系统中，整体等于部分之和，这是线性的第一个关键特性。线性的第二个特性是，原因与结果成正比。想象一下弓箭手拉弓弦的情景。如果把弓弦向后拉一定的距离需要花一定大小的力，那么将弓弦向后拉两倍的距离就需要花两倍大小的力。所以，原因和结果成正比。这两个特性（整体等于部分之和，原因和结果成正比）就是线性含义的本质。

然而，自然界中的许多事情都比拉弓弦复杂得多。当系统的各个部分互相干扰、合作或竞争时，就会发生非线性的相互作用。大部分日常活动显然都是非线性的，如果同时听你最喜欢的两首歌，你不会得到双倍的快乐。如果同时喝酒和吸毒，两者相互作用甚至会产生致命的结果。相比之下，花生酱和果冻搭配起来吃效果更佳，它们不是简单地相加，而是协同增效。

非线性让世界变得丰富多彩、美妙而复杂，还常常是不可预测的。比如，生物学的方方面面都是非线性的，社会学亦如此。这就是软科学很难也是最后才被数学化的原因。由于非线性的特性，它们一点儿也不"柔软"。

线性和非线性之间的区别同样适用于微分方程，但没有那么直观。需要说明的一点是，如果微分方程是非线性的，就像柯瓦列夫斯卡娅的陀螺那样，分析起来就会极其困难。从牛顿开始，数学家都尽可能地避免使用非线性微分方程，因为在他们看来，这类方程既令人不悦，又难以掌控。

相反，线性微分方程既令人愉悦，又容易驯服。数学家喜欢它们，就是因为它们简单。所以，解决这类方程的相关理论有很多。实际上，直到20世纪80年代前后，应用数学家受到的传统教育几乎完全集中在线性方法的运用上，其中有好几年都在学习傅里叶级数和其他求解线性方程的技巧。

线性的一大优势在于，它为还原论思维的运用创造了条件。要解决一个线性问题，我们可以先把它分解成几个最简单的部分，再分别求解每个部分，最后把它们组合起来得到答案。傅里叶正是利用这种还原论策略解出了他的热传导（线性）方程。他先把复杂的温度分布分解成多个正弦波，再算出所有正弦波各自的变化，最后将这些正弦波重新组合起来，去预测加热金属棒的整体温度变化情况。这个策略之所以可行，就是因为热传导方程是线性的，它可以在不失去其本质的情况下被切分成小段。

索菲·柯瓦列夫斯卡娅让我们认识到，当我们最终勇敢地面对非线性时，这个世界看上去会有多么不同。她意识到，非线性能限制人类的狂妄自大。如果一个系统是非线性的，它的行为就不可能用公式来预测，即使该行为是完全确定的。换句话说，决定论并不意味着可预测性。虽然陀螺只是一种小孩子的玩意，但它的运动能让我们在求知时怀有一颗谦逊之心。

混沌

现在回想起来，我们就能更清楚地知道为什么牛顿在尝试解决三体问题时会头疼了。三体问题和二体问题不同，前者无疑是非线性的，而后者可以被改造成线性的。非线性并不是由二体骤变为三体导致的，而是由方程本身的结构引发的。对两个而非三个或更多的引力体来说，非线性可以通过在微分方程中恰当地选择新变量来消除。

人们花了很长时间才充分认识到非线性有让人变得谦逊的作用。数学家为解决三体问题苦苦挣扎了几个世纪，尽管取得了些许进展，却没有人能彻底破解它。19世纪末，法国数学家亨利·庞加莱自认为解决了这个问题，[9]但他犯了一个错误。在修正了错误之后，尽管仍然无法解决三体问题，但他发现了更重要的现象，我们现在称之为混沌。

混沌系统[10]是非常讲究细节的，即使是开始方式的小小改变，也会产生大不相同的结果，这是因为初始条件的小变化会以指数方式放大。任何微小的误差或扰动都会像滚雪球一样迅速增大，以至于从长远看，这个系统会变得不可预测。混沌系统不是随机的，而是确定的，因此短期来看它们是可预测的。但长期来看，它们对微小的扰动十分敏感，以至于在许多方面实际上都是随机的。

混沌系统在某个时间之前是完全可以预测的，这个时间被称为可预测性时界[11]。在此之前，系统的确定性使其具有可预测性。根据计算，整个太阳系的可预测性时界[12]约为400万年。对于比这短得多的时间，比如地球绕太阳一周所需的时间（一年），一切都会像时钟一样有规律地运转。然而，一旦过了几百万年，一切就会变得无法预测。太阳系中所有天体之间微妙的引力摄动不断累积，直至我们再也无法准确地预测这个系统的行为。

庞加莱在研究过程中发现了可预测性时界的存在。在他之前，人们认为误差只会随着时间呈线性增长，而非指数增长；如果时间翻倍，误差也会翻倍。随着误差的线性增长，改进测量方法总能满足人们做出长期预测的需求。但是，当误差以指数方式迅速增长时，系统对其初始条件就会产生敏感依赖性，长期预测也会变得不再可行。这就是混沌系统在哲学上令人不安的地方。

理解混沌系统的上述特性至关重要。一直以来人们都知道像天气这样的大型复杂系统是很难预测的，但令人惊讶的是，像陀螺或三体这样的简单事物同样不可预测。这对天真地想把决定论与可预测性合并起来的拉普拉斯来说，是又一次打击。

从积极的方面看，混沌系统中之所以存在秩序的痕迹，是因为它们的确定性特征。庞加莱开发出分析非线性系统（包括混沌系统）的新方法，并找到了提取出隐藏其中的某些秩序的方法。他使用的是图像和几何学，而不是公式和代数；他的定性方法为拓扑学和动力系统等现代数学领域播下了种子。得益于他的开创性研究，我们现在对秩序和混沌都有了更好的理解。

庞加莱图

我们不妨以伽利略研究过的钟摆摆动问题为例，说明庞加莱的方法是如何发挥作用的。利用牛顿运动定律并关注钟摆摆动时受到的力，我们可以画出一幅展示钟摆每时每刻的角度和速度变化情况的抽象示意图。这幅图基本上是对牛顿定律的一种视觉化翻译，除了微分方程中的已有要素外，图中没有任何其他新内容。简言之，它只是查看相同信息的另一种方式。

这幅图好像一幅展示乡村天气模式的示意图。在这样的图上，我们会看到表示局部传播方向，也就是天气锋面每时每刻的移动方式的箭头。这和微分方程提供的信息一样，和舞蹈指令给出的信息（比如，左脚放在这里，右脚放在那里）也一样。这样的图被称为矢量场图，上面的小箭头是矢量，表明如果单摆的角度和速度是现在这种情况，那么它们在片刻之后应该会变成什么样子。钟摆的矢量场图如图11-1所示：

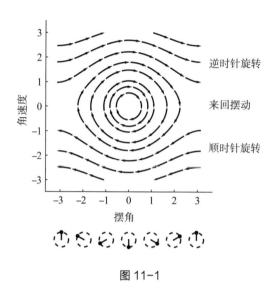

图 11-1

在我们解释这幅图之前，请记住它是抽象的，因为它并没有展示出钟摆的实际形象。旋涡状的箭头图样不像一个挂在绳子上的重物，钟摆的照片可不是这样的。（矢量场图下方有钟摆摆动的草图，你可以从中体会这句话的意思。）矢量场图并不是对钟摆的现实描绘，而是展示钟摆状态从一个时刻到下一个时刻的变化情况的抽象图示。图上的每个点都代表钟摆的角度与速度在某个瞬间的可能组合，横轴代表钟摆的角度，纵轴代表它的速度。在任意时刻，如果知道了角度和速度，我们就可以定义钟摆的动态。当我们预测钟摆在下一时刻和此后各个时刻的角度和速度时，箭头可以提供我们所需的信息，我们要做的就只是跟着它走。

箭头在中心附近的旋涡状排列方式，对应着几乎垂直向下的钟摆的简单往复运动；而顶部和底部箭头的波浪状排列方式，则对应着钟摆像螺旋桨一样有力地转过最高点的运动。牛顿和伽利略从未考虑过这种涡旋状运动，它们已经超出了经典方法的计算范围。然而，我们在庞加莱图[13]中可以清楚地看到涡旋状运动。现在，这种研究微分方程的定性方法是非线性动力学的所有相关领域——从激光物理学到神经科学——的一个重要组成部分。

走上战场的非线性

非线性动力学非常实用。在英国数学家玛丽·卡特赖特[14]和约翰·李特尔伍德的努力下，庞加莱的方法为英国在战时对抗纳粹的空袭做出了贡献。1938年，英国科学与工业研究部恳请伦敦数学学会帮助解决一个问题，该问题与英国政府秘密研发的无线电探测和测距（现在叫作"雷达"）技术有关。项目工程师对在放大器中观测到的嘈杂和不规则的振动现象备感困惑，当这些装置由高功率的高频无线电波驱动时，这种现象表现得尤为明显。他们担心可能是设备出了问题。

政府的求助引起了卡特赖特的注意，她一直在研究由类似的"看起来令人厌恶的微分方程"[15]支配的振动系统模型。她和李特尔伍德后来发现了雷达电子设备中不规则振动的来源：放大器是非线性的，如果被驱动得太快和太厉害，它们就会产生不规则的反应。

几十年后，物理学家弗里曼·戴森追忆了1942年他聆听卡特赖特演讲时的情形。他写道：

> 在第二次世界大战期间，雷达的全面发展依赖于高功率的放大器，所以拥有有效的放大器成为一件生死攸关的事情。士兵们饱受失效放大器的折磨，并为此谴责制造商的无良行为。然而，卡特赖特和李特尔伍德发现，该受责备的不是制造商，而是方程本身。[16]

卡特赖特和李特尔伍德的洞见促使雷达工程师在放大器的行为更具可预测性的情况下操作它们，从而解决了这个问题。尽管做出了重要贡献，但卡特赖特一直表现得很谦逊。当读到戴森撰写的关于她的研究成果的文章时，她还责备他言过其实。

玛丽·卡特赖特女爵士于1998年去世，享年97岁。她是第一位入选英国皇家学会的女性数学家。她留下了严格的指示，绝对不要在她的追悼会上致颂词。

微积分与计算机联盟

战时求解微分方程的需要，推动了计算机的发展。当时被称为机械电子大脑的计算机，通过考虑空气阻力和风向等复杂情况，可以计算出现实条件下火箭和炮弹的飞行轨迹。战场上的炮兵军官需要利用这些信息去命中目标，所有必需的弹道数据都要提前算出来，并编制成标准的表格和图表。因此，高速计算机对完成这项任务而言至关重要。在数学模拟中，计算机利用恰当的微分方程和一个个小增量来更新炮弹的位置和速度，然后通过海量的加法运算（蛮力算法）得出答案，从而使一枚理想的炮弹沿它的飞行轨迹小步前进。只有机器才能不停歇地运转，并且快速、准确和不知疲倦地执行所有必要的加法和乘法运算。

从一些最早期计算机的名称中，我们可以明显地看出微积分在这项工作中的贡献。其中一种是名为微分分析仪的机械装置，它的工作是求解用于计算火炮射表的微分方程。另一种名为电子数字积分计算机（ENIAC），它建造于1945年，是第一批可重复编程的通用计算机之一。除了计算火炮射表以外，它也能用于评估氢弹的技术可行性。

尽管微积分和非线性动力学的军事应用促进了计算机的发展，但在和平时期，计算机在数学和机器方面同样大有可为。20世纪50年代，科学家开始使用计算机去解决他们各自学科（除物理学以外）中出现的问题。比如，英国生物学家艾伦·霍奇金和安德鲁·赫胥黎需要在计算机的帮助下理解神经细胞是如何相互交流的，更具体地说，就是电信号如何沿神经纤维传导。他们进行了艰苦细致的实验，计算钠离子和钾离子流经一种很大且便于实验的神经纤维（鱿鱼的巨大轴突）膜的情况，并根据经验推断出这些离子流如何受到膜电位的影响，而膜电位又如何被离子流改变。但如果没有计算机，他们就无法计算神经脉冲沿轴突传导时的速度和形状。想计算神经脉冲的动态，就要求解一个膜电位作为时间和空间函数的非线性偏微分方程。安德鲁·赫胥黎花了三周时间，终于在一台手摇机械计算器上解决了这个问题。

1963年，霍奇金和赫胥黎[17]因为发现了神经细胞工作原理的离子基础，共同获得了诺贝尔生理学或医学奖。对所有有意将数学应用于生物学领域的人来说，他们的方法都是一个很大的启发。这无疑扩展了微积分的应用领域，数学生物学[18]是对非线性微分方程的一次不受限的运用。在牛顿式分析方法和庞加莱式几何方法的帮助下，以及对计算机的泰然自若的依赖下，数学生物学家正在寻找支配心律、传染病传播、免疫系统运转、基因编辑、癌症发展和其他许多生命奥秘的微分方程，并取得了一定的进展。而如果没有微积分，他们可能根本做不到。

复杂系统与高维诅咒

庞加莱方法最严重的局限性与无法想象三维以上空间的人类大脑有关。自然选择使我们的神经系统能够感知普通空间的三个方向，即上下、前后和左右。但不管怎么努力，我们都无法想象出第四个维度，或者说无法在脑海中"看见"它。然而，有了抽象符号，我们就可以尝试处理任意数量的维度。费马和笛卡儿向我们展示了相关做法，他们的 xy 平面使我们了解到数字可以依附于维度。左右对应于数字 x，上下对应于数字 y；通过涵盖更多的数字，我们还可以涵盖更多的维度。对三维空间来说，x、y 和 z 就足够了。为什么不能有四维或者五维空间呢？还剩下很多字母呢。

你可能听说过，时间是第四个维度。的确，在爱因斯坦的狭义相对论和广义相对论中，空间和时间被融合成单一的实体——时空，并被表示成一个四维的数学领域。粗略地说，普通空间被绘制在前三个轴上，时间被绘制在第四个轴上。这种结构可被看作对费马和笛卡儿的二维 xy 平面的拓展。

然而，我们在这里要讨论的不是时空。庞加莱方法的固有局限性涉及一个更加抽象的领域，它是对我们在研究钟摆的矢量场时遇到的抽象状态空间的拓展。在那个例子中，我们构建了一个抽象空间，其中的一个轴代表钟摆的角度，另一个轴代表钟摆的速度。在每个时刻，钟摆的角度和速度都有特定的值。因此，在那个时刻，它们对应于角-速度平面上的一个点。这个平面上的箭头（看似舞蹈指令的那些箭头）就像钟摆的牛顿微分方程那样，决定了每时每刻的状态变化情况。循着箭头，我们就可以预测出钟摆将如何移动。钟摆有可能来回摆动，也有可能转过最高点，这取决于它的起点位置。所有信息都包含在这幅矢量场图中。

重要的是，我们要意识到，钟摆的状态空间之所以是二维的，是因为它的角度和速度对预测它的未来状态而言是充要条件。这两个变量给了我们预测钟摆下一刻、再下一刻直到未来的角度与速度所需的全部信息，从这个意义上说，钟摆是一个天生的二维系统，它有一个二维状态空间。

当我们考虑比钟摆更复杂的系统时，高维诅咒就会出现。比如，我们来看看让牛顿头疼的三体问题。它的状态空间有18个维度，为了弄清楚原因，我们把注意力集中在其中一个引力体上。在任何时刻，该引力体都位于普通三维物理空间中的某个地方。因此，它的位置可以由3个数字x、y、z指定。它也可以沿这3个方向中的任意一个移动，从而对应于3个速度。简言之，一个引力体需要具备6条信息：表示它所在位置的3个坐标，以及它在3个方向上的速度。这6个数字指定了它的位置和运动方式，让它们分别和这个问题中的3个引力体相乘，就可以得到状态空间中的$6 \times 3 = 18$个维度。因此，在庞加莱的方法中，系统（由3个引力体组成）的不断变化的状态，可以用一个在18维空间中四处移动的抽象点来表示。随着时间的推移，这个抽象点会描绘出一条轨迹——类似于真正的彗星或者炮弹的运动轨迹——只不过这条抽象的轨迹存在于庞加莱的幻想世界（三体问题的18维状态空间）中。

当我们将非线性动力学应用于生物学领域时，常常发现有必要想象更高维度的空间。比如，在神经科学中，我们需要追踪霍奇金和赫胥黎的神经膜方程涉及的所有钠、钾、钙、氯和其他离子浓度的变化。这些方程的现代版本可能涉及数百个变量，它们代表了神经细胞中离子浓度的变化、膜电位的变化，以及细胞膜传导各种离子并允许它们进出细胞能力的变化。在这种情况下，抽象状态空间有数百个维度，每个维度都对应一个变量：第一个对应钾离子浓度，第二个对应钠离子浓度，第三个对应膜电位，第四个对应钠电导，第五个对应钾电导，等等。在任何时刻，所有这些变量都会取一定的值。霍奇金-赫胥黎方程（及其推广形式）向这些变量发出了舞蹈指令，告诉它们如何沿轨迹运动。这样一来，利用计算机描绘状态空间中的轨迹，就可以预测出神经细胞、脑细胞和心脏细胞的动态，其准确度有时甚至会高得惊人。人们正在利用这种方法取得的成果进行神经病理学和心律失常方面的研究，旨在设计出更好的除颤器。

如今，数学家常常思考任意维数的抽象空间，即 n 维空间，而且我们已经开发出任意维数的几何学和微积分。正如我们在第 10 章看到的那样，CT 扫描背后理论的发明者阿兰·科马克纯粹是出于好奇心，他想知道 CT 在四维空间中会如何运行。伟大的成果往往来自这种纯粹的冒险精神。当爱因斯坦需要适用于广义相对论的弯曲时空的四维几何时，他欣喜地得知它已然存在。这要归功于波恩哈德·黎曼，他在几十年前出于最纯粹的数学原因创建了四维几何。

因此，追随自己对数学的好奇心，可以给我们带来无法预见的科学回报和实际回报。它本身也给数学家带来了极大的乐趣，并且揭示了不同数学分支之间的隐秘联系。出于这些原因，在过去 200 年里，对高维空间的探索一直是一个活跃的数学分支。

然而，尽管我们有一个可在高维空间中做数学运算的抽象系统，但数学家仍然很难让这些空间可视化。事实上，更坦白地讲，我们无法让它们可视化。我们的大脑根本做不到，我们也不具备那样的能力。

这种认知局限性对庞加莱的计划造成了严重打击，至少在 3 个以上维度的空间中如此。他的非线性动力学研究方法依赖于视觉上的直观感受，如果我们无法想象在 4 维、18 维或者 100 维空间中会发生什么，他的方法就不能为我们提供太多帮助。这已经成为复杂系统领域[19]进步的一大障碍，如果我们想搞清楚一个健康的活细胞中发生的数千种生化反应，或者解释它们如何出错进而引发癌症，就必须理解高维空间。如果我们想利用微分方程理解细胞生物学，就得用公式解开这些方程（索菲·柯瓦列夫斯卡娅证明我们做不到）或者想象出它们的样子（我们有限的大脑也做不到）。

因此，关于复杂的非线性系统的数学研究令人沮丧。不管是经济、社会和细胞的行为，还是免疫系统、基因、大脑和意识的运转，对任何想在我们时代的这些最棘手问题上取得进展的人来说，即使不是完全不可能，似乎也总是很困难。

一个更大的难题是，我们甚至不知道其中一些系统是否包含类似于开普勒和伽利略发现的那些模式。神经细胞显然有，但经济或者社会呢？在许多领域，人类的理解仍然处于前伽利略或者前开普勒阶段。我们尚未找到模式，那么我们如何才能找到洞见这些模式的更深层次的理论呢？生物学、心理学和经济学都不是牛顿式的，它们甚至也不是伽利略式和开普勒式的。所以，我们还有很长的路要走。

计算机、人工智能和洞察力之谜

在这一点上，计算机必胜主义者有话要说。他们认为，有了计算机，有了人工智能，所有这些问题都将迎刃而解。而且，这很有可能是真的。长期以来，计算机一直在帮助我们研究微分方程、非线性动力学和复杂系统。当霍奇金和赫胥黎在20世纪50年代打开了理解神经细胞工作原理的大门时，他们在一台手摇机器上解出了他们的偏微分方程。当波音公司的工程师在2011年设计787梦想客机时，他们利用超级计算机计算飞机受到的升力和阻力，从而找出防止机翼发生颤振的方法。

尽管计算机刚开始只是作为计算机器，但它们现在的功能远不只是计算，并且已经获得了某种人工智能。比如，谷歌翻译如今在地道翻译方面表现出色，有的医学人工智能系统诊断疾病的准确度比最优秀的人类专家还高。

但我认为，没有人会说谷歌翻译了解语言的真谛，或者医学人工智能系统理解疾病的原理。计算机有可能变得富有洞察力吗？如果答案是肯定的，那么它们能和我们分享有关我们真正关心的事情——比如复杂系统（大多数重大的未解科学问题的核心）——的见解吗？

为了探究支持或反对计算机具有洞察力这种可能性的理由，我们来看看计算机国际象棋[20]是如何逐步发展的。1997年，IBM（国际商业机器公司）的国际象棋博弈程序"深蓝"，在一场6局的比赛中击败了国际象棋世界冠军加里·卡斯帕罗夫。尽管这个结果在当时出人意料，但这一成就并没有什么神秘之处。这台机器每秒钟可以评估2亿种棋局，虽然它没有洞察力，但它有惊人的速度，而且从不知疲倦，从不会在计算中出错，也从不会忘记一分钟前它在想什么。尽管如此，从机械和物质方面看，它的表现仍然像一台计算机。它可以凭借计算击败卡斯帕罗夫，却无法靠智慧取胜。当今世界上最强大的国际象棋程序虽然有令人生畏的名字，比如"鳕鱼"和"科莫多巨蜥"，但它们仍然以异于人类的方式下棋。它们喜欢吃掉对方的棋子，并进行钢铁般的防守。虽然它们比所有人类棋手都强大得多，但它们没有创造力或洞察力。

然而，随着机器学习的兴起，一切都变了。2017年12月5日，谷歌旗下的深度思维公司发布了一款名为"阿尔法零"的深度学习程序，震惊世界棋坛。通过与自己对弈数百万次并从错误中吸取教训，这个程序自学了国际象棋。在短短的几小时之内，它就变成了历史上的最佳棋手。它不仅能轻易击败所有最优秀的人类象棋大师（它甚至懒得去试），还击败了当时的计算机国际象棋世界冠军。在与强大的"鳕鱼"程序进行的一场100局的比赛中，"阿尔法零"取得了28胜72平的战绩，一局未输。

最可怕的一点是，"阿尔法零"展示了它的洞察力。和计算机的一贯表现不同，它的行棋方式直观而优美，进攻风格也富有激情。它会冒险采取开局让棋法，在一些棋局中，"阿尔法零"使"鳕鱼"失去了招架之力，并要得"鳕鱼"团团转，手段看起来既恶毒又残暴。它的创造性溢于言表，能走出任何国际象棋大师或者计算机做梦也想不到的招式。它兼具人类的精神和机器的力量，这是人类第一次见识到如此可怕的新型智能。

假设我们可以利用"阿尔法零"或类似的东西（不妨称之为"阿尔法无穷"），去解决理论科学中尚未解决的重大问题，以及免疫学、癌症生物学和意识的相关问题。为了继续这个幻想，我们又假设伽利略模式和开普勒模式存在于这些现象中，并且解决的时机已经成熟，但只能由一种远胜于我们的智能来完成。如果这类定律确实存在，那么超人智能可以找到它们吗？我不知道，也没有人知道。而且，这个问题可能毫无意义，因为这类定律或许根本就不存在。

但如果这类定律存在，而且"阿尔法无穷"能找到它们，那么对我们来说它就好比一个先知。我们将追随它，听从它。虽然我们不明白它为何总是正确的，甚至听不懂它在说什么，但我们可以通过实验或者观测去检验它的计算结果，并且发现它似乎无所不知。我们将变成既惊讶又困惑的旁观者。即使"阿尔法无穷"能自圆其说，我们也无法理解它的推理过程。在那一刻，至少对人类来说，始于牛顿的洞察力时代将会结束，而一个新的洞察力时代将会开启。

这是科幻小说中的情景吗？也许吧。但我认为像这样的情景并非不可能成真。在数学和科学的某些分支领域，我们已经感受到了人类洞察力的黯然失色[21]。有些定理尽管已被计算机证实，但没有人能理解相关证明过程。也就是说，定理是正确的，我们却不知道为什么。而这时候，机器也无法向人类做出解释。

我们以一个由来已久的著名数学问题——四色定理为例。该定理指出，在某些合理的约束条件下，在任何一幅包含接壤国家的地图上，要使相邻两国的涂色不同，仅需4种颜色即可做到。1977年，在计算机的帮助下，四色定理得到证实，但没有人能检验论证过程的所有步骤。此后，尽管这个证明过程不断被验证和简化，但其中的某些部分仍不可避免地需要使用蛮力计算，就像在"阿尔法零"出现之前计算机下国际象棋的方法一样。这个证明过程的出现，令许多数学家抓狂不已。他们已经确信四色定理是真的，并且只想知道它为什么是真的，而这个证明过程却毫无帮助。

我们再来看约翰尼斯·开普勒在400年前提出的一个几何问题。该问题要求找出在三维空间中堆放等大球体的最致密方法，类似于杂货店用板条箱装橙子时遇到的问题。将球体码放成多个相同的层，然后一层一层直接堆积起来，这种方法是最高效的吗？或者像杂货店往板条箱里装橙子那样，让层与层之间错开，使每个球体都位于它下方的4个其他球体形成的凹陷处，这种方法是不是更佳？如果是这样，还有其他不规则但更致密的堆积方法吗？开普勒认为杂货店的堆积方式是最好的，但这个猜想直到1998年才被证明。在他的学生塞缪尔·弗格森和18万行计算机代码的帮助下，托马斯·黑尔斯将计算过程简化为数量虽大但却有限的情况。然后，在蛮力计算和巧妙算法的帮助下，他的程序验证了开普勒猜想。不过，数学界对此反应冷淡。尽管我们现在知道开普勒猜想是正确的，却仍然不明白它为什么正确，黑尔斯的电脑也无法为我们做出解释。

但如果我们用"阿尔法无穷"来解决这些问题，会怎么样呢？这台机器可以给出优美的证明，就像"阿尔法零"和"鳕鱼"的对弈一样，直观而优雅。用匈牙利数学家保罗·厄尔多斯[22]的话说，这些证明直接来自"那本书"。（厄尔多斯想象上帝有一本书，里面收录了所有最好的证明。）评价某个证明直接来自"那本书"，是对它的最大褒奖。这意味着该证明揭示了某个定理为什么是正确的，而不只是用一些可怕、难懂的论证迫使读者接受它。我能想象，在不久的将来，人工智能会给我们提供来自"那本书"的证明。到那时，微积分会是什么样子，医学、社会学和政治学又会是什么样子？

结语 ⦂●⦂

过正确地运用无穷，微积分可以解开宇宙的奥秘。尽管我们一再地看到这种事情发生，却仍然感觉不可思议。不知何故，人类发明的推理体系竟然与自然的步调一致。微积分的可靠性不仅体现在它诞生的尺度（日常生活的尺度，比如陀螺和几碗汤）上，还体现在最微小的原子尺度和最宏大的宇宙尺度上。所以，它不只是一种循环推理的把戏。它不是指我们把已知的东西塞入微积分，然后微积分再把这些东西还给我们；微积分告诉我们的事情是我们过去没见过，现在见不到，将来也无法看见的东西。在某些情况下，它会告诉我们一些从未存在过但有可能存在的事物，前提是我们要拥有使它们魔法般出现的智慧。

对我来说，最大的谜题是：为什么宇宙是可理解的，以及为什么微积分会与其步调一致？我不知道答案，但我希望你也认同这是一个值得深思熟虑的问题。本着这种精神，让我带你去往晨昏蒙影地带，通过最后 3 个例子来阐释微积分那可怕的有效性吧。

小数点后 8 位

第一个例子将带我们回到本书开头处援引的理查德·费曼的那句妙语——"微积分是上帝的语言"，这个例子与费曼在量子电动力学（QED）[1]

方面的研究有关。量子电动力学是关于光与物质如何相互作用的量子理论，它把麦克斯韦的电磁理论、海森伯和薛定谔的量子理论及爱因斯坦的狭义相对论融合在一起。费曼是量子电动力学的主要缔造者之一，在了解了他的理论结构之后，我终于明白他为什么如此推崇微积分。他的理论无论在策略上还是样式上，都充斥着微积分的元素，包含幂级数、积分和微分方程，还有大量的无穷概念。

更重要的是，量子电动力学是有史以来最精确的理论。[2]在计算机的帮助下，物理学家仍在忙着利用费曼图对量子电动力学中出现的级数求和，以预测电子和其他粒子的性质。通过对这些预测和极其精确的实验测量结果进行比较，他们已经证明这个理论与现实的吻合程度达到了小数点后8位，优于亿分之一。

这是一种说明该理论基本正确的奇特方式。我们通常很难找到有效的类比来解释这么大的数字，但我尝试着打这样一个比方：1亿秒等于3.17年，要把某个结果精确到亿分之一，就像从此时此刻起，不借助时钟或闹钟，恰好在3.17年后的那一秒，精确地打出一个响指。

从哲学上讲，这样的结果令人吃惊，毕竟量子电动力学的微分方程和积分都是人类思维的产物。当然，它们也建立在实验和观测的基础之上，从这个意义上说，现实深植于其中。尽管如此，它们依然是想象力的产物。它们不是对现实的毫无创见的模仿，而是发明创造。通过在纸上写下几个方程，然后用21世纪加强版的牛顿和莱布尼茨方法做一些计算，我们就能预测出自然最深层的性质，而且结果可以精确到小数点后8位，这实在令人惊讶。人类曾经做出的任何预测都不如量子电动力学的预测准确。

我之所以认为这个例子值得一提，是因为它揭穿了你有时会听到的谎言：就像宗教信仰和其他信仰体系一样，科学对真理并无特别的要求。

然而，任何可精确到亿分之一的理论都不再是宗教信仰或上帝观点的问题，否则它就没必要满足小数点后8位的精确度要求了。在物理学领域，大量理论最终都被证明是错误的，而量子电动力学至少现在还未被推翻。毫无疑问，它和其他所有理论一样有偏差，但它也一定十分接近真理。

发现正电子

表明微积分的奇特有效性的第二个例子，与量子力学的一次更早的扩展有关。1928年，英国物理学家保罗·狄拉克[3]试图找到一种方法，旨在将爱因斯坦的狭义相对论与量子力学的指导原理融合起来，并应用于速度接近光速的电子。狄拉克提出了一个自认为很美的理论，他选择它也主要是基于审美原因。他用来支撑这一理论的不是特定的实验证据，而只是一种艺术感，即它的美就是其正确性的标志。然而，单单是那些约束条件——相对论与量子力学的相容性还有数学简洁性——就在很大程度上束缚了狄拉克的手脚。在与各种理论进行了一番斗争之后，他找到了一种能够满足他的所有审美需求的理论。换句话说，这个理论是以对和谐的追求为导向的。像所有优秀的科学家一样，狄拉克也试图用预测结果来检验他的理论正确性。对他来说，理论物理学家的身份就意味着要使用微积分。

狄拉克解出了他的微分方程——狄拉克方程，并在接下来的几年里不断分析它，在此过程中他的方程做出了几项惊人的预测。其中之一是反物质应该存在，也就是说，应该存在一种与电子电量相等但电性相反的粒子。一开始，他认为这种粒子可能是质子，但质子的质量对它而言又太大了；狄拉克预测它的大小约为质子的1/2 000。从没有人见过如此微小的带正电粒子，狄拉克方程却预测出它的存在。狄拉克称之为反电子，1931年，他发表了一篇论文，[4]并在文中做出预测：当这个尚未被观测到的粒子与电子相撞时，它们会相互湮灭。他写道："当用抽象符号表示这个新进展时，不需要做任何形式上的改变。"然后，他简练地补充道："在这种情况下，如果大自然还没有利用它，人们将会感到十分惊讶[5]。"

1932年，一位名叫卡尔·安德森的实验物理学家在研究宇宙射线时，在他的云室里看到了一条怪异的轨迹。某类粒子像电子一样盘绕，却朝相反的方向弯曲，仿佛携带着正电荷。他不知道狄拉克的预言，但他知道自己看到了什么。安德森在1932年发表了一篇关于该粒子的论文，他的编辑建议把它叫作正电子，这个名称就此沿用下来。1933年，狄拉克因为狄拉克方程获得了诺贝尔物理学奖；1936年，安德森因为发现正电子获得了诺贝尔物理学奖。

此后，正电子一直被用于拯救生命。它们是PET扫描[6]的基础，这种医学成像技术可以让医生看见大脑或其他器官的软组织中代谢活动异常的区域。PET扫描以非侵入性方式（无须借助手术或其他侵入颅骨的危险操作），帮助确定脑肿瘤的位置或探测与阿尔茨海默病相关的淀粉样斑。

这是体现微积分作为某些极其实用且重要事物之基础的又一个绝佳案例。正因为微积分是宇宙的语言，也是破解宇宙奥秘的逻辑引擎，狄拉克才能够写下一个关于电子的微分方程，并从中了解到自然的一些新奇、真实和美丽之事。这个方程引导他想象出一种新粒子，并且意识到它应该存在。逻辑和美都需要这种粒子，但仅靠逻辑和美还不够，它也必须与已知事实相一致，与已知理论相吻合。当把所有这些都混合起来时，就好像符号本身创造了正电子一样。

可以理解的宇宙

随着体现微积分的奇特有效性的第三个例子登场，我们似乎应该在爱因斯坦[7]的陪伴下结束这段旅程了。他的身上集中了我们谈论过的诸多主题：对大自然的和谐怀着一颗敬畏之心，坚信数学是想象力的胜利果实，对宇宙的可理解性始终存有求知欲，等等。

这些主题在他的广义相对论[8]中展现得最为清晰明了。在他的这个代表性理论中，爱因斯坦推翻了牛顿的时空概念，并重新定义了物质与引力的关系。对爱因斯坦来说，引力不再是即时性的超距作用。相反，它是一种可感知的事物，是宇宙结构的弯曲，是时空曲率的体现。曲率的概念可以追溯到微积分诞生之日，那时人们对曲线和曲面十分着迷。曲率在爱因斯坦手中不仅变成了形状的性质，也变成了空间本身的性质。就像费马和笛卡儿的xy平面有它自己的生命力一样，太空也不再是戏剧舞台，而是变身为演员。在爱因斯坦的理论中，物质告诉时空该如何弯曲，曲率则告诉物质该如何移动。它们的共舞使广义相对论变成了非线性理论。

我们知道这意味着什么：要理解广义相对论方程的含义，必定会面临重重困难。直到今天，广义相对论的非线性方程中仍然隐藏着许多秘密。爱因斯坦凭借他的数学技巧和顽强的精神，从中挖掘出一部分。比如，他预测当星光经过太阳身旁到达我们的星球时会发生弯曲，这个预言在1919年的一次日食期间得到了证实，爱因斯坦因此蜚声国际，并登上了《纽约时报》头版。

这个理论也预测引力可能会对时间产生一种奇怪的效应[9]：当一个物体穿过引力场时，时间的流逝可能会加快或者减慢。这听起来很怪异，但它确实发生了。GPS卫星就需要考虑这一点，因为它们在地球上空运行，那里的引力场较弱，会使时空曲率减小，并导致钟表比在地面上走时快。如果不对这种效应进行修正，GPS卫星上的钟表就无法保持走时的准确性，每天都会比地面上的时钟快45微秒。这听起来似乎不太多，但别忘了GPS需要纳秒级的准确度才能正常运转，而45微秒是45 000纳秒。如果没有广义相对论的修正，GPS的误差将以每天10千米的速度不断累积，整个系统在几分钟之内就会失去导航价值。

广义相对论的微分方程还做出了其他几个预测，比如宇宙的膨胀和黑洞的存在。这些预言在被提出之时看似稀奇古怪，但最终都得到了证实。

2017年的诺贝尔物理学奖获得者是为引力波[10]探测做出重大贡献的3个人，引力波是广义相对论预测到的又一种惊人效应。这个理论指出，一对互相绕转的黑洞会在它们周围的时空中形成旋涡，并有节奏地拉伸和挤压时空，由此产生的时空扰动会像涟漪一样以光速向外扩散。爱因斯坦曾经怀疑我们不可能测量到这种波，并担心它可能只是一种数学错觉。而2017年诺贝尔物理学奖获得者的关键成就在于，他们设计并制造出有史以来最灵敏的探测器。2015年9月14日，他们的装置探测到一个时空震颤，仅相当于质子直径的千分之一。作为对照，这就好比将地球与太阳之间的距离微调了相当于人的一根头发直径的长度。

我是在一个晴朗的冬夜写下这篇结语的。走出家门抬头仰望，遥远的星星和漆黑的太空让我不由地心生敬畏。

作为飘浮在一个中量级星系中的一颗微不足道的行星上的一个无足轻重的物种，智人是如何成功预测出，在距离地球10亿光年之遥的浩瀚宇宙中的两个黑洞相撞后，时空会发生怎样的震颤呢？我们早在引力波到达地球之前就知道它的声音应该是什么样子了。而且，多亏有微积分、计算机和爱因斯坦，我们的预测是正确的。

引力波是人类有史以来听过的最微弱的耳语。在我们成为灵长类动物之前，在我们成为哺乳动物之前，甚至在我们还是微生物的时候，这种轻柔而微小的波就已经开始朝我们漾来。当它在2015年的那一天抵达地球的时候，因为我们正在倾听，也因为我们通晓微积分，所以我们才能听懂这轻柔的耳语意味着什么。

致谢 ᴥ

撰写一本关于微积分的大众读物，是一项奇妙的挑战，也充满了乐趣。我从高中时期初次学习微积分开始就爱上了它，并且梦想着能跟广大读者分享这份爱，但出于种种原因一直没有付诸行动。总有这样那样的事情绊住我：写研究论文，指导研究生，备课，抚养孩子，遛狗……大约两年前（2017年），我开始意识到我的年龄（我敢打赌你的年龄也一样）正以每年一岁的速度增长，所以这似乎是一个尝试跟所有人分享微积分乐趣的最佳时机。因此，我首先要感谢你们，亲爱的读者，谢谢你们的到来。

事实证明，写作这本我计划已久的书比我预期的难度要大得多。这本没什么可大惊小怪的，但事实的确如此。我沉浸在微积分中的时间太长了，以至于很难从一个初学者的角度去看待它。幸运的是，一些非常聪明、慷慨和有耐心的人愿意帮助我，他们根本不知道微积分是什么，或者微积分为什么重要，当然他们也不像我和我的同事那样，每时每刻都在思考数学问题。

谢谢我的作品经纪人卡廷卡·马特森。很久以前，当我不经意间提到微积分是人类拥有的最伟大思想之一时，他说他很想读一本关于微积分的书。好吧，我把这本书送给他，非常感谢他对我和这个项目的信任。

我很幸运能跟两位出色的编辑——埃蒙·多兰和亚历克斯·利特菲

尔德一起工作。我怎么感谢埃蒙都不为过，和他一起工作的感觉棒极了。他就是我心目中的读者：聪明睿智，有点儿将信将疑，充满好奇心，渴望刺激。最重要的是，埃蒙先于我找到了整本书的叙事结构，并用坚定而温柔的手引导着我。我原谅他让我一遍又一遍地修改书稿，因为每一遍修改都让这本书变得更好了。说实话，没有他我根本做不到。感谢亚历克斯一路护送书稿抵达终点，与他共事是一段非常愉快的经历。

说到愉快，像特蕾西·罗这样的审稿编辑真是可遇而不可求。她让我总想再写一本书，就只是为了每次我们一起工作时她给予我的善意教导。

感谢编辑助理罗斯玛丽·麦吉尼斯的开朗、高效和注重细节。感谢霍顿·米夫林·哈考特出版社的所有人，感谢他们辛勤的工作和出色的团队合作。能与他们共事，让我觉得非常幸运。

玛吉·尼尔森为这本书制作了图表，我们已经合作过多次。在这里，我要一如既往地感谢她的奇思妙想和协作精神。

感谢我的同事迈克尔·巴拉尼、比尔·邓纳姆、保罗·金斯帕格和马尼尔·苏里，他们友善地阅读了部分或全部书稿，润色了我的措辞，纠正了我的错误（谁知道有两个墨卡托？），并且以所有学者都渴望的那种愉快而挑剔的方式为我提供了有用的建议。我从迈克尔的评论中学到很多东西，要是我再早点儿把书稿拿给他看就好了。比尔是个英雄。保罗一直都在做他自己（而且是最棒的）。谢谢马尼尔十分认真地阅读我的初稿，并祝他的新书好运。

谢谢我的好朋友汤姆·季洛维奇、赫伯特·许和琳达·伍达德。在本书的酝酿阶段，他们不仅容忍我喋喋不休地说了将近两年的时间，还总是坚定地鼓励着我，关注着我。我非常欣赏艾伦·佩雷尔森和约翰·史迪威的研究，也很荣幸他们能跟我分享对这本书的看法。我还要感谢罗德里戈·特索·阿根顿、托尼·德娄斯、彼得·施罗德、尼克·特泽尔和斯特凡·查豪，他们允许我评论他们的研究并且复制他们已发表的图表。

有句话我已经对默里说过无数次了，虽然它听不懂，但我知道它能领会我的意思。"谁是好孩子呢？你。"

最后，我要感谢我的妻子卡罗尔，还有我的女儿乔和利娅，感谢她们的爱与支持，感谢她们容忍我比平时更惹人厌的那副心烦意乱的样子。芝诺悖论在我们家有了新的含义，因为有一段时间这本书似乎就要完成了，但却一直抵达不了终点。非常感谢她们的耐心，我非常爱她们。

史蒂文·斯托加茨

于纽约伊萨卡

注释

引言

1. *"It's the language God talks":* Wouk, *The Language God Talks,* 5.
2. *universe is deeply mathematical:* For physics perspectives, see Barrow and Tipler, *Anthropic Cosmological Principle;* Rees, *Just Six Numbers;* Davies, *The Goldilocks Enigma;* Livio, *Is God a Mathematician?;* Tegmark, *Our Mathematical Universe;* and Carroll, *The Big Picture.* For a philosophy perspective, see Simon Friederich, "Fine-Tuning," *Stanford Encyclopedia of Philosophy,* https://plato.stanford.edu/archives/spr2018/entries/fine -tuning/.
3. *answer to the ultimate question of life, the universe, and everything:* Adams, *Hitchhiker's Guide,* and Gill, *Douglas Adams' Amazingly Accurate Answer.*
4. *"a mathematical ignoramus like me":* Wouk, *The Language God Talks,* 6.
5. *tell it differently:* For historical treatments, see Boyer, *The History of the Calculus,* and Grattan-Guinness, *From the Calculus.* Dunham, *The Calculus Gallery;* Edwards, *The Historical Development;* and Simmons, *Calculus Gems,* tell the story of calculus by walking us through some of its most beautiful problems and solutions.
6. *To be an applied mathematician:* Stewart, *In Pursuit of the Unknown;* Higham et al., *The Princeton Companion;* and Goriely, *Applied Mathematics,* convey the spirit, breadth, and vitality of applied mathematics.
7. *pristine, hermetically sealed world:* Kline, *Mathematics in Western Culture,* and Newman, *The World of Mathematics,* connect math to the wider culture. I spent many hours in high school reading these two masterpieces.
8. *electricity and magnetism:* For the mathematics and physics, see Maxwell, "On Physical Lines of Force," and Purcell, *Electricity and Magnetism.* For

concepts and history, see Kline, *Mathematics in Western Culture,* 304–21; Schaffer, "The Laird of Physics"; and Stewart, *In Pursuit of the Unknown,* chapter 11. For a biography of Maxwell and Faraday, see Forbes and Mahon, *Faraday, Maxwell.*

9. *wave equation:* Stewart, *In Pursuit of the Unknown,* chapter 8.

10. *"The eternal mystery of the world":* Einstein, *Physics and Reality,* 51. This aphorism is often rephrased as "The most incomprehensible thing about the universe is that it is comprehensible." For further examples of Einstein quotes both real and imaginary, see Calaprice, *The Ultimate Quotable Einstein,* and Robinson, "Einstein Said That."

11. *"Unreasonable Effectiveness of Mathematics":* Wigner, "The Unreasonable Effectiveness"; Hamming, "The Unreasonable Effectiveness"; and Livio, *Is God a Mathematician?*

12. *Pythagoras:* Asimov, *Asimov's Biographical Encyclopedia,* 4–5; Burkert, *Lore and Science;* Guthrie, *Pythagorean Sourcebook;* and C. Huffman, "Pythagoras," https://plato.stanford.edu/archives/sum2014/entries/pythagoras/. Martínez, in *Cult of Pythagoras* and *Science Secrets,* debunks many of the myths about Pythagoras with a light touch and devastating humor.

13. *the Pythagoreans:* Katz, *History of Mathematics,* 48–51, and Burton, *History of Mathematics,* section 3.2, discuss Pythagorean mathematics and philosophy.

14. *stimulated emission:* Ball, "A Century Ago Einstein Sparked," and Pais, *Subtle Is the Lord.* The original paper is Einstein, "Zur Quantentheorie der Strahlung."

第 1 章　无穷的故事

1. *beginnings of mathematics:* Burton, *History of Mathematics,* and Katz, *History of Mathematics,* provide gentle yet authoritative introductions to the history of mathematics from ancient times to the twentieth century. At a more advanced mathematical level, Stillwell, *Mathematics and Its History,* is excellent. For a wide-ranging humanistic treatment with a healthy dose of crotchety opinion thrown in, Kline, *Mathematics in Western Culture,* is delightful.

2. *an outgrowth of geometry:* See section 4.5 of Burton, *History of Mathematics;* chapters 2 and 3 in Katz, *History of Mathematics;* and chapter 4 in Stillwell, *Mathematics and Its History.*

3. *area of a circle:* Katz, *History of Mathematics,* section 1.5, discusses ancient estimates of the area of a circle made by various cultures around the world. The first proof of the formula was given by Archimedes using the

method of exhaustion; see Dunham, *Journey Through Genius*, chapter 4, and Heath, *The Works of Archimedes*, 91–93.

4. *Aristotle:* Henry Mendell, "Aristotle and Mathematics," *Stanford Encyclopedia of Philosophy*, https://plato.stanford.edu/archives/spr2017 /entries/aristotle-mathematics/.

5. *completed infinity:* Katz, *History of Mathematics*, 56, and Stillwell, *Mathematics and Its History*, 54, discuss Aristotle's distinction between completed (or actual) infinity and potential infinity.

6. *Giordano Bruno:* Drawing on new evidence, Martínez, *Burned Alive*, argues that Bruno was executed for his cosmology, not his theology. Also see A. A. Martínez, "Was Giordano Bruno Burned at the Stake for Believing in Exoplanets?," *Scientific American* (2018), https://blogs .scientificamerican.com/observations/was-giordano-bruno-burned-at-the -stake-for-believing-in-exoplanets/. See also D. Knox, "Giordano Bruno," *Stanford Encyclopedia of Philosophy*, https://plato.stanford.edu/entries /bruno/.

7. *immeasurably subtle and profound:* Russell's essay on Zeno and infinity is "Mathematics and the Metaphysicians," reprinted in Newman, *The World of Mathematics*, vol. 3, 1576–90.

8. *Zeno's paradoxes:* Mazur, *Zeno's Paradox*. See also Burton, *History of Mathematics*, 101–2; Katz, *History of Mathematics*, section 2.3.3; Stillwell, *Mathematics and Its History*, 54; John Palmer, "Zeno of Elea," *Stanford Encyclopedia of Philosophy*, https://plato.stanford.edu/archives/spr2017 /entries/zeno-elea/; and Nick Huggett, "Zeno's Paradoxes," *Stanford Encyclopedia of Philosophy*, https://plato.stanford.edu/entries/paradox -zeno/.

9. *Quantum mechanics:* Greene, *The Elegant Universe*, chapters 4 and 5.

10. *Schrödinger's equation:* Stewart, *In Pursuit of the Unknown*, chapter 14.

11. *Planck length:* Greene, *The Elegant Universe*, 127–31, explains why physicists believe that space dissolves into quantum foam at the ultramicroscopic scale of the Planck length. For philosophy, see S. Weinstein and D. Rickles, "Quantum Gravity," *Stanford Encyclopedia of Philosophy*, https:// plato.stanford.edu/entries/quantum-gravity/.

第 2 章　驾驭无穷的勇士

1. *Archimedes:* For his life, see Netz and Noel, *The Archimedes Codex*, and C. Rorres, "Archimedes," https://www.math.nyu.edu/~crorres/Archimedes /contents.html. For a scholarly biography, see M. Clagett, "Archimedes," in Gillispie, *Complete Dictionary*, vol. 1, with amendments by F. Acerbi in vol. 19. For Archimedes's mathematics, Stein, *Archimedes*, and Edwards,

The Historical Development, chapter 2, are both outstanding, but see also Katz, *History of Mathematics,* sections 3.1–3.3, and Burton, *History of Mathematics*, section 4.5. A scholarly collection of Archimedes's work is Heath, *The Works of Archimedes.*

2. *stories about him:* Martínez, *Cult of Pythagoras*, chapter 4, traces the evolution of the many legends about Archimedes, including the comical Eureka tale and the tragic story of Archimedes's death at the hands of a Roman soldier during the siege of Syracuse in 212 BCE. While it seems likely that Archimedes was killed during the siege, there's no reason to believe his final words were "Don't disturb my circles!"

3. *Plutarch:* The Plutarch quotes are from John Dryden's translation of Plutarch's *Marcellus*, available online at http://classics.mit.edu/Plutarch/marcellu.html. The specific passages about Archimedes and the siege of Syracuse are also available at https://www.math.nyu.edu/~crorres/Archimedes/Siege/Plutarch.html.

4. *"made him forget his food":* http://classics.mit.edu/Plutarch/marcellu.html.

5. *"carried by absolute violence to bathe":* Ibid.

6. *Vitruvius:* The Eureka story, as first told by Vitruvius, is available in Latin and English at https://www.math.nyu.edu/~crorres/Archimedes/Crown/Vitruvius.html. That site also includes a children's version of the story by the acclaimed writer James Baldwin, taken from *Thirty More Famous Stories Retold* (New York: American Book Company, 1905). Unfortunately, Baldwin and Vitruvius oversimplify Archimedes's solution to the problem of the king's golden crown. Rorres offers a more plausible account at https://www.math.nyu.edu/~crorres/Archimedes/Crown/CrownIntro.html, along with Galileo's guess regarding how Archimedes might have solved it (https://www.math.nyu.edu/~crorres/Archimedes/Crown/bilancetta.html).

7. *"A ship was frequently lifted up":* http://classics.mit.edu/Plutarch/marcellu.html.

8. *estimate pi:* Stein, *Archimedes,* chapter 11, shows in detail how Archimedes did it. Be prepared for some hairy arithmetic.

9. *existence of irrational numbers:* No one really knows who first proved that the square root of 2 is irrational or, equivalently, that the diagonal of a square is incommensurable with its side. There's an irresistible old yarn that a Pythagorean named Hippasus was drowned at sea for it. Martínez, *Cult of Pythagoras*, chapter 2, tracks down the origin of this myth and debunks it. So does the American filmmaker Errol Morris in a long and wonderfully quirky essay in the *New York Times;* see Errol Morris, "The Ashtray:

Hippasus of Metapontum (Part 3)," *New York Times*, March 8, 2001, https://opinionator.blogs.nytimes.com/2011/03/08/the-ashtray-hippasus-of-metapontum-part-3/.

10. Quadrature of the Parabola: A translation of Archimedes's original text is in Heath, *The Works of Archimedes*, 233–52. For the details I glossed over in the triangular-shard argument, see Edwards, *The Historical Development*, 35–39; Stein, *Archimedes*, chapter 7; Laubenbacher and Pengelley, *Mathematical Expeditions*, section 3.2; and Stillwell, *Mathematics and Its History*, section 4.4. There are also many treatments available on the internet. One of the clearest is by Mark Reeder at https://www2.bc.edu/mark-reeder/1103quadparab.pdf. Another is by R.A.G. Seely at http://www.math.mcgill.ca/rags/JAC/NYB/exhaustion2.pdf. As an alternative, Simmons, *Calculus Gems*, section B.3, uses an analytic geometry approach that you may find easier to follow.

11. *"When you have eliminated the impossible"*: Arthur Conan Doyle, *The Sign of the Four* (London: Spencer Blackett, 1890), https://www.gutenberg.org/files/2097/2097-h/2097-h.htm.

12. *The Method:* For the original text, see Heath, *The Works of Archimedes*, 326 and following. For the application of the Method to the quadrature of the parabola, see Laubenbacher and Pengelley, *Mathematical Expeditions*, section 3.3, and Netz and Noel, *The Archimedes Codex*, 150–57. For the application of the Method to several other problems about areas, volumes, and centers of gravity, see Stein, *Archimedes*, chapter 5, and Edwards, *The Historical Development*, 68–74.

13. *"does not furnish an actual demonstration"*: Quoted in Stein, *Archimedes*, 33.

14. *"theorems which have not yet fallen to our share"*: Quoted in Netz and Noel, *The Archimedes Codex*, 66–67.

15. *"made up of all the parallel lines"*: Heath, *The Works of Archimedes*, 17.

16. *"drawn inside the curve"*: Dijksterhuis, *Archimedes*, 317. Dijksterhuis argues, as I have here, that the Method aired some dirty laundry. It revealed that the use of completed infinity "had only been banished from the published treatises," but that didn't stop Archimedes from using it in private. As Dijksterhuis put it, "In the workshop of the producing mathematician," arguments based on completed infinity "held undiminished sway."

17. *"a sort of indication"*: Heath, *The Works of Archimedes*, 17.

18. *volume of a sphere:* Stein, *Archimedes*, 39–41.

19. *"inherent in the figures"*: Heath, *The Works of Archimedes*, 1.

20. *Archimedes Palimpsest:* See Netz and Noel, *The Archimedes Codex;* the authors tell the story of the lost manuscript and its rediscovery with great

panache. There was also a terrific *Nova* episode about it, and the accompanying website offers timelines, interviews, and interactive tools; see http://www.pbs.org/wgbh/nova/archimedes/. See also Stein, *Archimedes*, chapter 4.

21. *Archimedes's legacy:* Rorres, *Archimedes in the Twenty-First Century.*

22. *computer-animated movies:* For the math behind computer-generated movies and video, see McAdams et al., "Crashing Waves."

23. *Shrek:* DreamWorks, "Why Computer Animation Looks So Darn Real," July 9, 2012, https://mashable.com/2012/07/09/animation-history-tech /#uYHyf6hO.Zq3.

24. *forty-five million polygons: Shrek*, production information, http://cinema .com/articles/463/shrek-production-information.phtml.

25. Avatar: "NVIDIA Collaborates with Weta to Accelerate Visual Effects for Avatar," http://www.nvidia.com/object/wetadigital_avatar.html, and Barbara Robertson, "How Weta Digital Handled Avatar," *Studio Daily,* January 5, 2010, http://www.studiodaily.com/2010/01/how-weta-digital -handled-avatar/.

26. *first movie to use polygons by the billions:* "NVIDIA Collaborates with Weta."

27. Toy Story: Burr Snider, "The Toy Story Story," *Wired,* December 1, 1995, https://www.wired.com/1995/12/toy-story/.

28. *"more PhDs working on this film":* Ibid.

29. Geri's Game: Ian Failes, "'Geri's Game' Turns 20: Director Jan Pinkava Reflects on the Game-Changing Pixar Short," November 25, 2017, https:// www.cartoonbrew.com/cgi/geris-game-turns-20-director-jan-pinkava -reflects-game-changing-pixar-short-154646.html. The movie is on YouTube at https://www.youtube.com/watch?v=gLQG3sORAJQ (original soundtrack) and https://www.youtube.com/watch?v=9IYRC7g2ICg (modified soundtrack).

30. *subdivision process:* DeRose et al., "Subdivision Surfaces." Explore subdivision surfaces for computer animation interactively at Khan Academy in collaboration with Pixar at https://www.khanacademy.org/partner -content/pixar/modeling-character. Students and their teachers might also enjoy trying the other lessons offered in "Pixar in a Box," a "behind-the-scenes look at how Pixar artists do their jobs," at https://www .khanacademy.org/partner-content/pixar. It's a great way to see how math is being used to make movies these days.

31. *double chin:* DreamWorks, "Why Computer Animation Looks So Darn Real."

facial surgery: Deuflhard et al., "Mathematics in Facial Surgery"; Zachow et al., "Computer-Assisted Planning"; and Zachow, "Computational Planning."

32. *Archimedean screw:* Rorres, *Archimedes in the Twenty-First Century,* chapter 6, and https://www.math.nyu.edu/~crorres/Archimedes/Screw/Applications.html.

33. *Archimedes was silent:* In fairness, Archimedes did do one study related to motion, though it was an artificial form of motion motivated by mathematics rather than physics. See his essay "On Spirals," reproduced in Heath, *The Works of Archimedes,* 151–88. Here Archimedes anticipated the modern ideas of polar coordinates and parametric equations for a point moving in a plane. Specifically, he considered a point moving uniformly in the radial direction away from the origin at the same time as the radial ray rotated uniformly, and he showed that the trajectory of the moving point is the curve now known as an Archimedean spiral. Then, by summing $1^2 + 2^2 + \cdots + n^2$ and applying the method of exhaustion, he found the area bounded by one loop of the spiral and the radial ray. See Stein, *Archimedes,* chapter 9; Edwards, *The Historical Development,* 54–62; and Katz, *History of Mathematics,* 114–15.

第 3 章　运动定律的探索之旅

1. *"this grand book":* Galileo, *The Assayer* (1623). Selections translated by Stillman Drake, *Discoveries and Opinions of Galileo* (New York: Doubleday, 1957), 237–38, https://www.princeton.edu/~hos/h291/assayer.htm.

2. *"coeternal with the divine mind":* Johannes Kepler, *The Harmony of the World,* translated by E. J. Aiton, A. M. Duncan, and J. V. Field, *Memoirs of the American Philosophical Society* 209 (1997): 304.

3. *"supplied God with patterns":* Ibid.

4. *Plato had taught:* Plato, *Republic* (Hertfordshire: Wordsworth, 1997), 240.

5. *Aristotelian teaching:* Asimov, *Asimov's Biographical Encyclopedia,* 17–20.

6. *retrograde motion:* Katz, *History of Mathematics,* 406.

7. *Aristarchus:* Asimov, *Asimov's Biographical Encyclopedia,* 24–25, and James Evans, "Aristarchus of Samos," *Encyclopedia Britannica,* https://www.britannica.com/biography/Aristarchus-of-Samos.

8. *Archimedes himself realized:* Evans, "Aristarchus of Samos."

9. *Ptolemaic system:* Katz, *History of Mathematics,* 145–57.

10. *Giordano Bruno:* Martínez, *Burned Alive.*

11. *Galileo Galilei:* The Galileo Project, http://galileo.rice.edu/galileo.html, is an excellent online resource for Galileo's life and work. Fermi and

Bernardini, *Galileo and the Scientific Revolution*, originally published in 1961, is a delightful biography of Galileo for general readers. *Asimov's Biographical Encyclopedia*, 91–96, is a good quick introduction to Galileo, and so is Kline, *Mathematics in Western Culture*, 182–95. For a scholarly treatment, see Drake, *Galileo at Work*, and Michele Camerota, "Galilei, Galileo," in Gillispie, *Complete Dictionary*, 96–103.

12. *Marina Gamba:* http://galileo.rice.edu/fam/marina.html.

13. *was his favorite:* Sobel, *Galileo's Daughter*. Sister Maria Celeste's letters to her father are at http://galileo.rice.edu/fam/daughter.html#letters.

14. Two New Sciences: The book is available free online at http://oll .libertyfund.org/titles/galilei-dialogues-concerning-two-new-sciences.

15. *proposed that heavy objects fall:* Kline, *Mathematics in Western Culture*, 188–90.

16. *"one-tenth of a pulse-beat":* Galileo, *Discourses*, 179, http://oll.libertyfund .org/titles/753#Galileo_0416_607.

17. *"same ratio as the odd numbers beginning with unity":* Ibid., 190, http://oll .libertyfund.org/titles/753#Galileo_0416_516.

18. *"very straight, smooth, and polished":* Ibid., 178, http://oll.libertyfund.org /titles/753#Galileo_0416_607.

19. *"as big as a ship's cable":* Ibid., 109, http://oll.libertyfund.org/titles /753#Galileo_0416_242.

20. *chandelier swaying overhead:* Fermi and Bernardini, *Galileo and the Scientific Revolution*, 17–20, and Kline, *Mathematics in Western Culture*, 182.

21. *"Thousands of times I have observed":* Galileo, *Discourses*, 140, http://oll .libertyfund.org/titles/753#Galileo_0416_338.

22. *"the lengths are to each other as the squares":* Ibid., 139, http://oll.libertyfund .org/titles/753#Galileo_0416_335.

23. *"may appear to many exceedingly arid":* Ibid., 138, http://oll.libertyfund .org/titles/753#Galileo_0416_329.

24. *Josephson junction:* Strogatz, *Sync*, chapter 5, and Richard Newrock, "What Are Josephson Junctions? How Do They Work?," *Scientific American,* https://www.scientificamerican.com/article/what-are-josephson-juncti/. *longitude problem:* Sobel, *Longitude*.

25. *global positioning system:* Thompson, "Global Positioning System," and https://www.gps.gov.

26. *Johannes Kepler:* For Kepler's life and work, see Owen Gingerich, "Johannes Kepler," in Gillispie, *Complete Dictionary*, vol. 7, online at https://www .encyclopedia.com/people/science-and-technology/astronomy-bio graphies/johannes-kepler#kjen14, with amendments by J. R. Voelkel in vol. 22. See also Kline, *Mathematics in Western Culture*, 110–25; Edwards, *The Historical Development*, 99–103; Asimov, *Asimov's Biographical*

Encyclopedia, 96–99; Simmons, *Calculus Gems*, 69–83; and Burton, *History of Mathematics*, 355–60.

27. *"criminally inclined"*: Quoted in Gingerich, "Johannes Kepler," https://www.encyclopedia.com/people/science-and-technology/astronomy-biographies/johannes-kepler#kjen14.

28. *"bad-tempered"*: Ibid.

29. *"such a superior and magnificent mind"*: Ibid.

30. *"Day and night I was consumed by the computing"*: Ibid.

31. *"God is being celebrated in astronomy"*: Ibid.

32. *"this tedious procedure"*: Kepler in *Astronomia Nova*, quoted by Owen Gingerich, *The Book Nobody Read: Chasing the Revolutions of Nicolaus Copernicus* (New York: Penguin, 2005), 48.

33. *"sacred frenzy"*: Quoted in Gingerich, "Johannes Kepler," https://www.encyclopedia.com/people/science-and-technology/astronomy-biographies/johannes-kepler#kjen14.

34. *"My dear Kepler, I wish we could laugh"*: Quoted in Martínez, *Science Secrets*, 34.

35. *"Johannes Kepler became enamored"*: Koestler, *The Sleepwalkers*, 33.

第 4 章　微分学的黎明

1. *China, India, and the Islamic world:* Katz, "Ideas of Calculus"; Katz, *History of Mathematics,* chapters 6 and 7; and Burton, *History of Mathematics,* 238–85.

2. *Al-Hasan Ibn al-Haytham:* Katz, "Ideas of Calculus," and J. J. O'Connor and E. F. Robertson, "Abu Ali al-Hasan ibn al-Haytham," http://www-history.mcs.st-andrews.ac.uk/Biographies/Al-Haytham.html.

3. *François Viète:* Katz, *History of Mathematics,* 369–75.

4. *decimal fractions:* Ibid., 375–78.

5. *Evangelista Torricelli and Bonaventura Cavalieri:* Alexander, *Infinitesimal,* discusses their battles with the Jesuits over infinitesimals, which were seen as dangerous religiously, not just mathematically.

6. *René Descartes:* For his life, see Clarke, *Descartes;* Simmons, *Calculus Gems,* 84–92; and Asimov, *Asimov's Biographical Encyclopedia,* 106–8. For summaries of his math and physics intended for general readers, see Kline, *Mathematics in Western Culture,* 159–81; Edwards, *The Historical Development;* Katz, *History of Mathematics,* sections 11.1 and 12.1; and Burton, *History of Mathematics,* section 8.2. For a scholarly historical treatment of his work in mathematics and physics, see Michael S. Mahoney, "Descartes: Mathematics and Physics," in Gillispie, *Complete Dictionary,* also online at *Encyclopedia Britannica,* https://www.encyclopedia.com

/science/dictionaries-thesauruses-pictures-and-press-releases/descartes
-mathematics-and-physics.

7. *"What the ancients have taught us is so scanty":* René Descartes, *Les Passions de l'Ame* (1649), quoted in Guicciardini, *Isaac Newton,* 31.

8. *"the country of bears, amid rocks and ice":* Henry Woodhead, *Memoirs of Christina, Queen of Sweden* (London: Hurst and Blackett, 1863), 285.

9. *Pierre de Fermat:* Mahoney, *Mathematical Career,* is the definitive treatment. Simmons, *Calculus Gems,* 96–105, is brisk and entertaining about Fermat (just as the author was with everything he wrote; if you haven't read Simmons, you must).

10. *Fermat and Descartes locked horns:* Mahoney, *Mathematical Career*, chapter 4.

11. *tried to ruin his reputation:* Ibid., 171.

12. *Fermat came up with them first:* I agree with the assessment in Simmons, *Calculus Gems,* 98, about how the credit for analytic geometry should be apportioned: "Superficially Descartes's essay looks as if it might be analytic geometry, but isn't; while Fermat's doesn't look it, but is." For more even-handed views, see Katz, *History of Mathematics,* 432–42, and Edwards, *The Historical Development,* 95–97.

13. *finding a method of analysis:* Guicciardini, *Isaac Newton,* and Katz, *History of Mathematics,* 368–69.

14. *"low cunning, deplorable indeed":* Descartes, rule 4 in *Rules for the Direction of the Mind* (1629), as quoted in Katz, *History of Mathematics,* 368–69.

15. *"analysis of the bunglers in mathematics":* Quoted in Guicciardini, *Isaac Newton,* 77.

16. *optimization problems:* Mahoney, *Mathematical Career*, 199–201, discusses Fermat's work on the maximization problem considered in the main text.

17. adequality: Ibid., 162–65, and Katz, *History of Mathematics,* 470–72.

18. *JPEG:* Austin, "What Is . . . JPEG?," and Higham et al., *The Princeton Companion,* 813–16.

19. *how day length varies:* Timeanddate.com will give you the information for any location of interest.

20. *sine waves called wavelets:* For a clear introduction to wavelets and their many applications, see Dana Mackenzie, "Wavelets: Seeing the Forest and the Trees," in Beyond Discovery: The Path from Research to Human Benefit, a project of the National Academy of Sciences; go to http://www.nasonline.org/publications/beyond-discovery/wavelets.pdf. Then try Kaiser, *Friendly Guide*, Cipra, *"Parlez-Vous* Wavelets?," or Goriely, *Applied Mathematics,* chapter 6. Daubechies, *Ten Lectures,* was a landmark series of lectures on wavelet mathematics by a pioneer in the field.

21. *Federal Bureau of Investigation used wavelets:* Bradley et al., "FBI Wavelet/ Scalar Quantization."

22. *mathematicians from the Los Alamos National Lab teamed up with the FBI:* Bradley and Brislawn, "The Wavelet/Scalar Quantization"; Brislawn, "Fingerprints Go Digital"; and https://www.nist.gov/itl/iad/image-group /wsq-bibliography.

23. *Snell's sine law:* Kwan et al., "Who Really Discovered Snell's Law?," and Sabra, *Theories of Light*, 99–105.

24. principle of least time: Mahoney, *Mathematical Career*, 387–402.

25. *"my natural inclination to laziness":* Ibid., 398.

26. *"I can scarcely recover from my astonishment":* Ibid., 400 (my translation of Fermat's French).

27. *principle of least action:* Fermat's principle of least time anticipated the more general principle of least action. For entertaining and deeply enlightening discussions of this principle, including its basis in quantum mechanics, see R. P. Feynman, R. B. Leighton, and M. Sands, "The Principle of Least Action," *Feynman Lectures on Physics,* vol. 2, chapter 19 (Reading, MA: Addison-Wesley, 1964), and Feynman, *QED.*

28. *Descartes had his own method:* Katz, *History of Mathematics*, 472–73.

29. *"I have given a general method":* Quoted in Grattan-Guinness, *From the Calculus*, 16.

30. *"I do not even want to name him":* Quoted in Mahoney, *Mathematical Career*, 177.

31. *found the area under the curve:* Simmons, *Calculus Gems*, 240–41; and Katz, *History of Mathematics,* 481–84.

32. *his studies still fell short:* Katz, *History of Mathematics,* 485, explains why he feels Fermat does not deserve to be considered an inventor of calculus, and he makes a good case.

第 5 章　微积分的十字路口

1. *Logarithms were invented:* Stewart, *In Pursuit of the Unknown*, chapter 2, and Katz, *History of Mathematics,* section 10.4.

2. *paintings allegedly by Vermeer:* Braun, *Differential Equations*, section 1.3.

第 6 章　变化率和导数

1. *Usain Bolt:* Bolt, *Faster than Lightning.*

2. *On that night in Beijing:* Jonathan Snowden, "Remembering Usain Bolt's 100m Gold in 2008," Bleacherreport.com (August 19, 2016), https:// bleacherreport.com/articles/2657464-remembering-usain-bolts-100m

-gold-in-2008-the-day-he-became-a-legend, and Eriksen et al., "How Fast." For live video of his astonishing performance, see https://www.youtube.com/watch?v=qslbf8L9nl0 and http://www.nbcolympics.com/video/gold-medal-rewind-usain-bolt-wins-100m-beijing.

3. *"That's just me"*: Snowden, "Remembering Usain Bolt's."

4. *we want to connect the dots:* My analysis is based on that in A. Oldknow, "Analysing Men's 100m Sprint Times with TI-Nspire," https://rcuksportscience.wikispaces.com/file/view/Analysing+men+100m+Nspire.pdf. The details may differ slightly between the two studies because we used different curve-fitting procedures, but our qualitative conclusions are the same.

5. *researchers were on hand with laser guns:* Graubner and Nixdorf, "Biomechanical Analysis."

6. *"Art," said Picasso:* The quote is from "Picasso Speaks," *The Arts* (May 1923), excerpted in http://www.gallerywalk.org/PM_Picasso.html from Alfred H. Barr Jr., *Picasso: Fifty Years of His Art* (New York: Arno Press, 1980).

第 7 章 隐秘的源泉

1. *Isaac Newton:* For biographical information, see Gleick, *Isaac Newton.* See also Westfall, *Never at Rest,* and I. B. Cohen, "Isaac Newton," in vol. 10 of Gillispie, *Complete Dictionary,* with amendments by G. E. Smith and W. Newman in vol. 23. For Newton's mathematics, see Whiteside, *The Mathematical Papers,* vols. 1 and 2; Edwards, *The Historical Development;* Grattan-Guinness, *From the Calculus;* Rickey, "Isaac Newton"; Dunham, *Journey Through Genius;* Katz, *History of Mathematics;* Guicciardini, *Reading the Principia;* Dunham, *The Calculus Gallery;* Simmons, *Calculus Gems;* Guicciardini, *Isaac Newton;* Stillwell, *Mathematics and Its History;* and Burton, *History of Mathematics.*

2. *"between straight and curved lines":* René Descartes, *The Geometry of René Descartes: With a Facsimile of the First Edition,* translated by David E. Smith and Marcia L. Latham (Mineola, NY: Dover, 1954), 91. Within twenty years, Descartes was proved wrong about the impossibility of finding arc lengths exactly for curves; see Katz, *History of Mathematics,* 496–98.

3. *"There is no curved line":* I've updated Newton's spelling here for easier reading. The original was "There is no curve line exprest by any æquation . . . but I can in less then half a quarter of an hower tell whether it may be squared." Letter 193 from Newton to Collins, November 8, 1676,

in Turnbull, *Correspondence of Isaac Newton*, 179. The omitted material involves technical caveats about the class of trinomial equations to which his claim applied. See "A Manuscript by Newton on Quadratures," manuscript 192, in ibid., 178.

4. *"the fountain I draw it from":* Letter 193 from Newton to Collins, November 8, 1676, in ibid., 180. Again, I've updated the spelling; Newton wrote "ye fountain."

5. *weren't the first to notice this theorem:* Katz, *History of Mathematics*, 498–503, shows that James Gregory and Isaac Barrow had both related the area problem to the tangent problem and so had anticipated the fundamental theorem but concludes that "neither of these men in 1670 could mold these methods into a true computational and problem-solving tool." Five years before that, however, Newton already had. In a sidebar on page 521, Katz makes a convincing case that Newton and Leibniz (as opposed to "Fermat or Barrow or someone else") deserve credit for the invention of calculus.

6. *Scholars in the Middle Ages:* Katz, *History of Mathematics*, section 8.4.

7. *college notebook:* You can explore Newton's handwritten college notebook online. The page shown in the main text is http://cudl.lib.cam.ac.uk/view /MS-ADD-04000/260.

8. *Isaac Newton was born:* My account of Newton's early life is based on Gleick, *Isaac Newton*.

9. *Newton chanced upon something magical:* Whiteside, *The Mathematical Papers*, vol. 1, 96–142, and Katz, *History of Mathematics*, section 12.5. Edwards gives a fascinating treatment of Wallis's work on interpolation and infinite products and shows how Newton's work on power series arose from his attempt to generalize it; see Edwards, *The Historical Development*, chapter 7. We know when Newton made these discoveries because he dated them in an entry on page 14v of his college notebook (online at https://cudl.lib.cam.ac.uk/view/MS-ADD-04000/32). Newton wrote, "I find that in ye year 1664 a little before Christmas I . . . borrowed Wallis' works & by consequence made these Annotations . . . in winter between the years 1664 & 1665. At wch time I found the method of Infinite series. And in summer 1665 being forced from Cambridge by the Plague I computed ye area of ye Hyperbola . . . to two & fifty figures by the same method."

10. *He cooked it up by an argument:* Edwards, *The Historical Development*, 178–87, and Katz, *History of Mathematics*, 506–59, show the steps in Newton's thinking as he derived his results for power series.

11. *"really too much delight in these inventions":* Letter 188 from Newton

to Oldenburg, October 24, 1676, in Turnbull, *Correspondence of Isaac Newton*, 133.

12. *mathematicians in Kerala, India:* Katz, "Ideas of Calculus"; Katz, *History of Mathematics,* 494–96.

13. *"By their help analysis reaches":* This line appears in the famous *epistola prior*, Newton's reply to Leibniz's first inquiry, sent via Henry Oldenburg as intermediary; see letter 165 from Newton to Oldenburg, June 13, 1676, in Turnbull, *Correspondence of Isaac Newton*, 39.

14. *"prime of my age for invention":* Draft letter from Newton to Pierre des Maizeaux, written in 1718, when Newton was seeking to establish his priority over Leibniz in the invention of calculus; available online at https://cudl.lib.cam.ac.uk/view/MS-ADD-03968/1349 in the collection of Cambridge University Library. The full quote is breathtaking: "In the beginning of the year 1665 I found the Method of approximating series & the Rule for reducing any dignity of any Binomial into such a series. The same year in May I found the method of Tangents of Gregory & Slusius, & in November had the direct method of fluxions & the next year in January had the Theory of Colours & in May following I had entrance into ye inverse method of fluxions. And the same year I began to think of gravity extending to ye orb of the Moon & (having found out how to estimate the force with which a globe revolving within a sphere presses the surface of the sphere) from Kepler's rule of the periodical times of the Planets being in sesquialterate [three-half power] proportion of their distances from the centers of their Orbs, I deduced that the forces which keep the Planets in their Orbs must be reciprocally as the squares of their distances from the centers about which they revolve: & thereby compared the force requisite to keep the Moon in her Orb with the force of gravity at the surface of the earth, & found them answer pretty nearly. All this was in the two plague years of 1665 and 1666. For in those days I was in the prime of my age for invention & minded Mathematicks & Philosophy more than at any time since."

15. *"baited by little smatterers in mathematics":* Quoted in Whiteside, "The Mathematical Principles," reference in his ref. 2.

16. *Thomas Hobbes:* Alexander, *Infinitesimal*, tells the story of Hobbes's furious battles with Wallis, which were as political as they were mathematical. Chapter 7 focuses on Hobbes as would-be geometer.

17. *a "scab of symbols":* Quoted in Stillwell, *Mathematics and Its History*, 164.

18. *"scurvy book":* Ibid.

19. *not "worthy of public utterance":* Quoted in Guicciardini, *Isaac Newton*, 343.

20. *"Our specious algebra":* Ibid.

第 8 章　思维的虚构产物

1. *"His name is Mr. Newton"*: Letter from Isaac Barrow to John Collins, August 20, 1669, quoted in Gleick, *Isaac Newton*, 68.

2. *"send me the proof"*: Letter 158, from Leibniz to Oldenburg, May 2, 1676, in Turnbull, *Correspondence of Isaac Newton*, 4. For more on the Newton-Leibniz correspondence, see Mackinnon, "Newton's Teaser." Guicciardini, *Isaac Newton*, 354–61, offers a particularly clear and helpful analysis of the mathematical cat-and-mouse game taking place between Newton and Leibniz in the letters. The original letters appear in Turnbull, *Correspondence of Isaac Newton;* see especially letters 158 (Leibniz's initial inquiry to Newton via Oldenburg), 165 (Newton's *epistola prior*, terse and intimidating), 172 (Leibniz's request for clarification), 188 (Newton's *epistola posterior*, gentler and clearer but still intended to show Leibniz who was boss), and 209 (Leibniz fighting back, though graciously, and making it clear that he knew calculus too).

3. *"distasteful to me"*: One of the best zingers in the *epistola prior*, letter 165 from Newton to Oldenburg, June 13, 1676. See Turnbull, *Correspondence of Isaac Newton*, 39.

4. *"very distinguished"*: From the *epistola posterior*, letter 188 from Newton to Oldenburg, October 24, 1676, in ibid., 130.

5. *"hope for very great things from him"*: Ibid.

6. *"the same goal is approached"*: Ibid.

7. *"I have preferred to conceal it thus"*: Ibid., 134. The encryption encodes Newton's understanding of the fundamental theorem and the central problems of calculus: "given any equation involving any number of fluent quantities, to find the fluxions, and conversely." See also page 153, note 25.

8. *"in the twinkling of an eyelid"*: Letter from Leibniz to Marquis de L'Hospital, 1694, excerpted in Child, *Early Mathematical Manuscripts*, 221. Also quoted in Edwards, *The Historical Development*, 244.

9. *"burdened with a deficiency"*: Mates, *Philosophy of Leibniz*, 32.

10. *Skinny, stooped, and pale*: Ibid.

11. *the most versatile genius*: For Leibniz's life, see Hofmann, *Leibniz in Paris;* Asimov, *Asimov's Biographical Encyclopedia;* and Mates, *Philosophy of Leibniz*. For Leibniz's philosophy, see Mates, *Philosophy of Leibniz*. For Leibniz's mathematics, see Child, *Early Mathematical Manuscripts;* Edwards, *The Historical Development;* Grattan-Guinness, *From the Calculus;* Dunham, *Journey Through Genius;* Katz, *History of Mathematics;* Guicciardini, *Reading the Principia;* Dunham, *The Calculus Gallery;* Simmons, *Calculus Gems;* Guicciardini, *Isaac Newton;* Stillwell, *Mathematics and Its History;* and Burton, *History of Mathematics*.

12. *Leibniz's approach to calculus:* Edwards, *The Historical Development*, chapter 9, is especially good. See also Katz, *History of Mathematics*, section 12.6, and Grattan-Guinness, *From the Calculus*, chapter 2.

13. *more pragmatic view:* For example, Leibniz wrote: "We have to make an effort in order to keep pure mathematics chaste from metaphysical controversies. This we will achieve if, without worrying whether the infinites and infinitely smalls in quantities, numbers, and lines are real, we use infinites and infinitely smalls as an appropriate expression for abbreviating reasonings." Quoted in Guicciardini, *Reading the Principia*, 160.

14. *"fictions of the mind":* Leibniz in a letter to Des Bosses in 1706, quoted in Guicciardini, *Reading the Principia,* 159.

15. *"My calculus":* Quoted in ibid., 166.

16. *Leibniz deduced the sine law with ease:* Edwards, *The Historical Development,* 259.

17. *"other very learned men":* Quoted in ibid.

18. *problem that led him to the fundamental theorem:* Ibid., 236–38. Actually, the sum that concerned Leibniz was the sum of the reciprocals of the triangular numbers, which is twice as large as the sum considered in the main text. See also Grattan-Guinness, *From the Calculus*, 60–62.

19. *"Finding the areas of figures":* From a letter to Ehrenfried Walter von Tschirnhaus in 1679, quoted in Guicciardini, *Reading the Principia*, 145. *the human immunodeficiency virus:* For HIV and AIDS statistics, see https://ourworldindata.org/hiv-aids/. For the history of the virus and attempts to combat it, see https://www.avert.org/professionals/history-hiv -aids/overview.

20. *HIV infection typically progressed through three stages:* "The Stages of HIV Infection," AIDSinfo, https://aidsinfo.nih.gov/understanding-hiv-aids /fact-sheets/19/46/the-stages-of-hiv-infection.

21. *Ho and Perelson's work:* Ho et al., "Rapid Turnover"; Perelson et al., "HIV-1 Dynamics"; Perelson, "Modelling Viral and Immune System"; and Murray, *Mathematical Biology 1.*

22. *triple-combination therapy:* The results of the probability calculation first appeared in Perelson et al., "Dynamics of HIV-1."

23. *Man of the Year:* Gorman, "Dr. David Ho."

24. *Perelson received a major prize:* American Physical Society, 2017 Max Delbruck Prize in Biological Physics Recipient, https://www.aps.org /programs/honors/prizes/prizerecipient.cfm?first_nm=Alan&last_ nm=Perelson&year=2017.

25. *hepatitis C:* "Multidisciplinary Team Aids Understanding of Hepatitis C Virus and Possible Cure," Los Alamos National Laboratory, March

2013, http://www.lanl.gov/discover/publications/connections/2013–03
/understanding-hep-c.php. For an introduction to the mathematical
modeling of hepatitis C, see Perelson and Guedj, "Modelling Hepatitis
C."

第 9 章　宇宙的逻辑

1. *Cambrian explosion for mathematics:* For the many offshoots of calculus
   in the years from 1700 to the present, see Kline, *Mathematics in Western
   Culture;* Boyer, *The History of the Calculus;* Edwards, *The Historical
   Development;* Grattan-Guinness, *From the Calculus;* Katz, *History of
   Mathematics;* Dunham, *The Calculus Gallery;* Stewart, *In Pursuit of the
   Unknown;* Higham et al., *The Princeton Companion;* and Goriely, *Applied
   Mathematics.*

2. *system of the world:* Peterson, *Newton's Clock;* Guicciardini, *Reading the
   Principia;* Stewart, *In Pursuit of the Unknown;* and Stewart, *Calculating the
   Cosmos.*

3. *ushered in the Enlightenment:* Kline, *Mathematics in Western Culture,* 234–
   86, chronicles the profound impact that Newton's work had on the course
   of Western philosophy, religion, aesthetics, and literature as well as on
   science and mathematics. See also W. Bristow, "Enlightenment," https://
   plato.stanford.edu/entries/enlightenment/.

4. *"made his head ache":* D. Brewster, *Memoirs of the Life, Writings, and
   Discoveries of Sir Isaac Newton,* vol. 2 (Edinburgh: Thomas Constable,
   1855), 158.

5. *when an apple fell:* For the surprising history of the apple story, see Gleick,
   Isaac Newton, 55–57, and note 18 on 207. See also Martínez, *Science
   Secrets,* chapter 3.

6. *"force requisite to keep the Moon in her Orb":* Draft letter from Newton to
   Pierre des Maizeaux, written in 1718, available online at https://cudl.lib
   .cam.ac.uk/view/MS-ADD-03968/1349 in the collection of Cambridge
   University Library.

7. *"In ellipses":* Asimov, *Asimov's Biographical Encyclopedia,* 138, gives one
   version of this oft-told story.

8. *followed as logical necessities:* Katz, *History of Mathematics,* 516–19, out-
   lines Newton's geometric arguments. Guicciardini, *Reading the Principia,*
   discusses how Newton's contemporaries reacted to the *Principia* and what
   their criticisms of it were (some of their objections were cogent). A mod-
   ern derivation of Kepler's laws from the inverse-square law is given by
   Simmons, *Calculus Gems,* 326–35.

9. *Neptune:* Jones, *John Couch Adams,* and Sheehan and Thurber, "John Couch Adams's Asperger Syndrome."

10. *Katherine Johnson:* Shetterly, *Hidden Figures,* gave Katherine Johnson the recognition she so long deserved. For more about her life, see https://www.nasa.gov/content/katherine-johnson-biography. For her mathematics, see Skopinski and Johnson, "Determination of Azimuth Angle." See also http://www-groups.dcs.st-and.ac.uk/history/Biographies/Johnson_Katherine.html and https://ima.org.uk/5580/hidden-figures-impact-mathematics/.

11. *NASA official reminded the audience:* Sarah Lewin, "NASA Facility Dedicated to Mathematician Katherine Johnson," Space.com, May 5, 2016, https://www.space.com/32805-katherine-johnson-langley-building-dedication.html.

12. *boisterous toast:* Quoted in Kline, *Mathematics in Western Culture,* 282. The account of the dinner party comes from the diary of the party's host, the painter Benjamin Haydon, excerpted in Ainger, *Charles Lamb,* 84–86.

13. *Thomas Jefferson:* Cohen, *Science and the Founding Fathers,* makes a persuasive case for Newton's influence on Jefferson and the "Newtonian echoes" in the Declaration of Independence; also see "The Declaration of Independence," http://math.virginia.edu/history/Jefferson/jeff_r(4).htm. For more on Jefferson and mathematics, see the lecture by John Fauvel, "'When I Was Young, Mathematics Was the Passion of My Life': Mathematics and Passion in the Life of Thomas Jefferson," online at http://math.virginia.edu/history/Jefferson/jeff_r.htm.

14. *"I have given up newspapers":* Letter from Thomas Jefferson to John Adams, January 21, 1812, online at https://founders.archives.gov/documents/Jefferson/03-04-02-0334.

15. *moldboard of a plow:* Cohen, *Science and the Founding Fathers,* 101. See also "Moldboard Plow," *Thomas Jefferson Encyclopedia,* https://www.monticello.org/site/plantation-and-slavery/moldboard-plow, and "Dig Deeper—Agricultural Innovations," https://www.monticello.org/site/jefferson/dig-deeper-agricultural-innovations.

16. *"what it promises in theory":* Letter from Thomas Jefferson to Sir John Sinclair, March 23, 1798, https://founders.archives.gov/documents/Jefferson/01-30-02-0135.

17. *"Unless I am much mistaken":* Hall and Hall, *Unpublished Scientific Papers,* 281.

18. ordinary differential equations: For ordinary differential equations and their applications, see Simmons, *Differential Equations.* See also Braun,

Differential Equations; Strogatz, *Nonlinear Dynamics;* Higham et al., *The Princeton Companion;* and Goriely, *Applied Mathematics.*

19. partial differential equation: For partial differential equations and their applications, see Farlow, *Partial Differential Equations,* and Haberman, *Applied Partial Differential Equations.* See also Higham et al., *The Princeton Companion,* and Goriely, *Applied Mathematics.*

20. *Boeing 787 Dreamliner:* Norris and Wagner, *Boeing 787,* and http://www .boeing.com/commercial/787/by-design/#/featured.

21. *aeroelastic flutter:* Jason Paur, "Why 'Flutter' Is a 4-Letter Word for Pilots," *Wired* (March 25, 2010), https://www.wired.com/2010/03/flutter-testing -aircraft/.

22. *Black-Scholes model for pricing financial options:* Szpiro, *Pricing the Future,* and Stewart, *In Pursuit of the Unknown,* chapter 17.

23. *Hodgkin-Huxley model:* Ermentrout and Terman, *Mathematical Foundations,* and Rinzel, "Discussion."

24. *Einstein's general theory of relativity:* Stewart, *In Pursuit of the Unknown,* chapter 13, and Ferreira, *Perfect Theory.* See also Greene, *The Elegant Universe,* and Isaacson, *Einstein.*

25. *Schrödinger equation:* Stewart, *In Pursuit of the Unknown,* chapter 14.

第 10 章　波、微波炉和脑成像

1. *Fourier:* Körner, *Fourier Analysis,* and Kline, *Mathematics in Western Culture,* chapter 19. For his life and work, see Dirk J. Struik, "Joseph Fourier," *Encyclopedia Britannica,* https://www.britannica.com/biography /Joseph-Baron-Fourier. See also Grattan-Guinness, *From the Calculus;* Stewart, *In Pursuit of the Unknown;* Higham et al., *The Princeton Companion;* and Goriely, *Applied Mathematics.*

2. *heat flow:* The mathematics of Fourier's heat equation is discussed in Farlow, *Partial Differential Equations,* Katz, *History of Mathematics,* and Haberman, *Applied Partial Differential Equations.*

3. *wave equation:* For the mathematics of vibrating strings, Fourier series, and the wave equation, see Farlow, *Partial Differential Equations;* Katz, *History of Mathematics;* Haberman, *Applied Partial Differential Equations;* Stillwell, *Mathematics and Its History;* Burton, *History of Mathematics;* Stewart, *In Pursuit of the Unknown;* and Higham et al., *The Princeton Companion.*

4. *Chladni patterns:* The original images are reproduced at https:// publicdomainreview.org/collections/chladni-figures-1787/ and http:// www.sites.hps.cam.ac.uk/whipple/explore/acoustics/ernstchladni

/chladniplates/. For a modern demo, see the video by Steve Mould called "Random Couscous Snaps into Beautiful Patterns," https://www.youtube .com/watch?v=CR_XL192wXw&feature=youtu.be and the video by Physics Girl called "Singing Plates — Standing Waves on Chladni Plates," https://www.youtube.com/watch?v=wYoxOJDrZzw.

5. *Sophie Germain:* Her theory of Chladni patterns is discussed in Bucciarelli and Dworsky, *Sophie Germain.* For biographies, see: https://www .agnesscott.edu/lriddle/women/germain.htm and http://www.pbs.org /wgbh/nova/physics/sophie-germain.html and http://www-groups.dcs.st -and.ac.uk/~history/Biographies/Germain.html.

6. *"the noblest courage":* Quoted in Newman, *The World of Mathematics*, vol. 1, 333.

7. *microwave oven:* For a very clear explanation of how a microwave oven works as well as a demonstration of the experiment I suggested, see "How a Microwave Oven Works," https://www.youtube.com /watch?v=kp33ZprO0Ck. To measure the speed of light with a mi- crowave oven, you can also use chocolate, as shown here: https://www .youtube.com/watch?v=GH5W6xEeY5U. For the backstory of mi- crowave ovens and the gooey, sticky mess that Percy Spencer felt in his pocket, see Matt Blitz, "The Amazing True Story of How the Microwave Was Invented by Accident," *Popular Mechanics* (February 23, 2016), https://www.popularmechanics.com/technology/gadgets/a19567/how -the-microwave-was-invented-by-accident/.

8. *CT scanning:* Kevles, *Naked to the Bone,* 145–72; Goriely, *Applied Mathematics,* 85–89; and https://www.nobelprize.org/nobel_prizes /medicine/laureates/1979/. The original paper that solves the reconstruc- tion problem with calculus and Fourier series is Cormack, "Representation of a Function."

9. *Allan Cormack:* The original paper that solves the reconstruction problem for computerized tomography by using calculus, Fourier series, and in- tegral equations is Cormack, "Representation of a Function." His Nobel Prize lecture is available online at https://www.nobelprize.org/nobel _prizes/medicine/laureates/1979/cormack-lecture.pdf.

10. *the Beatles:* For the story of Godfrey Hounsfield, the Beatles, and the in- vention of the CT scanner, see Goodman, "The Beatles," and https:// www.nobelprize.org/nobel_prizes/medicine/laureates/1979/perspectives .html.

11. *Cormack explained:* The quote appears on page 563 of his Nobel lec- ture: https://www.nobelprize.org/nobel_prizes/medicine/laureates/1979 /cormack-lecture.pdf.

第 11 章　微积分的未来

1. writhing number: Fuller, "The Writhing Number." See also Pohl, "DNA and Differential Geometry."

2. *geometry and topology of DNA:* Bates and Maxwell, *DNA Topology,* and Wasserman and Cozzarelli, "Biochemical Topology."

3. *knot theory and tangle calculus:* Ernst and Sumners, "Calculus for Rational Tangles."

4. *targets for cancer-chemotherapy drugs:* Liu, "DNA Topoisomerase Poisons."

5. *Pierre Simon Laplace:* Kline, *Mathematics in Western Culture;* C. Hoefer, "Causal Determinism," https://plato.stanford.edu/entries/determinism -causal/.

6. *"nothing would be uncertain":* Laplace, *Philosophical Essay on Probabilities,* 4.

7. *Sofia Kovalevskaya:* Cooke, *Mathematics of Sonya Kovalevskaya,* and Goriely, *Applied Mathematics,* 54–57. She is often referred to by other names; Sonia Kovalevsky is a common variant. For online biographies, see Becky Wilson, "Sofia Kovalevskaya," *Biographies of Women Mathematicians,* https://www.agnesscott.edu/lriddle/women/kova.htm, and J. J. O'Connor and E. F. Robertson, "Sofia Vasilyevna Kovalevskaya," http://www-groups.dcs.st-and.ac.uk/history/Biographies/Kovalevskaya .html.

8. *chaotic tumbling of Hyperion:* Wisdom et al., "Chaotic Rotation."

9. *Poincaré thought he'd solved it:* Diacu and Holmes, *Celestial Encounters.*

10. *Chaotic systems:* Gleick, *Chaos;* Stewart, *Does God Play Dice?;* and Strogatz, *Nonlinear Dynamics.*

11. *predictability horizon:* Lighthill, "The Recently Recognized Failure."

12. *horizon of predictability for the entire solar system:* Sussman and Wisdom, "Chaotic Evolution."

13. *Poincaré's Visual Approach:* Gleick, *Chaos;* Stewart, *Does God Play Dice?;* Strogatz, *Nonlinear Dynamics;* and Diacu and Holmes, *Celestial Encounters.*

14. *Mary Cartwright:* McMurran and Tattersall, "Mathematical Collaboration," and L. Jardine, "Mary, Queen of Maths," *BBC News Magazine,* https://www.bbc.com/news/magazine-21713163. For biographies, see http://www.ams.org/notices/199902/mem-cartwright.pdf and http://www-history.mcs.st-and.ac.uk/Biographies/Cartwright.html.

15. *"very objectionable-looking differential equations":* Quoted in L. Jardine, "Mary, Queen of Maths."

16. *"equation itself was to blame":* Dyson, "Review of *Nature's Numbers.*"

17. *Hodgkin and Huxley:* Ermentrout and Terman, *Mathematical Foundations;* Rinzel, "Discussion"; and Edelstein-Keshet, *Mathematical Models.*

18. *Mathematical biology:* For introductions to the mathematical modeling of epidemics, heart rhythms, cancer, and brain tumors, see Edelstein-Keshet, *Mathematical Models;* Murray, *Mathematical Biology 1;* and Murray, *Mathematical Biology 2.*

19. complex systems: Mitchell, *Complexity.*

20. *computer chess:* For background on AlphaZero and computer chess, see https://www.technologyreview.com/s/609736/alpha-zeros-alien-chess -shows-the-power-and-the-peculiarity-of-ai/. The original preprint describing AlphaZero is at https://arxiv.org/abs/1712.01815. For video analyses of the games between AlphaZero and Stockfish, start with https:// www.youtube.com/watch?v=Ud8F-cNsa-k and https://www.youtube .com/watch?v=6z1o48Sgrck.

21. *the dusk of insight:* Davies, "Whither Mathematics?," https://www.ams .org/notices/200511/comm-davies.pdf.

22. *Paul Erdős:* Hoffman, *The Man Who Loved Only Numbers.*

结语

1. *quantum electrodynamics:* Feynman, *QED,* and Farmelo, *The Strangest Man.*

2. *the most accurate theory:* Peskin and Schroeder, *Introduction to Quantum Field Theory,* 196–98. For background, see http://scienceblogs.com /principles/2011/05/05/the-most-precisely-tested-theo/.

3. *Paul Dirac:* For Dirac's life and work, see Farmelo, *The Strangest Man.* The 1928 paper that introduced the Dirac equation is Dirac, "The Quantum Theory."

4. *In 1931 he published a paper:* Dirac, "Quantised Singularities."

5. *"one would be surprised":* Ibid., 71.

6. *PET scans:* Kevles, *Naked to the Bone,* 201–27, and Higham et al., *The Princeton Companion,* 816–23. For positrons in PET scanning, see Farmelo, *The Strangest Man,* and Rich, "Brief History."

7. *Albert Einstein:* Isaacson, *Einstein,* and Pais, *Subtle Is the Lord.*

8. *general relativity:* Ferreira, *Perfect Theory,* and Greene, *The Elegant Universe.*

9. *strange effect on time:* For more on GPS and relativistic effects on timekeeping, see Stewart, *In Pursuit of the Unknown,* and http://www.astronomy .ohio-state.edu/~pogge/Ast162/Unit5/gps.html.

10. *gravitational waves:* Levin, *Black Hole Blues,* is a lyrical book about the

search for gravitational waves. For more background, see https://brilliant
.org/wiki/gravitational-waves/ and https://www.nobelprize.org/nobel
_prizes/physics/laureates/2017/press.html. For the role of calculus, com-
puters, and numerical methods in the discovery, see R. A. Eisenstein,
"Numerical Relativity and the Discovery of Gravitational Waves," https://
arxiv.org/pdf/1804.07415.pdf.